绿色种养循环农业技术指南

全国农业技术推广服务中心　编著

中国农业出版社

北　京

编 委 会

　　种植业和养殖业是我国农业的两大支柱产业。随着经济社会快速发展，畜禽养殖集约化、规模化程度越来越高，种养之间天然的联系被打破，主体分离、空间分离、季节错位、产业脱节等问题日益凸显。由此带来大量养殖废弃物没有得到有效处理和利用，成为农村环境治理的一大难题。我国每年约产生畜禽粪污 38 亿吨（鲜重），资源化利用率仅 78%，不仅造成了资源浪费，还带来严重的农业面源污染。第二次全国污染源普查公报显示，畜禽养殖业排放化学需氧量 1 000.53 万吨，占全国农业源化学需氧量的 94%。另外，由于长期大量施用化肥，我国农田有机肥投入不足，有机无机比例失衡，出现土壤酸化板结、有机质含量下降、保水保肥能力弱、有益微生物数量减少等现象。

　　党的二十大报告提出，推动绿色发展，促进人与自然和谐共生。当前，我国农业进入绿色低碳发展的新阶段，发展绿色种养循环农业，解决粪肥还田"最后一公里"难题，构建畜禽粪污等有机废弃物循环利用体系，推进资源节约集约利用，减少农业碳排放，创造农业碳汇，是加快农业绿色高质量发展的必然要求。通过推进绿色种养循环，加快粪肥科学还田施用，以有机肥替代部分化肥，平衡有机无机比例，有利于减少化肥用量、增加土壤有机质，维持作物高产稳产、改善农产品品质，落实"藏粮于地、藏粮于技"战略。发展绿色种养循环农业，变"粪污"为"粪肥"，也是减轻农业面源污染、改善农村人居环境、全面推进乡村振兴、加强生态文明建设的重要举措。

　　2021 年 4 月，农财两部联合印发《关于开展绿色种养循环农业试点工作的通知》，聚焦畜牧大省、粮食和蔬菜主产区、生态保护重点区域，以推进粪肥就地就近还田为重点，以培育粪肥还田服务组织为抓手，启动试点项目。力争通过 5 年试点，加强财政补助奖励支持，建机制、创模式、拓市场、畅循环，扶持培育一批粪肥还田专业化服务组织，形成可复制可推广的种养紧密结合、养殖场户、服务组织和种植主体有效衔接的绿色种养循环农业发展模式。

　　三年来，中央财政累计投入 70 多亿元，在全国 22 个省份及北大荒农垦集团、中国融通集团的 299 个县（市、区）开展绿色种养循环农业试点。项目实施过程中，各地不断优化粪肥还田关键参数，开展田间试验和效果监测，加强市场化运行机制创建，总结能用、实用、好用的粪肥还田技术模式，取得了初步成效。

为总结试点经验，规范指导项目实施，持续推动绿色种养循环农业试点工作深入开展，我们编著了《绿色种养循环农业技术指南》，以期为各地做好相关工作提供参考。因时间仓促及水平所限，书中难免有疏漏之处，敬请广大读者批评指正。

编著者

2023 年 7 月

Contents 目 录

第一章

绿色种养循环农业发展概况

>>

第一节 绿色种养循环农业的概念和背景

一、绿色种养循环农业的概念

种养循环是农业绿色发展的重要方式。绿色种养循环是指在当前种养分离的新形势下，通过种植业和养殖业有效对接，以培育粪肥还田服务组织为抓手，以推进粪肥就地就近还田利用为重点，加快畜禽粪污收集处理和科学施用，实现资源最大化利用，促进绿色种养、循环农业发展。

2021年4月，农业农村部办公厅和财政部办公厅联合印发《关于开展绿色种养循环农业试点工作的通知》(农办农〔2021〕10号)，启动绿色种养循环农业试点项目。项目的本质核心是通过建机制、创模式、拓市场、畅循环，加快畜禽粪污资源化利用，打通种养循环堵点，促进粪肥还田，推动农业绿色高质量发展。项目计划通过5年的时间，在畜牧大省、粮食和蔬菜主产区、生态保护重点区域开展绿色种养循环农业试点工作，以粪肥就地就近还田利用为重点，以培育粪肥还田服务组织为抓手，通过财政奖励支持，扶持一批企业、专业化服务组织等市场主体提供粪肥收集、处理和施用服务，形成可复制可推广的种养结合模式，创建养殖场户、服务组织和种植主体紧密衔接的绿色循环农业发展机制。

二、绿色种养循环农业的发展背景

农业生产是我国除能源消耗和工业生产外的第三大温室气体排放源，农业温室气体排放占全国温室气体排放总量的17%，其中畜禽粪污是重要的污染源。我国是世界第一养殖大国，据统计，全国每年养殖畜禽200亿头只，产生粪污30多亿吨。畜禽粪污用不好，就是最大的污染；用好了，就是珍贵的宝藏。但是随着我国规模化养殖的快速发展，种养分离现象越发突出，主要体现在三个方面：一是种养主体分离，畜禽养殖越来越规模化、集约化，种地的不养猪，养猪的不种地，种养不匹配的问题普遍存在。二是种养空间分离，养殖业布局不够合理，有的集中在城市周边，有的位于偏远山区，很多养殖场周围没有足够的耕地消纳畜禽粪污。三是种养时间错位，畜禽养殖每天都在产生粪污，但农业用肥需要因土因作物施用，季节性强，不能天天用、时时用，造成产需不同步。种植业和养殖业长期的产业脱节、布局脱节和产需脱节，是导致我国种养难以有效衔接、农牧循环存在梗阻的重要原因，也是造成大量畜禽粪污资源浪费和碳排放增加的重要因素。

党的十八大从新的历史起点出发，做出"大力推进生态文明建设"的战略决策。2015

年,《中共中央　国务院关于加快推进生态文明建设的意见》发布,2017年,国务院办公厅印发《关于加快推进畜禽养殖废弃物资源化利用的意见》。2018年4月,习近平总书记在中央财经委员会第一次会议上提出"要调整农业投入结构,减少化肥农药使用量,增加有机肥使用量"。畜禽粪污处理后还田利用是解决畜禽养殖污染问题的根本出路,也是治本之策。2017—2020年,农业部印发《开展果菜茶有机肥替代化肥行动方案》,中央财政累计投入40多亿元,在全国238个县开展果菜茶有机肥替代化肥试点行动,在经济作物上筛选集成了一批效果好、推得开的技术模式,有效带动了有机肥投入快速增加、化肥用量持续减少。同年,农业部印发《畜禽粪污资源化利用行动方案(2017—2020年)》,启动实施了畜禽粪污资源化利用整县推进项目,支持全国819个县整建制推进畜禽粪污资源化利用。截止到2020年底,全国13.3万家大型规模养殖场全部配套了畜禽粪污处理设施装备。作为农业农村部农业绿色发展五大行动的两项重要内容,畜禽粪污资源化利用和果菜茶有机肥替代化肥试点的实施,为绿色种养循环农业提供了良好工作基础和较为完备的设施支持。

2021年,在果菜茶有机肥替代化肥试点行动和畜禽粪污资源化利用行动的基础上,农财两部启动绿色种养循环农业试点。这是种植和养殖两端相关项目的结合版、升级版、加强版,重点聚焦粪肥科学施用,继续做好种养结合、农牧循环的后半篇文章。绿色种养循环农业要通过建机制、创模式,加快推进畜禽粪污资源化利用,变"粪污"为"粪肥",从机制、模式上下功夫,建立种植业和养殖业内生循环机制,实现种养分离到种养结合的转变。"十三五"期间,全国规模养殖场粪污处理设施装备配套率超过95%,粪污高效收集处理的基础已经建立。绿色种养循环农业以粪肥就地就近利用为目标,在安全、科学施用上下功夫,建立粪肥科学施用技术体系,实现粪污前期处理向后期合理利用转变。绿色种养循环农业重点在技术政策创设、服务主体培育、粪肥市场拓展上下功夫,围绕粪肥还田利用,建立以社会化服务组织为主体的粪肥还田长效运行机制,实现技术创新向后期机制创建转变。

第二节　我国粪肥资源利用的历史演变

一、以粪肥为主的有机肥资源利用,贯穿了我国几千年农耕文明

粪肥是指以畜禽粪污、作物秸秆等为主要原料,经腐熟发酵、无害化处理而成的有机肥料,是我国利用最早、利用时间最长的肥料品种。在我国传统农业中,种植和养殖紧密结合,种养循环、粪肥资源有效利用、用地养地结合的低能耗有机农业生产方式,成为优秀农耕文化的精髓,至今仍保持着蓬勃的生命力,对我国现代农业发展具有很好的借鉴意义。粪肥的利用最早始于商代,经过长期的发展,人们不断扩大、深化对粪肥种类和作用的认识,逐步探索形成了较为系统的粪肥积造和施用技术。春秋战国时期《孟子·万章下》中有"耕者之所获,一夫百亩,百亩之粪,上农夫食九人"的记载,说明人们很早就认识到施用粪肥对提高粮食产量具有重要作用,并且主张利用有机肥来改良土壤,提高土壤肥力。《周礼》中提出针对不同土壤应利用不同种类有机肥,如"骍刚用牛,赤缇用羊"。后有"掩地表亩,刺草殖谷,多粪肥田,是农夫众庶之事也"(《荀子·富国篇》),"积力于田畴,必且粪灌"(《韩非子·解老篇》)等论述,都揭示了有机肥料的利用对我国古代农业发展的重要意义。在中华农耕文明的历史长河中,正是得益于古代劳动人民对于粪肥的深刻认识,以及以有机肥为核心的施肥技术体系的形成,使得以农养物、以牧促农、农牧互补等多种经营模式不断

发展完善，实现了农林牧渔副五产互利互补、相互融合的循环农业模式，维持了我国几千年农业的可持续发展。

二、化肥工业发展以前，以粪肥为主的有机肥资源利用支撑了我国农业生产

新中国成立之初，我国化肥工业尚属空白，有机肥料作为当时最主要的肥源，对恢复农业生产、解决饥荒问题发挥了重要作用，受到党中央和各级政府的高度重视。1950年4月，农业部召开了第一次全国土壤肥料工作会议，朱德、董必武等中央领导人出席，会议提出了"广辟肥源，大力积造有机肥，增施肥料培肥地力、提高生产"的要求。1952年，政务院关于农业生产的决定中指出，增施肥料是提高单位面积产量最有效的办法。中共中央制定的《一九五六年到一九六七年全国农业发展纲要（草案）》，把改良土壤，采取一切可能的办法增加农家肥料和积极发展化学肥料列为农业增产的重要措施。"以农家肥料为主，商品肥料为辅"成为当时我国肥料应用的主要方针，各地积极发动群众挖掘肥源，积造、施用有机肥料。

这一时期，全国农村开展了广辟肥源、增积农家肥料的群众运动，形成了以村、户为单元的种养小循环模式。通过大力提倡田头积肥，农村几乎家家户户门口都有一个堆沤池，用来处理日常产生的人畜粪尿、作物秸秆等；而在田间地头，小粪堆也随处可见。1954年，全国农村施用肥料的比例，大体上农家肥料（包括绿肥）占90％以上，化学肥料不到10％，有机肥料在农业生产中发挥着主导作用。但在有机肥资源的利用过程中，也出现了"重细肥轻粗肥、重数量轻质量、重积肥轻保肥"等问题。1958年，中央发布《中共中央关于肥料问题的指示》，指出化学肥料在最近几年内还不能满足需要，各地除了积极努力增产化肥以外，农家积肥、造肥，仍然是最主要、最大量的肥源。历史经验证明，化学肥料必须与有机肥料配合施用，才能更好地发挥肥效，避免土壤退化。因此，各地强调绝对不要因为化肥的增产，而放松了农家积肥造肥。积肥、造肥成为经常性的工作，每年还要突击开展几次有机肥积造群众运动。

三、随着化肥用量大幅增加，施肥结构发生重大变化，有机肥占比逐年下降

随着经济社会快速发展，我国人口数量快速增长，对农产品的需求不断增加，迫使种植业和养殖业向专业化、规模化、集约化的高投入高产出模式转变。我国养殖业和种植业逐渐出现了产业上的脱节、空间布局上的分离以及畜禽粪污产生和需求的错位，打破了原有种养结合、循环利用的传统农业发展模式。同时，单纯依靠农业内部的物质循环已经无法支撑高产条件下农业生产系统的运转，化肥施用增加了农业外部的物质投入，保证了农业生态系统的高强度生产。化肥投入在农业生产中逐渐上升到主要地位，有机肥占比逐年下降。据统计，我国农用化肥折纯量从1978年的884万吨增长至2012年的5838.85万吨，30多年增长了近6倍。由于化肥养分含量高、见效快、施用方便，一些地方逐步出现重视化肥、轻视有机肥的倾向。据江苏、浙江、安徽、河南、辽宁、内蒙古等省份的分析，20世纪70年代有机肥与化肥提供养分的比例为7∶3，80年代下降为5∶5。此后化肥用量快速上升，占据施肥的主导地位，2003年我国有机肥养分投入仅占农田养分投入的25％，到2005年略有上

升，为30％左右。2008年，我国以人畜粪尿和秸秆为主的有机肥养分投入占农田养分总投入的31％左右。此后，我国有机肥与化肥养分投入此消彼长的趋势日益加剧。

四、进入绿色低碳发展新时代，绿色发展理念不断深入人心，再掀粪肥资源利用高潮

2015年，党的十八届五中全会提出了新发展理念，其中一项便是绿色发展理念。党的十九大把"绿水青山就是金山银山"理念写入《中国共产党章程》，成为我国生态文明建设的行动指南。高投入高产出的土地利用方式与施肥结构的不合理，造成我国耕地土壤有机质不足、土壤酸化板结等生态问题突出，补充耕地有机质的需求日益迫切。与此同时，随着我国规模化养殖业的快速发展，产生的大量畜禽粪污未能得到有效处理和利用。我国每年约产生49亿吨有机肥料资源，其中畜禽粪污约38亿吨（鲜重）。但受经济效益、堆沤及施用技术装备等多方面因素影响，我国有机肥资源养分还田利用率不足40％。大量未被有效利用的农业废弃物资源，尤其是畜禽粪污，不仅造成了资源浪费，还带来严重的农业面源污染问题。

在资源环境硬约束下，坚持有机无机相结合的原则，推进粪肥就地就近还田利用，促进畜禽粪便资源化利用，一方面可以把不合理的化肥用量降下来，另一方面可以增加土壤有机质的投入，提升土壤肥力，是破解我国农业绿色发展瓶颈，实现"污染源"向"资源"转化、促进种养结合、循环发展的重要途径。2017年以来，农业农村部坚持以农业绿色发展为引领，先后在全国范围内开展果菜茶有机肥替代化肥和绿色种养循环农业试点行动，在苹果、柑橘、设施蔬菜、茶叶等经济作物和小麦、玉米、水稻等大田作物上，推广应用以粪肥为主的有机肥还田利用，集成组装了一批可复制、可推广的有机肥替代化肥技术模式，在全国掀起了有机肥应用的热潮。随着绿色种养循环农业的推进，农业绿色发展理念逐渐深入人心，为以粪肥为主的有机肥料大面积推广应用提供了坚实的技术支撑和良好的社会氛围。

第三节　发展绿色种养循环农业的重要意义

一、绿色种养循环农业是推进农业绿色低碳发展的必然需要

2021年4月22日，习近平总书记在领导人气候峰会上对全球作出庄严承诺，中国二氧化碳排放力争于2030年前达到峰值，努力争取2060年前实现碳中和。这是中国实现低碳转型和展现大国担当的庄严承诺，也是我国农业绿色高质量发展的行动指南。农业兼具碳源与碳汇双重属性的特点决定了农业减排路径的独特性与差异性，减排增汇是实现农业领域碳达峰碳中和目标的最优路径。根据第二次全国污染源普查公报显示，畜禽养殖业水排放化学需氧量1 000.53万吨，占全国农业源化学需氧量的94％，氨氮、总氮、总磷为11.09万吨、59.63万吨、11.97万吨，在全国农业源排放量中所占比例分别为51％、42％、56％。根据2006年联合国粮食及农业组织报告，若将畜牧业饲料生产用地及养殖场土地占用引起的土地用途变化考虑在内，全球畜牧业CO_2、N_2O、CH_4和NH_3排放量分别占人类活动排放总量的9％、65％、37％和64％，按CO_2当量计算，畜牧业温室气体排放总量占人类活动温室气体排放总量的18％，畜牧业已成为造成气候变化的重要因素。同样，畜牧业也是我国农业源温室气体排放主要来源之一，畜禽粪便N_2O和CH_4排放比例分别为18.23％和

15.16％。畜禽废水中产生 CO_2 和 CH_4 也会加剧环境温室效应。可见，加强畜禽粪污资源化利用，是减轻农业面源污染，助力我国农业减排增汇的重要抓手。

肥料化、能源化和饲料化利用是畜禽粪污资源化利用的三个重要途径。其中，肥料化利用是当前畜禽粪便最广泛的资源化利用方式，也是创造农业碳汇的重要手段。畜禽粪污肥料化利用碳减排增汇途径主要有三个方面：一是直接减少畜禽粪污的温室气体排放，从而减少碳排放。路剑等对河北省 167 个县畜禽粪污肥料化利用碳减排潜力进行量化预测，结果表明肥料化利用能够在县域范围内降低 1 万～80 多万吨不等的温室气体排放量。二是通过有机肥部分替代化肥，调整施肥结构，减少化肥投入，从而减少碳排放。化肥生产主要是以化石产品为原料，以氮肥主要品种尿素为例，其生产能耗的 60％来源于煤炭、25％来源于天然气，其余 15％来源于重油。我国每年由于不合理施用，流失化肥所消耗的煤、天然气、重油和电分别占全国总量的 14％、13％、1％和 0.8％。2007 年，全国化肥行业排放的 SO_2 为 82.5 万吨、CO_2 为 180 万吨。研究表明，如果有机肥料市场占有率提高 1 倍，则可减少 SO_2 排放 9.08 万吨、CO_2 排放 19.8 万吨。三是通过增施有机肥，提高土壤有机质含量，从而提高土壤固碳增汇能力。农田是 CH_4、CO_2、N_2O 等温室气体的排放源，也是重要的吸收库。根据联合国政府间气候变化专门委员会第 4 次评估报告，农业近 90％的减排份额能够通过土壤固碳减排实现。程琨等研究表明，按 1 米深土壤计算，全球土壤有机碳库容量约为 1.5 万亿吨，是大气碳库容量的 2 倍、陆生植物碳库容量的 3 倍；2 米深土壤的碳库容量高达 2.2 万亿吨。法国提出"千分之四全球土壤增碳计划"，即全球 2 米深土壤的有机碳储量每年增加 4‰，就可抵消当前全球矿物燃料的碳排放；如果 1 米深度土壤有机碳储量增加 4‰，则可抵消当前全球 CO_2 的净排放量。据测算，若将农田土壤有机质提高 1％，相当于土壤从空气中净吸收了 306 亿吨 CO_2。王树涛等研究表明，土壤固碳速率与有机肥的总碳输入量呈显著的对数关系。王海婷等以等氮量为基准探究了区域种养循环模式下有机肥替代化肥情景的温室气体排放情况，结果表明种植 1 公顷小麦，有机肥按 25％、50％、75％和 100％的比例替代化肥后农田的净温室气体排放总量分别为 -6.39 吨、-4.42 吨、-2.1 吨和 0.04 吨 CO_2 当量，而全施化肥种植 1 公顷小麦的温室气体排放量为 3.33 吨 CO_2 当量。

我国有机肥资源养分量有 7 400 多万吨，但还田利用率不足 40％，种养主体长期分离，种养关系难以有效协调，稳定成熟的种养结合机制尚未建立，严重制约了我国农业绿色低碳发展。发展绿色种养循环农业，解决粪肥还田"最后一公里"难题，补足畜禽粪污资源化利用短板，是破解当前种养时空分离、主体分离、季节错位的堵点，重构种养关系，推进农业绿色低碳发展的必然需要。

二、绿色种养循环农业是保障粮食安全国之大者的有力支撑

习近平总书记强调，保障粮食和重要农产品稳定安全供给始终是建设农业强国的头等大事。受国际局势、疫情等不稳定因素的影响，全球粮食危机加剧。随着我国粮食需求持续增长，农业生产面临严峻的资源环境约束，提产能、提效益难度加大。到 2025 年、2030 年、2035 年我国粮食需求将达到 1.63 万亿、1.69 万亿和 1.75 万亿斤[*]，预计到 2050 年左右达到峰值。当前我国的粮食产量 1.3 万亿斤，即使"十四五"末达到 1.4 万亿斤，仍然存在

　＊ 斤为非法定计量单位，1 斤＝1/2 千克。——编者注

2 000多亿斤的供需缺口。全方位夯实粮食安全根基，是当下和今后一段时间建设农业强国的主攻方向和重点工作。当前，我国粮食种植面积已达17.7亿亩*，仅靠扩面积很难实现产能提升，还需要大幅度提升粮食单产。近30年来，为实现高产目标，化肥用量不断增加，虽然暂时满足了高产需求，但持续高强度的化肥施用，不合理的施肥结构也带来了土壤酸化板结、通气和透水能力变差、有益微生物数量减少、有机质含量下降等问题。以推技术、优模式实现作物单位面积产能提升，着眼藏粮于地、藏粮于技，离不开有机肥料的合理施用。

大量研究表明，通过有机肥部分替代化肥，协调有机无机养分平衡供应，能够在满足作物养分需求、保持高产稳产的同时，有效改善农产品品质。吴金芝等研究表明，有机肥替代1/3化肥的玉米5年平均产量较常规施肥提高10%，籽粒蛋白质含量和蛋白质产量分别显著提高6.7%和17.8%。杜雷等研究表明，有机肥氮替代30%化肥处理与农民习惯施肥相比能提高苋菜产量3.07%，显著提高了苋菜的可溶性糖、可溶性蛋白质、维生素C含量，降低了硝酸盐含量。唐洪杰等研究表明，与常规施肥相比，当有机肥替代化肥比例在40%左右时，桃产量提高17.6%，可溶性固形物含量提高11.6%，维生素C含量提高3.4%。

耕地是最宝贵的农业资源，也是最重要的生产要素。研究结果表明，耕地产能与有机质含量密切相关，科学施用有机肥料，是落实藏粮于地战略的重要手段。我国耕地质量平均等级不高，耕地退化面积占比达40%。增施有机肥是增加土壤有机质最直接、最有效的方法。粪肥还田可以提高土壤的有机碳含量，增加土壤团聚体的数量和稳定性，从而增强土壤碳固存能力。长期定位试验结果表明，连续施用有机肥30年，西北和华北土壤有机质含量平均提高51%和68%，南方地区土壤有机质平均提高24%。国内外的学者研究还发现，粪肥还田可以改变土壤的pH，释放一些被固持的营养元素，不同程度增加土壤的全氮、碱解氮、有效磷、速效钾及中微量元素的含量。通过粪肥与化肥合理配施，全面满足作物和土壤养分需求，改善土壤理化性状，提高土壤保肥保墒能力，是全方位夯实粮食安全根基、保障国家粮食安全的迫切需要。

三、绿色种养循环是全面推进乡村振兴的重要抓手

习近平总书记提出，举全党全社会之力推动乡村振兴，促进农业高质高效、乡村宜居宜业、农民富裕富足。乡村产业振兴位居"五大振兴"之首，是乡村振兴的重中之重，为全面推进乡村振兴提供重要支撑，而乡村产业振兴的重点是种植业和养殖业。一方面，发展绿色种养循环农业，推进畜禽粪污资源化利用，能为种植业提供安全稳定的有机养分。实践表明，增加以粪便为主要原料的有机肥投入，水果、蔬菜、茶叶、粮食等农产品的口感更好、品质更优、营养更均衡，也就是我们常说的"果有果味、菜有菜味"。通过推进绿色种养循环，能够生产更多的优质农产品，是满足人们对品质要求的重要措施。另一方面，推进绿色种养循环，能有效解决养殖场户后顾之忧，减轻环保压力，减少污染排放，有效促进种植业和养殖业的健康可持续发展。

此外，建设宜居宜业和美乡村，是满足人民日益增长的对优美生态环境的现实需要，也是建设农业强国的内蕴要求和重要标准。我国畜禽粪污数量大、分布广，已成为面源污染的

---

* 亩为非法定计量单位，1亩=1/15公顷。——编者注

主要来源，对农村生态环境造成不良影响。污水横流不是美丽乡村，臭气熏天不是小康社会。发展绿色种养循环农业，变"粪污"为"粪肥"，让放错地方的资源归位再利用，是减轻农业面源污染、改善农村人居环境、加强生态文明建设的重要措施。

第四节　绿色种养循环农业发展取得初步成效

2021—2022 年，中央财政分别安排资金 27.42 和 24.7 亿元，在全国 17 个省、直辖市和北大荒农垦选择 279 个和 251 个试点县，开展绿色种养循环农业试点。各地对照项目要求，坚持"干"字当头、"实"字为先，创新思路、主动作为、强化措施、务求实效，在推动粪肥还田、提质增效，以及创建组织方式、技术模式等方面取得了初步成效。

一、统筹生产生态，促进了农业绿色低碳发展

促进畜禽粪污资源化利用，推动粪肥就地就近使用，农民施用有机肥的习惯逐步养成，农业的生态涵养功能更加凸显，实现了生产生态双赢。一是促进粪肥还田、化肥减量。两年来，试点县已累计还田固体粪肥 1 550 万吨，液体粪肥 3 120 万米^3。通过粪肥还田，以有机肥部分替代化肥，累计减少化肥用量 15.9 万吨（折纯，下同），其中减氮 8.3 万吨、减磷 3.6 万吨、减钾 4.0 万吨。江苏省试点县共还田腐熟粪肥 31.5 万吨、沼液 81.1 万吨，减少化肥施用量 6 500 吨，带动试点县化肥减量超过 5%。二是促进畜禽粪污资源化利用。通过就地就近利用畜禽粪便、沼渣沼液、秸秆尾菜等资源积造粪肥，打通了农业废弃物循环利用的通道，实现"污染源"向"资源"的转化。试点县累计收集处理固体粪污 2 510 万吨、液体粪污 4 650 万米^3，畜禽粪污综合利用率平均达到 92%，比 2020 年提高 3 个百分点。三是促进土壤固碳增汇。试点实施以来，通过粪肥还田增加土壤有机碳投入 280 万吨，促进了农田土壤固碳增汇能力提升。增施粪肥有效改善了土壤理化性状，提高了土壤有机质含量。据上海市 40 个监测点数据，土壤有机质含量平均增加 0.6 克/千克，扩大了土壤碳库。

二、突出提质增效，带动了农民增收和品牌强农

推进粪肥合理施用，有机无机配合，提高土壤肥力，用健康的土壤生产优质的农产品，促进了提质增效。一是产量品质双提升。虽然化肥用量减少了，但通过粪肥还田，与化肥形成搭配，缓急相济，养分供应更加合理，农产品产量不降反升。河北省张北县实施"堆肥＋配方肥"模式，马铃薯、蔬菜增产 5% 以上。上海市水稻、玉米、蔬菜平均亩增产 54 千克。通过施用粪肥，农产品品质得到明显改善。据安徽省检测，施用有机肥的果园果实外观和内在品质明显提高，果皮花青素含量增加 20%～30%，维生素 C 含量提高 10%～20%。湖北省当阳市柑橘施用有机肥，糖度从 10 度提高到 12.5 度，增加 25%，山东省牟平区施用有机肥的苹果总糖度达到 16.4 度。基层农民反映，增施有机肥后种出的农产品，果色艳、口感好、味道醇、余味浓，品质更优、营养更均衡，找回了记忆中的老味道。二是基地品牌齐创响。各地以绿色种养循环农业试点为抓手，加快建设绿色优质农产品基地，着力创响有影响力的知名品牌，增加优质农产品供给。黑龙江省集成推广猪粪、牛粪腐熟还田技术，生产高品质鲜食玉米和黏玉米，讲好"玉米故事"，打造了"北纬 47 度"玉米品牌。三是提质增效促增收。产量和品质的提高，提升了农产品附加值，促进了种植户收

入增加。安徽省庐江县推广粪肥还田，蔬果品质提升明显，农产品增值20％以上。江苏省新沂市徐伟蜜桃家庭农场应用粪肥还田技术，实现果优价好，水蜜桃半斤重单果批发价达到18元/公斤，提高4元/公斤。

三、连接种养两端，初步构建了绿色种养循环机制

坚持"花钱买机制"，注重发挥财政资金的引导作用，探索建立畅通种养循环的市场化机制。一是种养结合机制。通过指导养殖场户、社会化服务组织和种植主体三方签订合同，落实责任义务，建立种养对接的合作机制，实现需求互补、协同推进和同向发力。安徽省庐江县遴选14家畜禽粪污收集处理社会化服务组织，与全县153家各类养殖主体及383家种植主体进行对接，服务播种面积17.4万亩，实现"种养循环网格化，粪肥还田联万家"。二是利益链接机制。通过项目引导，初步形成"政府补贴一点、养殖企业出一点、种植主体掏一点、服务组织赚一点"主体紧密衔接、互惠互利的种养循环利益链接机制。湖南省醴陵市遴选的醴陵宜帆公司与养殖场签订粪污处理协议，收取20元/吨粪污处理费，与果树种植户签订粪肥还田全过程服务合同，收取300元/吨的粪肥还田服务费，加上试点补贴的180元/吨，公司每还田一吨粪肥可收入20元左右，实现了粪肥还田成本共担、利益共享。三是社会化服务机制。通过培育三方服务主体，提供专业化粪肥收集、处理和施用服务，打通种养循环通道，促进粪肥还田。甘肃省广河县建成日处理20吨粪污的处理中心2个、日处理4吨处理中心6个，提供"以粪换肥、以牛（羊）换肥、以草换肥、以现金购肥"的"三换一购"模式，实现分散收集、集中处理、科学施用。四是全程追溯机制。多地积极探索应用现代信息手段，对粪污收集运输处理、粪肥还田作业全过程进行监控记录，实现监管信息化，做到粪污来源清楚、粪肥去向可查、监管不留死角。湖南省石门、浏阳、嘉禾等试点县建立了绿色种养循环粪肥还田追溯系统，对粪肥还田全过程采用信息化监管。河北省行唐县在车辆上安装定位系统、黑龙江肇东市粪肥抛洒还田机具全部安装监控器，记录粪肥还田作业轨迹。

四、强化集成创新，集成了一批种养循环技术模式

以主要种植作物为主线，以优势产业为抓手，坚持有机无机配合施用原则，组装集成类型多样的绿色种养循环技术模式。"固体粪肥＋N"模式。在测土配方施肥的基础上，积极探索粪肥与化肥的合理搭配，建立了"固体粪肥＋配方肥""固体粪肥＋缓释肥"等模式，实现有机无机配合施用。在施用方法上，充分发挥农机农艺融合优势，集成"固体粪肥＋机械抛洒""固体粪肥＋机械深施"等技术模式，减轻劳动强度，提升粪肥还田机械化水平。两年来，"固体粪肥＋N"模式推广应用面积达1530万亩。"液体粪肥＋N"模式。液体粪肥具有体积大、养分低、运输施用难的特点，一直是粪肥还田的难点。针对这些问题，各地集成推广了"液体粪肥＋罐车喷洒还田""液体粪肥＋管网输送施用"等模式，特别是管网输送模式，在南方丘陵山区取得良好效果。针对液体粪肥喷洒带来的环境问题，河北、黑龙江等省引进大型施肥机械，集成"液体粪肥＋注入式还田"技术模式，实现深施覆土，避免了臭气挥发和养分损失。湖北省在高山蔬菜产区因地制宜集成推广"软体储粪（水）袋"模式，根据农户需要和农田分布安装PVC夹网布材料制成的储粪（水）袋，解决山区粪水储存难题。在设施农业种植区，集成了"沼液＋水肥一体化"模式，通过对沼液进行二次过滤，利用灌溉系统实现水肥一体化施用，节水节肥、增产提质效果显著。

参考文献

程珺，潘根兴，2016. "千分之四全球土壤增碳计划"对中国的挑战与应对策略 [J]. 气候变化研究进展，12（5）：457-464.

杜雷，王素萍，张贵友，等，2023. 有机肥氮替代部分无机氮对设施苋菜产量、品质和氮素利用率的影响 [J]. 中南农业科技，44（5）：7-10.

杜为研，唐杉，汪洪，2020. 我国有机肥资源及产业发展现状 [J]. 中国土壤与肥料（3）：210-219.

傅国海，杜森，钟永红，等，2021. 持续推进化肥减量增效助力农业绿色高质量发展——"十三五"化肥减量增效工作成效及思考 [J]. 中国农技推广，37（6）：5-7.

胡天睿，蔡泽江，王伯仁，等，2022. 有机肥替代化学氮肥提升红壤抗酸化能力 [J]. 植物营养与肥料学报，28（11）：2052-2059.

黄鸿翔，李书田，李向林，等，2006. 我国有机肥的现状与发展前景分析 [J]. 土壤肥料（1）：3-8.

金维续，1989. 有机肥料研究四十年 [J]. 土壤肥料（5）：6.

李季，彭生平，2011. 堆肥工程实用手册 [M]. 第2版. 北京：化学工业出版社.

刘海涛，李静，李霄，等，2015. 以有机肥替代化肥可减少温带农田温室气体排放量（英文）[J]. Science Bulletin（6）：598-606.

刘守初，赵质培，1954. 用马粪培养液接种制造高温堆肥 [J]. 农业科学通讯.

刘学胜，高祥照，沈其荣，等，2009. 有机肥产业将在09年进入理性发展期 [J]. 中国农资（2）：50-53.

路剑，刘振涛，2023. 效率和公平视角下畜禽粪污肥料化利用碳减排潜力测度——基于河北省县域经验数据 [J]. 河北农业大学学报（社会科学版），25（1）：50-61.

牛新胜，巨晓棠，2017. 我国有机肥料资源及利用 [J]. 植物营养与肥料学报，23（6）：1462-1479.

邱尧，谭石勇，文亚雄，等，2022. 有机肥料对实现"碳达峰、碳中和"的作用 [J]. 农学学报，12（12）：34-39.

全国农业技术推广服务中心，1999. 中国有机肥料养分数据集 [M]. 北京：中国农业出版社.

全国农业技术推广服务中心，1999. 中国有机肥料养分志 [M]. 北京：中国农业出版社.

全国农业技术推广服务中心，1999. 中国有机肥料资源 [M]. 北京：中国农业出版社.

任科宇，徐明岗，张露，2021. 我国不同区域粮食作物产量对有机肥施用的响应差异 [J]. 农业资源与环境学报，38（1）：143-150.

沙艳羽，白冰，王保印，等，2023. 低碳可持续发展背景下畜禽粪污资源化利用 [J]. 黑龙江八一农垦大学学报，35（2）：37-41，88.

沈其荣，2012. 应加强固体有机废弃物高附加值资源化利用 [J]. 中国农资（47）：24.

沈其荣，等，2021. 中国有机（类）肥料 [M]. 北京：中国农业出版社.

石岳峰，吴文良，孟凡乔，等，2012. 农田固碳措施对温室气体减排影响的研究进展 [J]. 中国人口资源与环境（1）：43-48.

唐洪杰，王鹏，焦圣群，等，2023. 有机肥替代化肥对桃产量、品质及土壤肥力的影响 [J]. 农学学报，13（6）：55-59.

唐杉，刘自飞，王林洋，等，2021. 有机肥料施用风险分析及相关标准综述 [J]. 中国土壤与肥料（6）：353-367.

王海婷，2022. 区域种养循环模式温室气体排放评估研究 [D]. 北京：北京建筑大学.

王树涛，门明新，刘微，等，2007. 农田土壤固碳作用对温室气体减排的影响 [J]. 生态环境学报，16（6）：197-202.

吴金水，黄习知，李勇，等，2018. 亚热带水稻土碳循环的生物地球化学特点与长期固碳效应 ［J］. 农业现代化研究，39（6）：895－906.

吴金芝，肖慧淑，郭锦花，等，2023. 秸秆还田和有机肥配合替代 1/3 化肥对旱地玉—麦产量、蛋白质含量和化肥利用效率影响 ［J］. 水土保持学报，37（4）：319－326.

杨帆，2013. 我国有机肥资源、利用情况及相关政策 ［J］. 中国农资（8）：25.

杨帆，李荣，崔勇，等，2010. 我国有机肥料资源利用现状与发展建议 ［J］. 中国土壤与肥料（4）：77-82.

杨帆，马常宝，2006. 我国有机肥料产业化利用现状及发展前景 ［J］. 腐植酸（2）：13－18.

杨兴明，徐阳春，黄启为，等，2008. 有机（类）肥料与农业可持续发展和生态环境保护 ［J］. 土壤学报（5）：925－932.

殷武平，袁祖华，彭莹，等，2023. 生物炭有机肥部分替代化肥对苋菜生长、产量、品质和氮素利用率的影响 ［J］. 中国瓜菜，36（6）：77－83.

SMITH P，COTRUFO M F，RUMPEL C，et al.，2015. Biogeochemical cycles and biodiversity as key drivers of ecosystem services provided by soils ［J］. Soil discussions，2（1）：537－586.

YUAN H Z，GE T D，CHEN C Y，et al.，2012. Significant role for microbial autotrophy in the sequestration of soil carbon ［J］. Applied and environmental microbiology，78（7）：2328－2336.

第二章
中国粪肥资源概况

>>

近年来，随着经济发展、人口增加和饮食结构的变化，人们对于肉蛋奶等动物性产品的需求不断增加。据相关部门统计数据，1978—2019年我国肉类总产量从4 584万吨增长到7 649万吨，奶类产量从736万吨增长到3 310万吨，畜禽养殖业产值占第一产业产值比重从18%增至26.7%。根据我国每年畜牧业统计数据可以得知，全国畜禽养殖量每年都在不同程度地增加，伴随着畜禽养殖数量和产量的快速增加，畜禽粪便等养殖废弃物产生量也急剧增加。20世纪80年代，我国每年畜禽养殖废弃物仅为6.9亿吨，而到2018年已达到38亿吨，大量畜禽粪便没有得到有效处理和利用，直接或间接地对养殖场周围的土地、水体和大气环境造成不同程度的污染，长久下去必定会影响人类健康。畜禽粪便是废弃物或者污染物，更是放错了位置的资源。畜禽粪便中含有大量有机物和氮、磷等营养元素，能够为农作物提供养分、培肥土壤，是不容忽视的有机肥资源。

第一节 中国畜禽粪便资源利用概况

畜牧业是我国农业的重要组成部分，为端牢中国人的饭碗做出了重要贡献。新中国成立以来，我国畜牧业发展经历了三个关键阶段。1949—1978年，畜禽养殖以散养为主，畜禽类型主要是牛和猪，以猪粪为代表的畜禽粪便主要制作成粪肥施用于农田。1978—1996年，改革开放促进了畜牧产品市场进一步放开，畜禽养殖种类逐步丰富、数量快速上升，保障了肉蛋奶供给。1996年至今，规模化畜禽养殖快速发展，实现了由分散养殖为主向规模经营为主的生产方式转变，伴随着动物蛋白消费需求增加和科学技术的进步，畜禽养殖数量迅速增加。

近年来，畜牧业供给侧结构性改革深入推进，集约化养殖快速发展，畜牧业规模化水平不断提升。根据《中国畜牧兽医年鉴2018》统计显示，2017年全国肉类产量8 654.4万吨，禽蛋产量1 981.7万吨；全国畜禽养殖规模化率达到58%，同比提高2个百分点。畜禽养殖业规模化程度的提升，促进了畜禽养殖生产效率的提升。规模化奶牛产奶量平均单产达到6.8吨，同比提高7.1%，产业化龙头企业不断壮大，乳品企业二十强市场占有率超过50%。

集约化的快速发展有利于畜禽养殖效益提升，但产生的粪便如不妥善处理将会加剧面源污染。中国第一次污染普查公报显示，2010年畜禽养殖业粪便产生2.43×10^8吨，尿液产生1.63×10^8吨，畜禽养殖业主要水污染排放量为化学需氧量1.27×10^6吨、总氮1.02×10^6吨、总磷1.61×10^5吨。至2016年中国畜禽粪便数量增加到3.16×10^9吨，其中含氮（N）、磷

（P_2O_5）、钾（K_2O）分别为 $1.48×10^7$ 吨、$9.01×10^6$ 吨和 $1.45×10^7$ 吨。中国第二次污染普查公报显示，2017 年畜禽养殖业主要水污染排放量为化学需氧量 $1×10^7$ 吨、总氮 $5.96×10^5$ 吨、总磷 $1.2×10^5$ 吨。近年来畜禽养殖废弃物数量依然庞大，带来的环境风险不容小视。与日益增长的畜产品需求和养殖废弃物产生量相比，我国畜禽养殖废弃物的综合利用率却不高。数据显示，2010 年全国畜禽粪污的综合利用率仅为 37%，远低于国外平均水平，"十二五"和"十三五"期间，全国加大畜禽养殖规模化建设和畜禽粪污治理力度，畜禽粪污的综合利用情况有所加快，2017 年达到 60% 左右，但总体仍然偏低。

畜禽粪便含有丰富的养分，利用堆肥发酵等技术可以将其转化为有机肥料，既能提高作物产量和品质、改良土壤，又能减轻对生态环境的影响。为加快推进畜禽养殖废弃物资源化利用，促进农业可持续发展，2017 年国务院办公厅印发了《关于加快推进畜禽养殖废弃物资源化利用的意见》（国办发〔2017〕48 号）等一系列文件，要求严格执行环境保护法、畜禽规模养殖污染防治条例、水污染防治行动计划、土壤污染防治行动计划等法律法规，到 2020 年建立科学规范、权责清晰、约束有力的畜禽养殖废弃物资源化利用制度，构建种养循环发展机制，争取全国畜禽粪污综合利用率达到 75% 以上，规模养殖场粪污处理设施装备配套率达到 95% 以上。畜禽养殖废弃物资源化利用制度和政策进一步完善，通过政府引导、市场运作，逐步形成了地方负责、企业主体、政策支持、法律保障、多方参与、协同攻坚的工作机制，种养结合、农牧循环的可持续发展新格局开始构建。目前，畜禽废弃物资源化利用工作初见成效，据《中国农业绿色发展报告 2021》数据显示，2020 年全国养殖废弃物资源化综合利用率达到 76%，养殖环境明显改善。

第二节　畜禽粪便资源总量估算与区域分布

我国畜禽粪便资源丰富，随着畜禽养殖规模的扩大和集约化程度的提高，畜禽粪污资源分布更加集中、数量大幅增加。掌握全国畜禽粪污资源总量，以及养分含量、品种分类、区域分布等，对于加强顶层设计、推进绿色种养循环农业发展具有重要意义。

一、畜禽粪便产生总量

目前对畜禽粪便产生数量没有专门的统计，国际上比较通用的方法是根据畜禽养殖数量、畜禽饲养周期与粪尿排泄系数进行估算。据 2009 年农业部颁布的《第一次全国污染源普查畜禽养殖业源产排污系数手册》中的术语解释，畜禽养殖产排污系数即是在典型的正常生产和管理条件下，一定时间内（以"天"为单位），单个畜禽所产生的原始污染物量。畜禽粪便的日排泄量与畜禽品种、饲养环境、体重、生长期、饲料组成和饲喂方式等均相关，目前我国对畜禽粪便的日排泄量并没有制定统一标准，关于畜禽粪污的产排污系数、饲养量、饲养期等数值的选取仍不清晰。《第一次全国污染源普查畜禽养殖业源产排污系数手册》给出了规模化饲养的猪、奶牛、肉牛、蛋鸡、肉鸡等 5 种畜禽在华北、东北、华东、中南、西南和西北 6 类不同区域和不同饲养阶段的粪尿产排污系数，《全国农村沼气工程建设规划（2006—2010）》也给出了生猪、奶牛和蛋鸡的昼夜粪尿产排污系数，为估算全国畜禽粪污资源总量奠定了基础。

据统计数据和相关文献计算，2010 年我国主要畜禽粪便产生总量约为 22.60 亿吨，其中猪粪便产生量 5.34 亿吨、牛粪便产生量 11.64 亿吨、家禽粪便产生量 2.95 亿吨、羊粪便产生量 2.67 亿吨，分别占 23.63%、51.51%、13.05%、11.81%（表 2-1）；2017 年我国主要畜禽粪便产生量共计 21.77 亿吨，其中猪粪便产生量 5.58 亿吨、牛粪便产生量 9.90 亿吨、家禽粪便产生量 3.42 亿吨、羊粪便产生量 2.87 亿吨，分别占 25.63%、45.48%、15.71%、13.18%（表 2-2）。综合比较 2010 年与 2017 年两年数据来看，粪便产生总量变化幅度较小，牛粪便产生量下降明显。

表 2-1　2010 年我国主要畜禽粪便产生量

畜禽类型	畜禽粪便产生量（亿吨）	占比（%）
猪	5.34	23.63
牛	11.64	51.51
家禽	2.95	13.05
羊	2.67	11.81
总计	22.60	100

表 2-2　2017 年我国主要畜禽粪便产生量

畜禽类型	畜禽粪便产生量（亿吨）	占比（%）
猪	5.58	25.63
牛	9.90	45.48
家禽	3.42	15.71
羊	2.87	13.18
总计	21.77	100

二、畜禽粪便资源分布

从不同地区畜禽粪便数量分布来看，粪便数量及其养分资源分布各地区差异较大。例如，奶牛数量最多的是河北、内蒙古、黑龙江和新疆，肉鸡生产主要集中在山东、广东和吉林，蛋鸡生产集中在河北、山东、河南和辽宁。《中国畜牧兽医年鉴 2018》统计数据显示，2017 年全国畜禽养殖结构空间分布上以黑龙江-河北-四川为分界线，东南部猪和家禽的养殖量较大，西北部牛羊的养殖量较大。2017 年全国生猪出栏量 7.02×10^4 万头，其中四川占 9.37%，其次是河南和湖南分别占 8.86%、8.71%；牛存栏量 9.04×10^3 万头，其中四川养殖数量位居第一，其次是云南和内蒙古；羊存栏量 3.02×10^4 万头，其中内蒙古数量最大，约占 1/5；家禽存栏量 1.03×10^6 万头，其中山东养殖量最大，达到 16.91%，其次是广东和福建各占 8.35% 和 7.02%。

《畜禽规模养殖污染防治条例》规定，畜禽养殖场、养殖小区的具体规模标准由省级人民政府确定。农业农村部和生态环境部考核各级政府粪污处理及资源化利用工作中，对大型规模养殖场制定的标准是：生猪年出栏 ≥500 头，奶牛存栏 ≥100 头，肉牛年出栏 ≥50 头，肉羊年出栏 ≥100 只，蛋鸡存栏 ≥2 000 只，肉鸡年出栏 ≥10 000 只。

从规模化程度看，散养仍是畜禽养殖最主要的方式。生猪养殖方面，云南、四川、贵州散养户数量最多，占全国散养户的 44.15％；湖南、河南、山东规模化养殖场数量位居前三，最少的为西藏，规模化比例最高是天津，达到 13.65％。蛋鸡养殖方面，规模化养殖场数量最多的为河北、山东、河南，占全国规模化养殖场的 40.90％，数量最少的为上海、西藏、青海，规模化养殖场比例最高的上海为 65.31％。肉鸡养殖方面，规模化养殖场比例最高的是天津，达到 48.2％，其次是北京和山东，分别达到 26.8％和 23.51％。奶牛养殖方面，海南、上海规模化奶牛养殖场数量虽少，但是规模化养殖场比例达到 100％，为全国最高。肉牛养殖方面，北京、天津规模化养殖场比例达到 20％以上，为全国最高。肉羊养殖方面，规模化养殖数量最多的为内蒙古，规模化养殖场比例达到 15.04％。

畜禽粪便产生总量分布情况与畜禽养殖规模分布相关性较大，四川、山东、内蒙古畜禽粪污数量位居全国前三，分别占全国总量的 8.18％、7.33％和 6.43％，其次是云南、河南和湖南（图 2 - 1）；从不同畜种来看，牛粪产生量最多，占总量的 30.32％，产生量最大的省份是四川、云南和内蒙古；猪尿产生量次之，四川、河南、湖南等省份产生量较大；猪粪和羊粪产生量占比较少，分别占总量的 9.68％和 13.18％，羊粪产生集中在内蒙古和新疆。

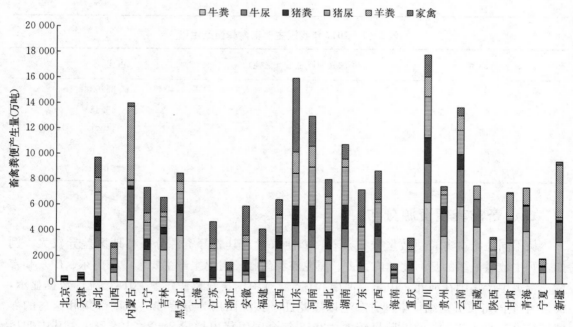

图 2 - 1　2017 年各省份各类动物畜禽粪便排泄量

三、畜禽粪便养分资源量及分布

畜禽粪便含有有机物和多种无机营养成分，是良好的有机肥源，肥料化利用是世界各国处理畜禽粪便最常用的方法。有机无机配合施用是保持土壤生产力和减少化肥施用的一种传统而有效的方法，在培肥土壤肥力、提高作物产量以及改善农产品品质方面有非常明显的作用。长期施用有机肥，可保持土壤中易矿化有机氮在有机氮组分中的占比，保证土壤稳定的供氮能力，还可促进大团聚体数量下降、微团聚体数量增加，改善土壤结构，增强固碳能力。

据估算，我国每年主要畜禽粪便氮（N）、磷（P_2O_5）、钾（K_2O）养分总资源量分别为 1 164 万吨、324 万吨和 948 万吨，分布如表 2 - 3 所示。畜禽粪便氮素资源量高的地区主要是山东、内蒙古、四川、河南和新疆（64 万～95 万吨氮），5 个省份氮素资源量占全国 35.0%；磷素资源量最高的地区主要是山东、四川、河南、内蒙古和广东（14 万～33 万吨磷），占全国 34.2%；钾素资源含量最高的地区主要是山东、四川、内蒙古、云南和河南（53 万～74 万吨钾），占全国 34.5%。与总有机废弃物养分相比，畜禽粪污的氮素资源量占 68.4%、磷素占 78.8%、钾素占 66.5%，粪便的养分含量远高于作物秸秆，是重要的农田养分来源。

表 2-3 我国主要畜禽粪便养分资源量（万吨）

省（自治区、直辖市）	N	P_2O_5	K_2O
北京	2.21	0.68	1.76
天津	3.69	1.16	3.04
河北	50.94	14.67	40.93
山西	18.42	4.70	13.38
内蒙古	93.52	19.84	68.07
辽宁	40.98	13.16	32.50
吉林	32.88	9.19	29.13
黑龙江	41.41	9.98	36.96
上海	1.24	0.38	0.96
江苏	26.43	9.96	19.12
浙江	8.25	2.98	6.00
安徽	34.34	12.67	25.72
福建	25.89	10.74	19.74
江西	29.51	9.20	25.35
山东	95.39	32.81	74.11
河南	68.49	20.78	52.94
湖北	38.59	12.00	30.93
湖南	48.46	13.91	40.01
广东	39.02	14.98	30.62
广西	44.19	14.43	37.59
海南	7.81	2.55	6.51
重庆	17.14	5.16	13.65
四川	85.48	22.31	73.55
贵州	33.49	7.42	32.02
云南	64.23	14.77	58.12
西藏	38.15	7.11	36.00
陕西	19.37	4.54	14.99
甘肃	39.83	8.21	32.87
青海	39.03	7.44	35.31
宁夏	11.02	2.28	9.13
新疆	64.64	13.81	46.57
合计	1 164.04	323.82	947.58

第三节　主要粪肥品种资源及养分量

一、牛粪养分资源量

随着规模化、集约化养殖的迅速发展，2017 年全国牛存栏量达 9 038.77 万头。研究数据表明，全国畜禽粪污资源量以牛粪便最多，为 6.6 亿吨，占全国主要畜禽粪尿总资源量的 45.48%。牛粪含有机质 14.5%、氮（N）0.30%～0.45%、磷（P_2O_5）0.15%～0.25%、钾（K_2O）0.10%～0.15%，其有机质和养分含量相比其他动物而言较低，含水量较高，质地细密，通气性较差，腐熟较慢，有机物难分解，肥效发挥作用较迟缓。经加工后还田利用，可在减少环境污染的同时产生良好的经济效益，因此应该重视牛粪的资源化利用。

从牛粪的养分资源量来看，我国牛粪便氮素资源总量为 419 万吨、磷素资源总量为 73 万吨、钾素资源总量为 462 万吨，主要集中在四川、云南、内蒙古、西藏和青海（氮素 25 万～40 万吨、磷素 4 万～7 万吨、钾素 27 万～44 万吨），占全国牛粪便总氮资源量 38.3%；中西部地区与东南沿海地区部分省份牛养殖量较少，养分资源量也较低（表 2－4）。

表 2－4　牛粪便养分资源量（万吨）

省（自治区、直辖市）	N	P_2O_5	K_2O
北京	0.59	0.10	0.66
天津	1.20	0.21	1.32
河北	16.66	2.89	18.37
山西	4.67	0.81	5.15
内蒙古	30.42	5.27	33.53
辽宁	10.56	1.83	11.64
吉林	15.65	2.71	17.25
黑龙江	22.68	3.93	25.00
上海	0.30	0.05	0.33
江苏	1.41	0.24	1.56
浙江	0.69	0.12	0.76
安徽	3.74	0.65	4.12
福建	1.51	0.26	1.67
江西	11.19	1.94	12.34
山东	18.61	3.22	20.52
河南	17.28	2.99	19.04
湖北	11.03	1.91	12.16
湖南	17.59	3.05	19.39
广东	5.59	0.97	6.17
广西	15.14	2.62	16.69

（续）

省（自治区、直辖市）	N	P₂O₅	K₂O
海南	2.45	0.42	2.70
重庆	5.03	0.87	5.54
四川	39.55	6.85	43.60
贵州	22.82	3.95	25.16
云南	37.59	6.51	41.43
西藏	27.47	4.76	30.28
陕西	7.01	1.21	7.73
甘肃	19.67	3.41	21.68
青海	25.34	4.39	27.93
宁夏	5.49	0.95	6.05
新疆	20.07	3.48	22.13
合计	419.00	72.57	461.90

二、猪粪资源量与养分资源量

2017 年全国生猪存栏量达到 4.4 亿头，换算成奶牛当量是 2.1 亿 LSU，占全国总奶牛当量的 53％（图 2-2），是养殖量最大的畜禽动物。但猪粪便的产生量占比较少，为 5.58 亿吨，仅占畜禽粪污资源总量的 25.6％。新鲜猪粪具有较大的黏度和颗粒度，含有蛋白质、脂肪、维生素及大量微量元素等成分，相较于其他动物粪便，猪粪的利用价值更大。

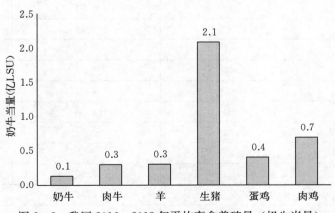

图 2-2　我国 2016—2018 年平均畜禽养殖量（奶牛当量）

我国生猪粪便氮、磷、钾养分资源总量分别为 178 万吨、62 万吨和 119 万吨，分布情况如表 2-5 所示，主要集中在四川、河南、湖南、山东和湖北等省份，这 5 个省份生猪粪便资源量占全国 34.3％。

表 2－5　生猪粪便养分资源量（万吨）

省（自治区、直辖市）	N	P_2O_5	K_2O
北京	0.62	0.21	0.41
天津	0.76	0.26	0.50
河北	9.62	3.33	6.40
山西	2.09	0.72	1.39
内蒙古	2.34	0.81	1.55
辽宁	6.68	2.31	4.45
吉林	4.30	1.49	2.86
黑龙江	5.31	1.84	3.54
上海	0.48	0.17	0.32
江苏	7.13	2.47	4.75
浙江	2.60	0.90	1.73
安徽	7.19	2.49	4.79
福建	4.08	1.41	2.72
江西	8.08	2.80	5.38
山东	13.16	4.55	8.77
河南	15.81	5.47	10.52
湖北	11.30	3.91	7.53
湖南	15.54	5.38	10.35
广东	9.43	3.26	6.28
广西	8.53	2.95	5.68
海南	1.39	0.48	0.93
重庆	4.45	1.54	2.96
四川	16.72	5.78	11.13
贵州	4.64	1.60	3.09
云南	9.64	3.34	6.42
西藏	0.05	0.02	0.03
陕西	2.90	1.00	1.93
甘肃	1.73	0.60	1.16
青海	0.28	0.10	0.19
宁夏	0.29	0.10	0.19
新疆	1.26	0.44	0.84
合计	178.40	61.73	118.79

三、家禽粪便资源量与养分资源量

2017 年家禽存栏量 103 亿只，粪便产生量 3.42 亿吨，占主要畜禽粪污资源总量的

15.7%。新鲜鸡粪中氮含量较高，约为 35.5 克/千克，主要含氮化合物是尿酸和未消化的蛋白质，分别约占总氮含量的 70%和 30%。磷含量约为 12 克/千克，钾含量约为 19.9 克/千克。

我国家禽粪便养分资源总量为 615.3 万吨，其中氮 276.9 万吨、磷 126.5 万吨、钾 211.9 万吨。家禽粪便氮、磷、钾资源分布情况基本相同（表 2 - 6），主要集中在山东、广东、河南、安徽、福建等省份。

表 2 - 6 家禽粪便养分资源量（万吨）

省（自治区、直辖市）	N	P_2O_5	K_2O
北京	0.66	0.30	0.51
天津	1.31	0.60	1.00
河北	12.89	5.89	9.87
山西	2.62	1.20	2.01
内蒙古	2.18	1.00	1.67
辽宁	16.14	7.37	12.35
吉林	9.10	4.16	6.97
黑龙江	5.41	2.47	4.14
上海	0.27	0.12	0.21
江苏	14.07	6.42	10.77
浙江	3.68	1.68	2.82
安徽	18.57	8.48	14.22
福建	19.45	8.88	14.89
江西	9.33	4.26	7.14
山东	46.81	21.38	35.83
河南	19.28	8.81	14.76
湖北	11.05	5.05	8.45
湖南	8.99	4.10	6.88
广东	23.11	10.56	17.69
广西	18.39	8.40	14.08
海南	3.31	1.51	2.53
重庆	4.53	2.07	3.47
四川	13.88	6.34	10.62
贵州	2.35	1.07	1.80
云南	5.11	2.33	3.91
西藏	0.04	0.02	0.03
陕西	1.14	0.52	0.88
甘肃	0.79	0.36	0.60
青海	0.11	0.05	0.08
宁夏	0.38	0.17	0.29
新疆	1.92	0.88	1.47
合计	276.87	126.45	211.94

四、羊粪资源量与养分资源量

2017年羊存栏量3亿只，粪便产生量2.87亿吨，占畜禽粪污资源总量的13.2%。羊粪营养价值高于猪粪和牛粪，仅次于家禽粪，其蛋白质含量为4.10%~4.70%，且有机物占24.00%~27.00%、氮0.70%~0.80%、磷0.45%~0.60%、钾0.40%~0.50%，是生产有机肥料的优质原料。

我国羊粪便氮资源量为289.8万吨，磷资源量为63.1万吨，钾资源量为154.9万吨，合计养分资源总量为507.8万吨，集中在内蒙古和新疆，共占全国羊粪便养分资源总量的34.5%（表2-7）。

表2-7 我国羊粪便养分资源量（万吨）

省（自治区、直辖市）	N	P_2O_5	K_2O
北京	0.34	0.07	0.18
天津	0.42	0.09	0.22
河北	11.77	2.56	6.29
山西	9.04	1.97	4.83
内蒙古	58.58	12.76	31.32
辽宁	7.60	1.65	4.06
吉林	3.83	0.83	2.05
黑龙江	8.01	1.74	4.28
上海	0.19	0.04	0.10
江苏	3.82	0.83	2.04
浙江	1.28	0.28	0.69
安徽	4.84	1.05	2.59
福建	0.85	0.19	0.46
江西	0.91	0.20	0.49
山东	16.81	3.66	8.99
河南	16.12	3.51	8.62
湖北	5.21	1.13	2.79
湖南	6.34	1.38	3.39
广东	0.89	0.19	0.48
广西	2.13	0.46	1.14
海南	0.66	0.14	0.35
重庆	3.13	0.68	1.68
四川	15.33	3.34	8.20
贵州	3.68	0.80	1.97
云南	11.89	2.59	6.36
西藏	10.59	2.31	5.66

（续）

省（自治区、直辖市）	N	P₂O₅	K₂O
陕西	8.32	1.81	4.45
甘肃	17.64	3.84	9.43
青海	13.30	2.90	7.11
宁夏	4.86	1.06	2.60
新疆	41.39	9.01	22.13
合计	289.77	63.07	154.95

 参考文献

李文浩，2022. 中国畜禽养殖氮污染负荷时空变化特征及驱动力分析 [D]. 武汉：华中农业大学.

刘建华，2019. 牛粪污染的无害化处理和资源化利用 [J]. 农产品加工（11）：77-79.

刘晓永，李书田，2018. 中国畜禽粪尿养分资源及其还田的时空分布特征 [J]. 农业工程学报，34（4）：
　　1-14，316.

宋大利，侯胜鹏，王秀斌，等，2018. 中国畜禽粪尿中养分资源数量及利用潜力 [J]. 植物营养与肥料学
　　报，24（5）：1131-1148.

宋建红，史玉萍，刘彦甫，等，2021. 猪粪资源化处理利用技术现状 [J]. 畜牧兽医科学（电子版）（9）：
　　156-157.

陶君颖，2020. 基于 UTAUT 模型的畜禽废弃物处理与补偿机制研究 [D]. 无锡：江南大学.

武淑霞，刘宏斌，黄宏坤，等，2018. 我国畜禽养殖粪污产生量及其资源化分析 [J]. 中国工程科学，20
　　（5）：103-111.

张藤丽，2021. 我国畜禽粪便负荷预警及空间布局适宜性分析 [D]. 长春：吉林农业大学.

中华人民共和国国家统计局，2011. 中国统计年鉴 [M]. 北京：中国统计出版社.

中华人民共和国国家统计局，2018. 中国统计年鉴 [M]. 北京：中国统计出版社.

周曼，2020. 鸡粪干式厌氧消化氨抑制解除技术研究 [D]. 北京：中国农业科学院.

朱云芬，李蓉，向极钎，等，2021. 羊粪资源化利用的研究进展 [J]. 湖北农业科学，60（11）：12-15.

BAI ZHAOHAI, LIN MA, SHUQIN JIN, et al.，2016. Nitrogen, Phosphorus, and Potassium Flows
　　through the Manure Management Chain in China [J]. Environmental Science and Technology，50（24）：
　　13-18.

JIA WEI, WEI QIN, QIANG ZHANG, et al.，2018. Evaluation of Crop Residues and Manure Production
　　and Their Geographical Distribution in China [J]. Journal of Cleaner Production，188：954-965.

第三章

粪肥发酵方式

>>

第一节 堆 肥

堆肥是利用自然界广泛分布的细菌、放线菌、真菌等微生物，在一定的人工条件下，有控制地促进可被生物降解的有机物向稳定的腐殖质转化的生物化学过程，其实质是一种发酵过程。在堆肥化过程中，有机物被微生物呼吸代谢因而降低碳氮比，所产生的热可使堆肥温度达到 70 ℃以上，能杀灭病菌、虫卵及杂草种子。原料经过堆积后较松软而利于撒布，制成堆肥后不但没有臭味而且具有泥土的芳香。堆肥是一种生产有机肥的过程，所含营养物质比较丰富，且肥效长而稳定，同时有利于促进土壤固粒结构的形成，能增加土壤保水、保温、透气、保肥的能力，而且与化肥混合使用又可弥补化肥所含养分单一，长期单一使用使土壤板结及保水、保肥性能减退的缺陷。

按堆制过程的需氧量程度可分为好氧堆肥和厌氧堆肥。好氧堆肥是在有氧的条件下，借助好氧微生物的作用来进行的。在堆肥过程中，有机废物中的可溶性有机物质透过微生物的细胞壁和细胞膜被微生物所吸收；固体的和胶体的有机物先附着在微生物体外，然后在微生物分泌的胞外酶的作用下分解为可溶性物质，再渗入细胞内部。微生物通过自身的生命活动——氧化还原和生物合成过程，把一部分被吸收的有机物氧化成简单的无机物，并放出微生物生长、活动所需要的能量，把另一部分有机物转化合成新的细胞物质，使微生物生长繁殖，产生更多的生物体，而未能降解的残留有机物部分转化为腐殖质。最终将有机废物矿质化和腐殖化，同时利用堆积时所产生的高温（60～70 ℃）来杀死原材料中所带来的病菌、虫卵和杂草种子，达到无害化的目的。因此，为了获得优质堆肥，在堆制过程中，千方百计地为微生物的生命活动创造良好的条件，是加快堆肥腐熟和提高肥效的关键。厌氧堆肥是指在缺氧或无氧条件下，主要利用厌氧微生物进行的堆肥化过程。最终产物除腐殖质类有机物、二氧化碳和甲烷外，还有氨、硫化氢和其他有机酸等还原性物质。厌氧堆肥工艺简单，不需要进行通风，但反应速度缓慢，堆肥周期较长。

一、堆肥原料

（一）基本原料
畜禽粪便、作物秸秆、杂草、尾菜等。

（二）促腐原料
由于基本原料碳氮比（碳/氮）较大，而微生物在分解基本原料时，需要吸收较多的氮素，因此需要加入氮含量较高的物质，如粪尿、氮肥等。同时加入含有许多有用细菌的配料，能促进基本原料的分解。此外，还可加一些石灰，以中和分解过程中产生的有机酸及碳酸，使细菌繁殖旺盛，促进堆肥腐熟。也可加入适量催腐剂。

（三）保氮原料

为了减少堆肥在分解过程中氮的损失，要在堆积时加入吸收性强的物质，如草炭、黏土、塘泥、石膏、过磷酸钙、磷矿粉等保氮剂。

二、堆肥类型

（一）好氧堆肥

指依靠专性和兼性好氧细菌的作用使有机物得以降解的生化过程。好氧堆肥具有对有机物分解速度快、降解彻底、堆肥周期短的特点。一般一次发酵在 4～12 天，二次发酵在 10～30 天便可完成。好氧堆肥由于温度高，可以杀灭病原体、虫卵和杂草种子，使堆肥达到无害化。此外，好氧堆肥的环境条件好，不会产生难闻的臭气。目前采用的堆肥工艺一般均为好氧堆肥。但由于好氧堆肥必须维持一定的氧浓度，因此运转费用较高。常用好氧堆肥工艺主要包括条垛式堆肥、槽式堆肥、反应器堆肥 3 种。不同堆肥方式的差异见表 3-1。

表 3-1 不同堆肥方式的比较

项目	条垛式堆肥	槽式堆肥	反应器堆肥
粪肥质量	良	良	优
堆肥时间	长	中	短
投资成本	低	中	高
维护成本	低	中	高
操作难度	低	较低	高
气候影响	大	小	小
臭气控制	差	差	优
占地面积	大	大	小
所需设备	少	多	少
增加辅料	需要	需要	无需
氧气控制	不易	可控	精准
堆体温度	不易	可控	精准

1. 条垛式堆肥　条垛式堆肥是一种开放式堆肥，占用场地较大，通过加入粒度 0.1～2 厘米，含水率<30％的锯末、粉碎秸秆等辅料调节碳氮比到 1∶（20～30），调节水分到 55％～65％，然后加入一定比例的发酵菌剂，通过机械进行混合，一次发酵周期翻抛频率一般 1 天 1 次，周期 25～35 天，发酵温度 55 ℃以上保持 15 天以上，陈化周期一般 60～90 天，据实际发热情况翻堆，直至温度不再上升。成品含水率低于 40％，无臭味。

（1）堆肥操作　条垛式堆肥是把堆制的混合物布置成窄长条的垛，一般条垛为 1.5～2 米高、3 米宽，长度可依据场地条件和原材料量进行调节，条垛一般为三角形或梯形，有时为了消纳处理液体有机废弃物，可以在顶部开出凹槽，灌上液体有机废弃物后再用固体堆肥盖上凹槽，防止液体有机废弃物挥发出臭味。

为保持有氧条件，混合物必须定期翻倒。这可使材料与空气接触，温度也不会升得太高（＞75 ℃）。翻倒频率为 2～10 天，这取决于混合物的种类、体积和环境空气温度。随着堆制时间的延长，翻倒频率可降低。条垛的宽度和高度受翻倒设备种类和型号的限制。

翻倒设备可以是一个前端装载机，也可以是一个自动机械翻抛机。自动机械翻抛机的种类和型号很多，有的自动翻抛机可在原堆肥垛上移动，翻动条垛；有的自动翻抛机把原堆肥垛的材料向侧面抛动，重新堆成新条垛，使堆垛材料得到充分混合与供氧。

（2）优缺点

① 条垛式堆肥处理具有以下优点：

A. 脱水速度快，温度越高，速度越快；

B. 材料越干，越容易操控；

C. 处理量大；

D. 产品稳定性好；

E. 资金投入少；

F. 操作简单。

② 条垛式堆肥处理具有以下缺点：

A. 占地多，空间利用率低；

B. 需要定期进行条垛翻倒以保持氧气供应；

C. 易受天气影响；

D. 翻倒时臭味释放；

E. 需要大量填充材料。

2. 槽式堆肥　槽式发酵是国内主要采用的处理畜禽粪便的方式，是在长而窄的被称作"槽"的通道内进行，槽壁上方铺设有轨道，在轨道上安装翻抛机，对物料进行翻抛搅拌，槽底部铺设有曝气管道对物料进行通风曝气，通过强制通风与适时翻抛相结合的堆肥系统。一次发酵周期 15～25 天，发酵温度 55 ℃以上保持 10 天以上，翻堆频率 1～2 次/天，氧气浓度≥5%，发酵后含水率≤50%，温度低于 40 ℃。陈化周期 45～65 天，含水率低于 40%，无臭味。

（1）堆肥操作　槽式发酵也称为卧式发酵，各地还有其他不同的叫法。一般在顶部透光的发酵车间内，建一个 60～80 米长、10 米宽、1.5 米高的槽。在北方地区发酵车间的走向一般为东西向（有利于更好地收集阳光、减少西北风影响），南方地区走向应根据场地条件而定。发酵槽的一端为原料的入口，一般与畜禽粪便堆放场对接，而另一端为腐熟物料的出口。

发酵大棚与常用蔬菜大棚结构相似，棚架用玻璃钢、涂有防锈涂料的钢管或塑钢材料，棚顶及四周可用塑料膜、PC 板、玻璃等多种材料。

（2）优缺点

① 槽式堆肥处理具有以下优点：

A. 不受天气影响，发酵过程可控；

B. 占地少，空间效率高；

C. 处理量大，自动化程度高；

D. 发酵周期短；

E. 产品质量稳定。

② 槽式堆肥处理具有以下缺点：

A. 建设成本高；

B. 需要一定设备。

3. 反应器堆肥　反应器堆肥是将物料、曝气、搅拌和除臭融合为一体置于密闭容器内，一端进料另一端出料，通过机械通风方式降温供氧，一次发酵周期 7～10 天，发酵温度 60 ℃以上高温期≥5 天。如果温度高于 72 ℃应增加曝气次数，氧气浓度≥5%，发酵后含水率≤35%。如果出料含水率高于 40%，可以通过增加搅拌频率和曝气时间降低水分含量。这种工艺仍需要陈化，周期一般 20～50 天。这种堆肥方式如果物料水分含量为 55%～65%，可以直接进料，水分含量高于 65%仍需要加入辅料或腐熟返料。

（1）堆肥操作　封闭式发酵器可对发酵环境条件进行人为或智能控制，需要大量的复杂仪器和设备。因此，这种方法要求有较高技术水平和操控能力。按照发酵器安装方式，可分为卧式发酵滚筒和立式发酵塔。

卧式发酵滚筒是世界上广泛使用的发酵设备，圆筒直径一般为 2～4 米，长 40～60 米，圆筒在水平方向呈倾斜放置，由筒外壁齿轮带动圆筒转动，内部物料不断被带至上部，靠自身重力而向下撒落，同时送风管对物料提高氧气供应，在圆筒转动时，其中的螺旋板不断将物料推向出料口。圆筒转速为 0.1～1 转/分钟，经过 1～5 天发酵后排出筒外。

立式发酵塔一般由 7 层构成，层与层间隔 0.75 米，每层宽 2.5 米、长 20 米。由多块翻板组成、翻板与液压驱动杆相连，在液压驱动杆的推动下，翻板可自由翻动。发酵塔侧面装有热风炉，冬季外界温度较低时，可向塔内送热风，促进物料进行微生物发酵。塔顶装有排风机，可将发酵过程中产生的水蒸气和氨气排出，降低物料的水分含量。

（2）优缺点

① 封闭式发酵器的优点有以下几点：

A. 占地少，空间效率高；

B. 独立性强，易于程序化控制；

C. 受天气变化影响小；

D. 臭味能得到有效控制，连续性强。

② 封闭式发酵器的缺点有以下几点：

A. 仪器设备复杂，资金投入高；

B. 缺乏操作数据支持，尤其是大型系统；

C. 精度高，需要精细管理；

D. 有一定的不稳定性；

E. 操作功能缺少灵活性，适应性较窄。

（二）厌氧堆肥

指依赖专性和兼性厌氧细菌的作用降解有机物的过程。厌氧堆肥的特点是工艺简单。通过堆肥自然发酵分解有机物，不必由外界提供能量，因而运转费用低。若对于所产生的甲烷处理得当，还有加以利用的可能。但是，厌氧堆肥具有堆沤时间长（一般需 3～6 个月）、易产生恶臭且占地面积大等缺点，因此，不适合大面积推广应用。

三、好氧堆肥过程及技术要点

(一)堆肥环节

畜禽粪便堆肥工艺流程主要包括以下 4 个环节：一是原料预处理，根据配方对发酵物料的水分、碳氮比（C/N）、pH 和孔隙度等参数进行调节；二是高温发酵，指堆体开始发酵后温度逐渐升高，一段时间后堆体温度开始下降，高温发酵过程是实现畜禽粪便无害化、减量化和半腐熟化的过程；三是后熟发酵，是将经过一次发酵后的半腐熟物料，进一步降解实现完全腐熟的过程；四是臭气处理，是将原料预处理、高温发酵和后熟发酵过程中产生的恶臭味气体进行减控处理或者密封收集处理，实现达标排放的过程。

(二)技术要点

1. 场地要求

（1）选址要求

① 不应在下列区域内建设畜禽粪便处理场：

A. 生活饮用水水源保护区、风景名胜区、自然保护区的核心区及缓冲区；

B. 城市和城镇居民区，包括文教科研、医疗、商业和工业等人口集中地区；

C. 县级及县级以上人民政府依法划定的禁养区域；

D. 国家或地方法律、法规规定需特殊保护的其他区域。

② 在禁建区域附近建设畜禽粪便处理场，应设在①规定的禁建区域常年主导风向的下风向或侧下风向处，场界与禁建区域边界的最小距离不应小于 3 千米。

③ 集中建立的畜禽粪便处理场与畜禽养殖区域的最小距离应大于 2 千米。

④ 畜禽粪便处理场地应距离功能地表水体 400 米以上。

⑤ 畜禽粪便处理场区应采取地面硬化、防渗漏、防径流和雨污分流等措施。

畜禽粪便堆肥场选址及布局应符合《畜禽粪便无害化处理技术规范》(GB/T 36195—2018)的规定。

（2）原料场地　原料存放区应防雨、防渗、防溢。畜禽粪便等主原料应尽快预处理并输送至发酵区，存放时间不宜超过 1 天。畜禽粪便收集输送宜采用密闭式粪便运输车，防止运输途中洒落和臭气外溢。

（3）发酵场地　发酵场地应配备防雨和排水设施。发酵功能区应按堆肥工艺流程进行布置，方便物料输送，减少运输距离。堆肥过程中产生的渗滤液应及时回收储存，防止渗滤液渗漏。

（4）成品存储场地　堆肥成品应储存于干燥、通风处，防潮、防晒、防破裂、防雨淋。

2. 发酵材料预处理　为提高微生物的分解速度，有必要对原材料进行粉碎，主要是为了增加混合物的表面积，提高发酵效率。

3. 粪便、辅料及填充物混合　按照制订好的堆肥配方对原材料、辅料和填充物进行混合，配方应详细地记录所要混合的废弃物原料、辅料和填充物的数量。混合作业一般由铲车、拖拉机上的前端装载机来完成，也可以使用其他更为复杂的方法，如用专门的布料机向发酵装置中装料。通常畜禽粪便的碳氮比是低于 20：1 的，而秸秆的碳氮比高于 50：1，如果要将发酵物料的碳氮比调整到（25～35）：1，可以在畜禽粪便中添加一部分秸秆，一方面调节碳氮比，另一方面由于秸秆含水率低还可起到调节物料含水率的作用。

4. 强制通风或机械翻堆进行通氧　一旦材料混合好，堆肥就开始了。细菌开始繁殖，消耗碳和氧气。为保持微生物活力，需向堆体加入空气，以使其重新获得氧气。空气的加入可通过堆体简单地重新混合或翻倒进行。

较为复杂的方法是用风机压入或吸出空气，使空气穿过堆肥混合物。堆肥混合物的理想空气浓度范围为 5%～15%。超过 15%，由于空气流动大，会使温度降低；氧气浓度低一般会导致厌氧条件的产生，减缓了降解的过程，并且会增加臭味的产生。

翻堆的目的是改善堆内通气条件，散发水分，促进高温有益微生物的繁殖，使堆温达到60～70 ℃，加速发酵物料的转化，从而达到混合均匀、受热一致、腐熟一致。可采用人工翻堆，也可采用轮式翻堆机、装载机、深槽好氧翻堆机等机械来翻动物料。

5. 水分调节　堆体中适当的水分含量可为微生物提供良好的代谢环境，直接影响好氧堆肥进程和产品质量。好氧堆肥是一个水分含量不断降低的过程，在水分蒸发散失的过程中，堆体产生的多余热量可与环境进行热量交换，起到调节堆体温度的作用。堆肥过程中加水应谨慎控制。水分过多堆体容易出现过湿和过紧，堆肥材料将不能充分进行分解。堆体流出液体是水分过多的标志。

6. 温度控制　有机物料正常发酵的重要条件之一是适宜的温度，温度是影响微生物活性的关键因素。好氧堆肥是一个变温过程，嗜温菌和嗜热菌分别在不同温度阶段发挥主要作用，最适温度分别为 30～40 ℃、50～60 ℃。升温和降温阶段的堆肥体系（以下简称堆体）温度一般低于 45 ℃，此阶段以嗜温菌为主；高温阶段的堆体温度一般为 45～60 ℃，此阶段嗜温菌活性受到抑制或死亡，数量变少，嗜热菌数量增多并占主导地位。在气候寒冷的地区，为了保证发酵过程正常进行，需采用加温保温措施。目前比较经济可行的办法是利用太阳能对物料加温与保温，可利用温室大棚的原理设计发酵设施。发酵设施应采用透光性能好、结实耐用的 PVC 或玻璃钢等屋面材料与墙体材料。发酵设施冬天应封闭良好，具有良好的保温性能；同时应通风方便，以提供物料发酵所需要的氧气。

7. pH 调节　pH 是显著影响好氧堆肥进程的重要参数之一。适宜细菌生长的 pH 范围为6.0～7.5，适宜放线菌生长的 pH 范围为 5.5～8.0。一般认为，好氧堆肥最适宜 pH 是中性或弱碱性（6～9）。为加快发酵进程，可适当调节堆体的 pH。

8. C/N 比调节　碳是微生物的主要能量来源，并且一小部分碳素参与微生物细胞的组成。氮作为蛋白质组成的主要元素对微生物种群的增长影响巨大。当氮素受限制（C/N 比较高）时，微生物种群会长时间保持在较少的状态；当氮素过量（C/N 比较低）时，氮素供应超过了微生物的需求，结果往往以 NH_3 的形式从系统中挥发而流失。在国内堆肥的研究和应用中一般认为初始阶段物料合适的 C/N 为（25～35）：1。

9. 添加剂　通过向堆体中加入添加剂可以改善堆肥条件、促进好氧堆肥进程。常用的添加剂按作用不同可分为调节剂、调理剂和外源菌剂。调节剂基于不同的目的主要分为 pH 调节剂、氮素抑制剂和重金属钝化剂，主要包括石灰、沸石、脲酶抑制剂、磷矿粉等，需要根据堆体的特点和堆肥的最终用途选择性添加。调理剂通常用于平衡堆肥 C/N 比和水分含量，如在 C/N 比较低或高湿的堆肥中添加干锯末（或秸秆等）可以有效提高堆肥的 C/N 比，降低初始含水量。在好氧堆肥进程的不同阶段添加合适的外源菌剂可以有效增加堆体内优势微生物种群的数量，促进降解，加快腐熟。

10. 陈化 一旦堆肥的第一次发酵过程完成，就可以直接进行一段时间的陈化，陈化期间，堆肥温度重新回到环境温度，生物活性降低。陈化阶段，堆肥养分得到进一步稳定。依据原材料的种类和堆肥的最终用途，一般陈化时间为 30～90 天。

11. 干燥 如果堆肥产品要进行销售、长距离运输或用作垫圈物，就需要进行干燥处理，来减轻重量。可通过将堆肥产品铺撒在温暖、干燥的地方或有透光屋顶的设施中进行自然干燥，直到大量的水分蒸发掉。

12. 储存 在寒冷或有雪覆盖的天气条件下，不能进行田间施用，或已经错过生产季节，堆肥产品需要储存一段时间。应在储存间进行存储，在露天储存的，应进行苫盖，防止受到不良天气的影响。

四、腐熟度评价

堆肥腐熟度是指堆肥腐熟的程度，它反映了堆肥过程中堆料的病菌、虫卵、草籽等有害生物的灭活程度，以及有机物质经过矿化、腐殖化过程最后达到的成熟程度。堆肥的腐熟程度直接影响产品质量，其评价指标主要包括物理指标、化学指标、生物活性指标等（表 3-2）。

表 3-2　堆肥产物无害化评价指标

类别	项目	说明
物理指标	温度	堆体温度不断下降最终趋于室温，可认为达到腐熟
	表观性状	呈褐色或黑褐色，臭味消失且散发出具有森林腐殖土或潮湿泥土的味道，不再滋生蚊蝇，堆体变为疏松的团粒结构，可认为达到腐熟
	E4/E6	E4、E6 分别表示堆肥浸提液在 465 纳米、665 纳米处的吸光度。当 E4/E6<2.5 时，可认为堆肥达到腐熟；E4/E6>3 时，堆肥未腐熟
化学指标	pH	好氧堆肥过程中 pH 先升高后降低，腐熟后的 pH 呈弱碱性，约为 7～8
	C/N 比	好氧堆肥过程中 C/N 比呈下降趋势，当 C/N 比低于 20 时，可认为堆肥达到腐熟。国外也有采用水相 C/N 比判断是否腐熟，一般认为水相 C/N 比在 5～6 时，堆肥达到腐熟
	EC 值	浸提液的电导率，表征可溶性盐总量。EC 值越高对植物生长产生的抑制或毒害作用越强。随着好氧堆肥过程的进行，EC 值呈下降趋势，当 EC 值低于 4 毫西/厘米时，认为堆肥达到腐熟
	CEC 值	表征阳离子交换量。随堆肥的腐熟，CEC 值不断升高，当 CEC 值高于 0.6 摩/千克时，堆肥达到腐熟
	重金属及毒性有机物	重金属包括镉、汞、铅、铬、砷、镍、锌、铜等，毒性有机物包括矿物油、苯并芘、可吸附有机卤素（AOX）等，详见《城镇污水处理厂污泥处置　园林绿化用泥质》（GB/T 23486—2009）
生物指标	GI 值	种子发芽指数，用于植物毒性测试。当 GI>50% 时，堆肥基本腐熟或者有害物质量已降至植物可以承受的程度；当 GI≥70% 时，可认为堆肥已经完全腐熟
	蛔虫卵死亡率	≥95%，检疫合格
	粪大肠菌群数	≥10^{-2}，检疫合格

第二节 沼气发酵

沼气发酵是厌氧发酵的主要形式，是指有机物质（如畜禽粪便、秸秆、杂草等）在一定的水分、温度和厌氧条件下，通过各类微生物的分解代谢，最终形成甲烷和二氧化碳等混合气体的过程。沼气发酵系统基于沼气发酵原理，以能源生产为目标，最终实现沼气、沼液、沼渣的综合利用。沼肥由沼液及沼渣组成，是生物质经沼气池厌氧发酵的产物。沼液是有机物质经发酵后形成的褐色明亮的液体，沼渣是有机物质发酵后剩余的固形物质。有机废弃物经厌氧发酵后的产物由固体和液体两部分组成，漂浮在表面上的固体物称浮渣，浮渣的组成很复杂，既有经过发酵比重变轻了的有机残屑，也有未被充分脱脂的秸秆、杂草。沼气池的中间为液体，称为沼液；中上部的沼液为清液，下半部的沼液为悬液；底层的泥状沉渣称为沼渣。

一、发酵原料

（一）富氮原料

指猪粪、鸡粪、牛粪、马粪、羊粪、酒糟等。此类原料营养丰富或比较丰富，分解速度快，易消化，但含碳少。

（二）富碳原料

指稻草、麦草、玉米秸、高粱秸、甘薯藤等。此类原料分解速度慢，在自然温度、嫌气条件下，原料利用率低。

（三）易分解的原料

指水葫芦、水花生、水浮莲、红萍、绿肥、青杂草等鲜料。此类原料只要切碎加点化肥、石灰稍加堆沤，分解速度快，产气也快。

（四）下脚料

指酒厂、屠宰场、豆腐坊等工厂排放的经无害化处理的有机废物等。

二、发酵类型

沼气发酵工艺依据环境因素和操控因子有不同的分类。常见的有三种类型：①按发酵温度可分为常温发酵工艺、中温发酵工艺和高温发酵工艺；②按进料方式可分为连续发酵工艺和半连续（或间歇）发酵工艺；③按发酵 TS（总固体）浓度可分为湿式发酵工艺和干式发酵工艺。

此外还有，按发酵阶段可分为单相发酵工艺和两相发酵工艺；按发酵级数可分为单级发酵、两级发酵和多级发酵；按料液流动方式可分为无搅拌发酵、全混合式发酵和塞流式发酵。不同发酵工艺对原料的适应性和要求不同，在处理能力、处理目的和投资成本等方面也不尽相同。因此，在选择使用何种处理工艺时，应依据实际情况而定。

三、发酵过程及技术要点

（一）发酵过程

沼气发酵又称厌氧消化或甲烷形成作用，是一种自然界中普遍存在的现象。在淡水及海底沉积物、稻田土壤、湿地、沼泽、部分动物瘤胃和昆虫肠道等环境中都有沼气产生，在有机废弃物、废水厌氧处理装置等人工反应器中也有沼气产生。沼气的产生是多种厌氧或兼性厌氧微生物通过互营代谢等协同作用，将复杂有机质转化为 CH_4 和 CO_2 及少量其他气体的生物化学过程。沼气发酵的过程一般可以分为 3 个阶段。

1. 第一阶段是液化阶段 由微生物的胞外酶，如纤维素酶、淀粉酶、蛋白酶和脂肪酸酶等对有机物质进行体外酶解，将多糖水解成单糖或二糖、蛋白质分解成多肽和氨基酸、脂肪分解成甘油和脂肪酸。通过这些微生物对有机物质进行体外酶解，把固体有机物转变成可溶于水的物质。这些水解产物可以进入微生物细胞，并参与细胞内的生物化学反应。

2. 第二阶段是产酸阶段 上述水解产物进入微生物细胞后，在胞内酶的作用下，进一步将它们分解成小分子化合物，如低级挥发性脂肪酸、醇、醛、酮、酯类、中性化合物、氢气、二氧化碳、游离状态氨等。其中主要是挥发性酸，乙酸比例最大约占 80%，故此阶段称为产酸阶段。参与这一阶段的细菌，统称为产酸菌。

3. 第三阶段是产甲烷阶段 这一阶段中，产氨细菌大量繁殖和活动，氨氮浓度增高，挥发酸浓度下降，为甲烷菌创造了适宜的生活环境，产甲烷菌大量繁殖。产甲烷菌利用简单的有机物、二氧化碳和氢等合成甲烷。

沼气发酵的 3 个阶段是相互连接、交替进行的，它们之间保持动态平衡。在正常情况下，有机物质的分解消化速度和产气速度相对稳定。如果平衡被破坏，就会影响产气。若液化阶段和产酸阶段的发酵速度过慢，产气率就会很低，发酵周期就变得很长，原料分解不完全，料渣就多。但如果前两个阶段的发酵速度过快而超过产甲烷速度，则会有大量的有机酸积累起来，出现酸阻抑，也会影响产气，严重时会出现"酸中毒"，而不能产生甲烷。

（二）技术要点

沼气发酵微生物都要求适宜的生活条件，它们对温度、酸碱度、氧化还原势及其他各种环境因素都有一定的要求。沼气发酵工艺条件就是在工艺上满足微生物的这些生活条件，使它们在合适的环境中生活，以达到发酵旺盛、产气量高的目的。

1. 严格的厌氧环境 微生物发酵分解有机物，若在好氧的条件下则产生 CO_2，若在厌氧的环境中则产生甲烷。沼气发酵是一个微生物学的过程，在发酵过程中，产甲烷菌显著的特点是在严格的厌氧条件下生存和繁殖，有机物被沼气微生物分解成简单的有机酸等物质。产酸阶段的不产甲烷微生物大多数是厌氧菌，在厌氧的条件下，把复杂的有机物分解成简单的有机酸等；而产气阶段的产甲烷细菌是专性厌氧菌，不仅不需要氧气，而且氧气对产甲烷细菌具有毒害作用。因此，沼气发酵时必须创造严格的厌氧环境条件。

2. 温度条件 沼气发酵微生物只有在一定的温度条件下才能生长繁殖，进行正常的代谢活动。一般来讲，沼气发酵细菌在 $8\sim65\ ℃$ 的范围内都能进行正常的生长活动，产生沼气。在一定范围以内（$15\sim40\ ℃$）随着温度的增高，微生物的代谢加快，分解原料的速度也相应提高，产气量和产气率都相应地增高，见表 3-3。

表 3-3　温度对沼气产气速度的影响

沼气发酵温度（℃）	10	15	20	25	30
沼气发酵时间（天）	90	60	45	30	27
有机物产气率（升/千克）	450	530	610	710	760

但是，发酵原料总的产气量并不受发酵温度的影响。在一定的温度变化范围内（8～35℃），一定量的发酵原料的总产气量基本上是不变的。也就是说提高原料的发酵温度并不能提高发酵原料的分解利用率，只是能提高沼气发酵的速度。

3. 原料配比　综合国内外研究资料来看，沼气发酵要求的碳氮比例并不十分严格，原料的碳氮比例为（20～30）∶1，即可正常发酵。常用的发酵原料中，鲜粪含氮多、含碳少，碳氮比值小；作物秸秆含碳多、含氮少，碳氮比值大。为了满足沼气发酵细菌对碳氮比的要求，在投料时要注意合理搭配，综合投料，才能获得较高的产气量。

4. 适宜的酸碱度　沼气发酵正常进行时，通常都是在微碱性环境中。沼气发酵微生物细胞内细胞质的 pH 一般呈中性，同时，细胞具有自我调节的能力，从而保持环境呈中性。所以，沼气发酵细菌可以在较为广泛的范围内生长和代谢，其 pH 在 6.0～8.0 范围内均可发酵，最佳 pH 是 7.0～7.2（这里的 pH 指的是消化器内料液的 pH，而不是发酵原料的pH）。通常来说，pH 高于 8.5 或低于 6.5 时，对沼气发酵都有一定的抑制作用，因为过酸或过碱使开始产气的时间持续得很长，导致产气量很少，甚至不产气。若 pH 小于 6.0 就会会产生严重的阻抑作用，造成"酸中毒"，所产的气体不能燃烧使用。一般来说，当 pH 在6.0 以下时，应大量投入接种物或重新启动。为了顺利地进行沼气发酵、及早地产气、提高产气量，必须调节好启动时的 pH，pH 调到 7.5 左右为最佳。常用发酵原料的酸碱度如表 3-4 所示。

表 3-4　常用发酵原料的酸碱度

原料	酒糟	猪粪	猪尿	牛粪	人粪	人尿	潲水	草木灰	石灰水
pH	4.3	6.0～7.0	7.0	7.0	6.0	8.0	6.0	11.0	12.0

5. 干物质浓度　干物质浓度影响发酵效率，结合我国广大农村的实际生产生活中用气的特点，沼气发酵最适宜的干物质浓度应随季节不同（即发酵温度不同）而相应变化。高温季节浓度控制在 6% 左右，低温季节浓度则以 10%～12% 为好。这是因为，在我国冬季气温低，适当增加发酵浓度，可以略微地提高发酵液温度，有利于发酵进行。另外，增加了发酵原料的数量，可以使日产气量增加，对改善冬季的供气状况有较大作用。而夏季气温较高，发酵旺盛，这时候适当地降低发酵浓度，控制产气速度，使产生的气只要够用就行，过多产气，反而造成浪费。

6. 压力　压力对沼气发酵产气有一定的影响。大型沼气发酵罐的底部常由于搅拌不到，水压使沼气和硫化物处于过饱和状态，从而使挥发酸积累，抑制了反应的进行。

我国的水压式沼气池发酵经常处于较高和变动的压力条件下，随着压力的变化造成料液流动，起到了搅拌作用，使压力的影响减少。如果将我国的传统池形进行改进，使其压力处于较低的状态，并增加搅拌装置，这样，沼气池的产气率将有显著提高。通常情况下，习惯地认为压力表上的读数越大越好，其实不然，压力表上的读数的大小并不能反映沼气产量的多少，且压力过高对产气量还会有负面影响。

7. 添加剂和抑制剂

（1）添加剂　能够促进有机物分解并提高沼气产量的物质叫作添加剂。添加剂的种类很多，包括一些酶类、无机盐类、有机物和其他无机物等。

（2）抑制剂　除了由于沼气发酵不正常而造成的有机酸的大量积累及氨浓度过高所引起的发酵障碍以外，常由于添加了一些有害的物质而使沼气发酵受到抑制。这些对沼气发酵微生物的生命活动起抑制作用的物质叫作抑制剂。

8. 接种物　在沼气发酵中，菌种数量的多少和质量的优劣直接影响着沼气发酵的产气率。在处理废水时，由于废水中含有的产甲烷细菌比较少，故在投料前，必须进行接种。添加接种物可促使早产气，提高产气速率。不同来源的沼气发酵接种物（俗称沼气菌种）的数量对产气和气体组成有着不同的影响。

9. 搅拌　在沼气发酵过程中，若对沼气池进行搅拌则能有效地提高产气速度和处理效率，因此，搅拌对整个沼气发酵过程来说具有举足轻重的作用。通过试验得知，如果搅拌时间短，那么消化效率下降；若不搅拌，则有机物处理量和产气量都减少到连续搅拌时的一半。搅拌的目的在于使消化器内原料的温度分布均匀，使细菌和发酵原料充分接触，加快发酵速度，提高产气量，并有利于除去产生的气体。此外，搅拌还破坏了浮渣层，便于气体的排出。搅拌的方法可用长把器物从进料管伸入沼气池内来回拉动；也可从出料间舀出一部分粪液，倒入进料口，以冲动发酵料液；搅拌每 3～5 天进行一次，每次搅拌 3～5 分钟。

10. 进出料管理　沼气池的进出料要做到经常化，这样做的目的主要是提供沼气菌生活所必需的原料，以利于沼气菌的新陈代谢。进出料的原则是：先出料后进料，进出料体积大致相同。对于正常运转的沼气池，切忌只进料不出料，否则当料液过满时用气，发酵液就会进入导气管导致导气管堵塞。此外，在添加新料时，切忌加大用水量，以免降低发酵浓度，影响产气效果。

11. 冬季的保温增温管理　沼气微生物是在一定的温度范围进行代谢活动的，在 8～65 ℃范围内，温度越高，产气速度越快。对于我国北方地区，冬季气温较低，沼气池内温度随之较低，如果低于 10 ℃将不能正常产气，所以就必须采取保温和增温措施，保证沼气池正常运行。

12. 夏季防止沼气外溢　夏天沼气产气旺盛，池内压力过大时，会胀坏气箱外溢。为了防止这种现象，夏天的发酵料液要稀一些，减少产气量；要经常观察压力表的变化，当发觉压力达到一定限度，要立即放气或者用气。

第三节　其他发酵方式

一、分子膜好氧发酵

畜禽粪便分子膜好氧发酵堆肥技术介于开放式堆肥和反应器堆肥之间，利用分子膜有效阻控臭味和有害气体排放，水分又能够透过分子膜排出，减少养分溢出。

（一）技术概况

该技术在具有物理分子选择透过作用分子膜完全覆盖畜禽粪便等发酵物料的条件下，在高效有机物料腐熟菌剂的作用下，通过温度、氧气浓度、膜内压力等传感器反馈机制自动调控加热、强制通风，实现好氧高温堆肥处理有机废弃物过程，进而有效解决畜禽粪便无害化处理过程中投入大、运行成本高、操作复杂、发酵效率低、臭气扩散及温室气体排放高等问题。

（二）技术特点

1. 高效节能 分子膜发酵技术能源消耗量少，同时利用微生物的发酵作用，可以将废弃物高效转化为有用的有机肥，从而实现高效节能。

2. 减少排放 传统的有机肥生产方式常常会排放大量的废水、废气和废渣，对环境造成严重污染。而分子膜发酵有机肥技术则可以将废物中的有机质高效利用，大大减少了对环境的负面影响。

3. 省时省力 不需要搅拌设备，自动化控制通风，免翻抛、省力省时，不需要专人看管，运行成本低。

（三）过程控制

1. 根据设备处理能力建堆，底部铺设曝气系统，覆膜密封，启动自动控制装置，调控堆肥发酵参数。

2. 堆体发酵温度应控制在 55～70 ℃，当堆体温度超过 75 ℃时，进行翻堆或强制通风。

3. 覆膜发酵中期，可翻堆 1 次，翻堆时需均匀彻底，应尽量将底层物料翻入堆体中上部，以便充分腐熟；堆体内氧气浓度控制在 8％以上，宜控制在 10％～15％。

4. 覆膜发酵 20 天左右，判定腐熟度。

5. 若进一步提高腐熟度，去膜后继续堆置 15～30 天，中间翻堆 1～2 次。

6. 腐熟堆肥可直接还田利用或进行深加工处理。

二、粪水囊式发酵

液态粪污处理一直是畜禽粪污治理的大难点。一是产量大。以奶牛为例，液态粪污产量是固体粪便的 4 倍。二是处理技术不成熟。目前国内普遍选择固液分离＋达标排放/简易还田。但是达标排放成本较高，简易还田"没劲儿""烧苗"。实践证明，简易粪水还田既不能让种植户有收益，还对土壤和农作物生长产生隐患，非长久之计，农民也普遍不接受粪水还田。

（一）技术概况

粪水发酵可以实现粪肥全量还田。该技术是将收集来的粪水输送进集粪池，经搅拌机充分搅拌均匀后泵入粪水发酵塘，进行厌氧发酵。

粪水厌氧存储塘，具有防渗防蒸发的功能。一般由安全膜、报警系统、底膜及浮动膜（覆膜）等组成。

（二）技术特点

该技术简单、施工快捷，存储过程中无渗漏、无蒸发，能减少粪便存储过程中粪肥的氮损失，既降低了养殖场粪便存储环节的成本，又高效保留了粪便的肥效，同时存储过程中对周边大气、土壤、地下水等也不造成污染，是一种绿色、环保、高效、经济的粪肥存储方式。

（三）过程控制

1. 发酵存储 收集来的粪水存储在底膜和浮动膜之间的空间里，随着进入的液体量不断增加，浮动膜会慢慢浮起。

存储塘的浮动膜在功能上具有以下优势：

（1）粪肥高效 密闭存储，有效保留粪肥中的养分含量。

（2）产品无害　厌氧存储杀死有害病菌。

（3）雨污分离　减量化的同时减少投资。

（4）隔离气味　浮动膜的存在能明显隔离气味对周边空气的污染。

（5）质量可靠　专业的材料和施工，使用寿命可达 10 年。

（6）环境安全　底膜、安全膜、报警系统保证对土壤、地下水无污染。

（7）方便快捷　就地挖坑夯实覆膜，单池覆膜 3～5 天即可完成。

同时该存储塘系统利用厌氧存储满足液体粪肥对无害化、高肥效的要求。存储塘进料和出料时都通过服务池，这样能保证安全快速的进出料，同时也不会对膜造成破坏。存储塘底部设计有一定坡度坡向混凝土集水斗，混凝土集水斗再连接至服务池进行进出料。排水泵安装在服务池内，用于向外排放液体粪肥进行利用，而不对膜造成破坏。

2. 回冲搅拌　在存储塘底膜之上固定回冲搅拌管，定期将存储塘顶部上清液抽取后泵回塘底，通过铺设的回冲搅拌管对底部淤积和沉淀进行搅拌。存储塘存储期内，每 2～3 周搅拌一次，还田期需持续搅拌。

此外，存储塘系统在不再使用时，可通过移除所安装的膜、设备等材料并回填，能够恢复存储塘安装前的原有地貌，不会对原有地貌造成永久性破坏。

 参考文献

边炳鑫，赵由才，乔艳云，2018. 农业固体废物的处理与综合利用［M］. 北京：化学工业出版社.

常勤学，魏源送，夏世斌，2007. 堆肥通风技术及进展［J］. 环境科学与技术，30（10）：98-103.

陈同斌，罗维，郑国砥，等，2005. 翻堆对强制通风静态垛混合堆肥过程及其理化性质的影响［J］. 环境科学学报，25（1）：117-122.

冯宏，李华兴，2004. 菌剂对堆肥的作用及其应用［J］. 生态环境，13（3）：439-441.

李建昌，2016. 沼气技术理论与工程［M］. 北京：清华大学出版社.

王岩，李玉红，李清飞，2006. 添加微生物菌剂对牛粪高温堆肥腐熟的影响［J］. 农业工程学报，22（S2）：220-223.

徐宁，2020. 畜禽粪便堆肥无害化技术要点［J］. 现代畜牧科技（8）：81-82，84.

余群，董红敏，张肇鲲，2003. 国内外堆肥技术研究进展［J］. 安徽农业大学学报，30（1）：109-112.

张克强，杜连柱，杜会英，等，2021. 国内外畜禽养殖粪肥还田利用研究进展［J］. 农业环境科学学报，40（11）：2472-2481，2591.

张全国，2018. 沼气技术及其应用［M］. 北京：化学工业出版社.

张胜利，刘晓旺，李鸿志，等，2021. 不同堆肥模式处理畜禽粪便的优劣［J］. 北方牧业，（10）：27.

周继豪，沈小东，张平，等，2017. 基于好氧堆肥的有机固体废物资源化研究进展［J］. 化学与生物工程，34（2）：13-18.

朱凤香，王卫平，杨友坤，等，2010. 固体废弃物堆肥的腐熟度评价指标［J］. 浙江农业科学（1）：159-163.

第四章

粪肥成分指标及检测

　　粪肥是指以畜禽粪污为主要原料，通过发酵腐熟和无害化处理形成的有机肥料，主要包括堆肥、沼肥、粪水等。固体粪肥进一步加工可形成商品有机肥、生物有机肥、有机无机复混肥等。我国粪肥施用历史悠久，在长期的生产实践中积累了丰富的经验。粪肥施用在我国农业发展中发挥了重要作用，既能为作物生长提供一定的矿质养分，减少化肥的施用，又能补充土壤有机质，改善土壤理化性状、提高生物活性，培肥土壤，有利于农业可持续发展。粪肥与化肥配合施用，是促进农业高产稳产、降本提质、绿色高质量发展的重要措施。

　　由于来源广泛，发酵腐熟过程不同，粪肥养分含量、成分特性存在较大差异，还可能含有杂质、重金属、抗生素、有机污染物、病原体及毒素、过敏原、腐蚀性物质、爆炸性和锋利性物质等。再加上加工工艺复杂多样，加工处理过程控制千差万别，生产的畜禽粪肥可能会对作物生长、生态环境、农产品安全与人体健康产生一定风险。为了使有机废弃物通过充分发酵达到无害化、稳定化，生产出合格的有机肥产品，国家制定了一系列标准，有利于促进畜禽粪污的无害化、肥料化利用。粪肥主要检测指标分为养分指标和无害化指标，主要有pH、水分、有机质、养分含量（$N+P_2O_5+K_2O$）、重金属，蛔虫卵死亡率、粪大肠菌群、抗生素、有机污染物等。

第一节　堆　　肥

　　堆肥是指以畜禽粪污、作物秸秆、树枝落叶、杂草等为主要原料，采用堆制的方式，通过微生物发酵，使有机物被降解形成的有机肥。传统堆肥可分为普通堆肥和高温堆肥。前者以小农户自家堆制为主，堆肥原料复杂，泥土比例较大，堆腐过程温度变化幅度小，需较长时间才能腐熟，适用于常年堆制。高温堆肥以纤维素含量高的有机物为主，堆腐过程有明显的升温阶段，腐熟快，并利用高温杀灭病菌、虫卵和杂草种子。因高温堆肥营养物质较多，较普通堆肥速度快、效果好，随着养殖业的规模化、集约化发展，小农户自积自造的普通堆肥越来越少。目前，堆肥通常是指在专业堆肥场地进行的规模化、标准化的高温堆肥，需要人工控制堆肥条件，包括调节水分、碳氮比、通风供氧、定时翻堆等。

一、堆肥相关标准

　　堆肥的基本性质和养分含量因堆肥原料和积制方法不同而差异明显。目前尚没有单独针对堆肥的质量标准，主要参考以下几个标准（表4-1、表4-2）。

表 4-1　堆肥养分等指标要求

标准名	pH	含水率（%）	种子发芽指数（GI）（%）	有机质的质量分数（%）	总养分（N+P$_2$O$_5$+K$_2$O）的质量分数（%）
NY/T 525—2021 有机肥料	5.5~8.5	≤30	≥70	≥30	≥4
NY/T 3442—2019 畜禽粪便堆肥技术规范		≤45	≥70	≥30	

表 4-2　堆肥无害化指标要求

标准名	蛔虫卵死亡率（%）	粪大肠菌数（个/克）	砷（As）（毫克/千克）	汞（Hg）（毫克/千克）	铅（Pb）（毫克/千克）	镉（Cd）（毫克/千克）	铬（Cr）（毫克/千克）
NY/T 525—2021 有机肥料	≥95	≤100	≤15	≤2	≤50	≤3	≤150
NY/T 3442—2019 畜禽粪便堆肥技术规范	≥95	≤100	≤15	≤2	≤50	≤3	≤150
GB/T 36195—2018 畜禽粪便无害化处理技术规范	≥95	≤100					
NY/T 1168—2006 畜禽粪便无害化处理技术规范	≥95	≤100					
GB 7959—2012 粪便无害化卫生要求	≥95	≤100					
GB/T 25246—2010 畜禽粪便还田技术规范	95~100	10~100	≤50				
GB 38400—2019 肥料中有害物质的限量	≥95	≤100	≤15	≤2	≤50	≤3	≤150

1. 在堆肥过程控制方面，主要参考《畜禽粪便堆肥技术规范》（NY/T3442—2019）　该标准规定了畜禽粪便堆肥的场地要求、堆肥工艺、堆肥质量评价和检测方法，适用于规模化养殖场和集中处理中心的畜禽粪便及养殖垫料堆肥，为畜禽粪便肥料化利用提供了参考标准与技术支撑。

2. 在产品质量方面，部分参照《有机肥料》（NY/T 525—2021）　该标准对有机肥的养分、水分、有机质、重金属、蛔虫卵死亡率、粪大肠菌群数等质量要求、试验方法、检测规则，以及标志、包装、运输和储存等进行了规定。适用于以畜禽粪便、秸秆等有机废弃物为原料，经发酵腐熟后制成的商品化有机肥料。

3. 在无害化处理方面，主要参照《畜禽粪便无害化处理技术规范》（GB/T 36195—2018）　该标准规定了畜禽粪便无害化处理的基本要求、粪便处理场选址及布局、粪便收集、储存和运输、粪便处理及利用等内容，适用于畜禽养殖场所的粪便无害化处理。此外，还有农业行业标准《畜禽粪便无害化处理技术规范》（NY/T 1168—2006），规定了畜禽粪便无害化处理设施的选址、厂区布局、处理技术、卫生学控制指标及污染物监测和污染防治的技术要求，适用于规模化养殖场、养殖小区和畜禽粪便处理场。国标是在行业标准的基础上制定的，二者规定的内容基本一致，如无特殊要求，在实际生产中应按照国标执行。

4. 在卫生要求方面，主要参照《粪便无害化卫生要求》（GB 7959—2012）该标准规定了粪便无害化卫生要求限值和粪便处理卫生质量和监测检验方法。

5. 在科学施用方面，主要参照《肥料合理使用准则　有机肥料》（NY/T 1868—2021）该标准规定了有机肥料合理施用原则、要点、不同种类有机肥施用技术和安全施用等要求，适用于各类有机肥料的使用。此外，针对畜禽粪便，还制定了《畜禽粪便还田技术规范》（GB/T 25246—2010）。该规范规定了畜禽粪便还田的要求、限量、采样及分析方法，主要适用于经无害化处理后的畜禽粪便、堆肥以及以畜禽粪便为主要原料制成的各种肥料在农田上的使用；该规范还注明畜禽粪便作为肥料应充分腐熟，卫生学指标及重金属含量达到本标准的要求后方可施用。畜禽粪便单独或与其他肥料配施时，应满足作物对营养元素的需要，适量施肥，以保持或提高土壤肥力及土壤活性，而不对环境和作物产生不良后果。该规范规定了堆肥产物的安全指标和无害化指标，更能满足农业生产中对有机肥的质量要求。

二、堆肥的成分指标

在绿色种养循环农业试点工作中，固体粪肥中堆肥的成分指标及检测可按照以下要求进行：

1. 水分含量　《畜禽粪便堆肥技术规范》（NY/T 3442—2019）规定堆肥产物水分含量应小于45%，《有机肥料》（NY/T 525—2021）规定水分的质量分数小于等于30%。后者针对的是在市场上流通的商品有机肥料，一般需要烘干干燥、包装运输、市场销售，水分要求更高。粪肥水分含量无须控制得太严格，可适当放宽，以不影响机械撒施效果为准，堆肥水分含量一般不大于45%即可，不同地区还可根据当地气候条件、施用季节和施肥方式等进行调整。

水分测定方法执行《复混肥料中游离水含量的测定　真空烘箱法》（GB/T 8576—2010）。

2. 有机质含量　《畜禽粪便堆肥技术规范》（NY/T3442—2019）规定有机质含量（以干基计）大于等于30%，《有机肥料》（NY/T 525—2021）规定有机质的质量分数大于等于30%。需要注意的是，前者在测定过程中乘以氧化系数1.5，导致在检测时发现一些有机肥有机质含量超过100%，后者在2021年版修订时，不再乘1.5的氧化系数。不同有机肥的氧化校正系数不同，由有机肥所含还原物质的多少和氧化难易程度共同决定，并不能单纯以同一系数衡量。在绿色种养循环农业工作中，一般情况下应要求粪肥有机质的质量分数（以干基计）大于等于30%，以保证粪肥的应用效果。

有机质测定按照《畜禽粪便堆肥技术规范》（NY/T3442—2019）附录执行。

3. 总养分（$N+P_2O_5+K_2O$）《畜禽粪便堆肥技术规范》（NY/T 3442—2019）未对养分指标做出明确的规定，而《有机肥料》（NY/T 525—2021）规定总养分的质量分数大于等于4%，后者适用于商品化的有机肥料。对于就近就地施用的粪肥，养分含量主要取决于原料的种类、配比和发酵腐熟过程，对成品粪肥养分含量没有特定要求。但在与化肥配合施用时，应考虑粪肥还田带入的养分，避免因养分投入过多造成养分积累，给作物和环境带来风险。因此，粪肥应定期采集代表性的样品进行检测。

总养分测定按照《有机肥料》(NY/T 525—2021) 附录执行。

4. 酸碱度（pH） 《畜禽粪便堆肥技术规范》(NY/T 3442—2019) 中对物料预处理中规定畜禽粪便和辅料混合均匀后，pH 应为 5.5～9，对堆肥产物的酸碱度没有要求。《有机肥料》(NY/T 525—2021) 中规定有机肥料产品 pH 应为 5.5～8.5。需要注意的是按规定测定有机肥料酸碱度时用风干样，而粪肥鲜样的水分一般为 15%～45%，由于产品水分波动太大，状态不稳定，酸碱度测定的结果相差较大。所以在堆肥施用前，尤其是作追肥时，应注意其酸碱度，避免施入土壤后对作物造成危害。

酸碱度（pH）测定按照《有机肥料》(NY/T 525—2021) 附录执行。

5. 机械杂质 《有机肥料》(NY/T 525—2021) 规定机械杂质的质量分数小于等于 0.5%，主要是避免石块、塑料、玻璃、金属等机械杂质随肥料施入土壤。其他标准未对机械杂质进行规定。在绿色种养循环农业试点工作中，一般不对粪肥的机械杂质进行严格规定，但也应注意杂质的问题。特别是在大量、长期施用粪肥的情况下，应对粪肥机械杂质进行检测。

机械杂质测定按照《有机肥料》(NY/T 525—2021) 附录执行。

6. 种子发芽指数 《畜禽粪便堆肥技术规范》(NY/T 3442—2019) 和《有机肥料》(NY/T 525—2021) 中均规定种子发芽指数大于等于 70%。种子发芽指数主要用来判断堆肥是否发酵腐熟完全，但这个指标存在较大争议。在绿色种养循环农业试点工作中，一般不测定这个指标，主要通过对堆肥过程的监测控制来达到发酵腐熟的要求。关于腐熟度判断，在第六节进行详细介绍。

三、堆肥的重金属含量

目前，我国堆肥相关标准中仅对 5 种重金属（砷、汞、铅、镉、铬）进行了限量。《畜禽粪便堆肥技术规范》(NY/T 3442—2019) 和《有机肥料》(NY/T 525—2021) 中，均规定重金属（以烘干基计）砷、汞、铅、镉、铬含量分别小于等于 15 毫克/千克、2 毫克/千克、50 毫克/千克、3 毫克/千克、150 毫克/千克。

测定按照《肥料汞、砷、镉、铅、铬含量的测定》(NY/T 1978—2022) 规定执行。

四、堆肥的卫生指标

1. 粪大肠菌群数 《畜禽粪便堆肥技术规范》(NY/T 3442—2019)、《有机肥料》(NY/T 525—2021)、《畜禽粪便无害化处理技术规范》(GB/T 36195—2018)、《粪便无害化卫生要求》(GB 7959—2012) 均规定粪大肠菌群数小于等于 100 个/克。

测定按照《肥料中粪大肠菌群的测定》(GB/T 19524.1—2004) 规定执行。

2. 蛔虫卵死亡率 《畜禽粪便堆肥技术规范》(NY/T 3442—2019)、《有机肥料》(NY/T 525—2021)、《畜禽粪便无害化处理技术规范》(GB/T 36195—2018)、《粪便无害化卫生要求》(GB 7959—2012) 均规定蛔虫卵死亡率大于等于 95%。

测定按照《肥料中蛔虫卵死亡率的测定》(GB/T 19524.2—2004) 规定执行。

3. 氯离子 《有机肥料》(NY/T 525—2021) 中提出了氯离子指标，当产品中氯离子的质量分数大于等于 2.0% 时进行标注。

测定按照《复混肥料中氯离子含量的测定》(GB/T 24890—2010) 规定执行。

4. 杂草种子活性 目前只有《有机肥料》(NY/T 525—2021) 提出了杂草种子活性指标，要求注明杂草种子活性的标明值，单位为株/千克，但并未规定限量。

测定方法按照《有机肥料》(NY/T 525—2021) 附录 H 规定执行。

第二节 沼 肥

沼肥是畜禽粪便等废弃物在厌氧条件下经微生物发酵制取沼气后的残留物，固形物为沼渣，液体为沼液。沼气发酵技术运用广泛，是处置畜禽粪便的重要手段，其产物沼气是廉价的能源替代品，沼渣、沼液都是优质的肥料。沼渣、沼液科学合理地应用，是实现农村生态环境改善和农业可持续发展的必然要求。

沼肥主要分为沼渣和沼液。沼渣为固体状物质，一般为黑色或灰色。沼渣水分含量为 60%~80%，pH 为 6.8~8.0，含有 30%~50% 的有机质、10%~20% 的腐殖酸，全氮含量 0.8%~2%，全磷 0.4%~1.2%，全钾 0.6%~2%。发酵原料不同，沼渣的物理和化学性质也呈现出较大的差异。沼液全氮含量为 0.03%~0.08%，全磷含量为 0.02%~0.07%，全钾含量为 0.05%~1.4%，是很好的优质速效肥料，可单施，也可与化肥、农药、生长剂等混合施。

一、沼肥相关标准

1. 在沼肥发酵过程控制方面，主要参考《沼气工程沼液沼渣后处理技术规范》(NY/T 2374—2013) 该标准规定了从沼气工程厌氧消化器排出的沼液沼渣实现资源化利用或达标处理的技术要求，适用于以畜禽粪便、农作物秸秆等农业有机废弃物为主要发酵原料的沼气工程。该标准规定沼气工程沼液沼渣的后处理技术的选择应以提高沼液沼渣综合利用效益、避免对环境造成二次污染为基本原则，同时规定了沼液沼渣资源化利用的处理技术。

2. 在产品质量方面，主要参照《沼肥》(NY/T 2596—2022) 该标准规定了沼肥的术语和定义、技术要求及检验方法、检测规则、包装、标识、运输和储存，适用于以畜禽粪便、秸秆等有机废弃物为原料，经充分厌氧发酵产生的固体和液体沼肥。该标准分别对沼液和沼渣的水分、酸碱度（pH）、重金属、蛔虫卵死亡率、粪大肠菌群数等技术指标进行了规定。标准中对沼液的技术要求主要参照《农用沼液》(GB/T 40750—2021) 执行。

（1）沼渣的技术指标应符合表 4-3 的规定。

表 4-3 沼渣的技术指标

项 目	技术指标	检测依据
水分（%）	≤30.0	按照 GB/T 8576 的规定执行
酸碱度（pH）	5.5~8.5	按照 NY/T 1973 的规定执行
粪大肠菌群数（个/克）	≤100.0	按照 GB/T 19524.1 的规定执行
蛔虫卵死亡率（%）	≥95.0	按照 GB/T 19524.2 的规定执行
种子发芽指数（GI）（%）	≥70.0	按照 NY/T 525 的规定执行

（续）

项　目	技术指标	检测依据
总砷（以 As 计）（毫克/千克）	≤15.0	
总镉（以 Cd 计）（毫克/千克）	≤3.0	
总铅（以 Pb 计）（毫克/千克）	≤50.0	按照 NY/T 1978 的规定执行
总铬（以 Cr 计）（毫克/千克）	≤150.0	
总汞（以 Hg 计）（毫克/千克）	≤2.0	

（2）沼液的技术指标应符合表 4-4 的规定。

表 4-4　沼液的技术指标

项　目	指标	检测依据
酸碱度（pH）	5.5～8.5	按照 NY/T 1973 的规定执行
水不溶物（克/升）	≤50.0	按照 NY/T 1973 的规定执行
粪大肠菌群数［个/克（毫升）］	≤100.0	按照 GB/T 19524.1 的规定执行
蛔虫卵死亡率（%）	≥95.0	按照 GB/T 19524.2 的规定执行
臭气排放浓度（无量纲）	≤70.0	按照 GB/T 14675 的规定执行
总砷（以 As 计）（毫克/升）	≤10.0	按照 GB/T 23349 的规定执行
总镉（以 Cd 计）（毫克/升）	≤3.0	按照 GB/T 23349 的规定执行
总铅（以 Pb 计）（毫克/升）	≤50.0	按照 GB/T 23349 的规定执行
总铬（以 Cr 计）（毫克/升）	≤50.0	按照 GB/T 23349 的规定执行
总汞（以 Hg 计）（毫克/升）	≤5.0	按照 GB/T 23349 的规定执行
总盐浓度（以 EC 值计，毫西/厘米）	≤3.0	按照 GB 17323 的规定执行

　　另外，《农用沼液》（GB/T 40750—2021）标准对农用沼液产品分类、质量要求与检测方法、检测规则、标志、运输、存储等进行了规定。该标准将农田沼液分为浓缩型沼液肥料和非浓缩型沼液肥料，其适用于以畜禽粪污、农作物秸秆等有机废弃物为主要原料农用沼液的生产、检验与施用。

　　3. 在无害化处理方面，主要参照《畜禽粪便无害化处理技术规范》（GB/T 36195—2018）、《畜禽粪便无害化处理技术规范》（NY/T 1168—2006）。

　　4. 在卫生要求方面，主要参照《粪便无害化卫生要求》（GB 7959—2012）。

　　5. 在科学施用方面，主要参照《肥料合理使用准则　有机肥料》（NY/T 1868—2021）该标准规定了有机肥料合理施用原则、要点、不同种类有机肥施用技术和安全施用等要求，适用于各类有机肥料的使用。《沼肥施用技术规范》（NY/T 2065—2011）规定了畜禽粪便为主要发酵原料的户用沼气发酵装置产生的沼肥用于粮油、果树、蔬菜、食用菌等的施用。此外，《沼肥施用技术规范　设施蔬菜》（NY/T 4297—2023）规定了设施蔬菜种植中沼肥施用的基本要求和施用技术等要求，适用于设施土壤栽培条件下果菜（茄果类、瓜类及豆类）种植中沼肥的施用。在沼液施用方面，全国农业技术推广服务中心组织绿色种养循环农业专家组成员和其他科研教学推广单位专家，系统总结多年来的研究成果和实践经验，编制印发了主要农作物沼液施用技术指导意见，各地可在工作中参考。

二、沼肥的成分指标

1. 水分和水不溶物含量　《沼肥》（NY/T 2596—2022）规定沼渣水分含量应小于等于30%，《沼肥施用技术规范》（NY/T 2065—2011）要求沼渣肥水分含量60%～80%、沼液水分含量96%～99%。前者主要规定的是沼渣经加工制成的肥料，后者主要针对畜禽粪便等废弃物经沼气发酵形成的固形物。如果作为商品性的肥料进行市场销售，对水分的要求应适当严格。在绿色种养循环农业工作中，对沼肥的水分含量可适当放宽，不影响粪肥运输和机械施用即可。

另外，《沼肥》（NY/T 2596—2022）、《农用沼液》（GB/T 40750—2021）均规定沼液肥料水不溶物小于等于50克/升。绿色种养循环农业工作中，对水不溶物的要求以不在运输、施用中造成堵塞为宜。

水分测定方法执行《复混肥料中游离水含量的测定　真空烘箱法》（GB/T 8576—2010）。

水不溶物测定方法执行《水溶肥料　水不溶物含量和pH测定》（NY/T 1973—2021）。

2. 有机质含量　《沼肥施用技术规范》（NY/T 2065—2011）规定沼渣有机质含量（以干基计）大于等于30%，而对沼液并没有规定。《农用沼液》（GB/T 40750—2021）规定浓缩沼液肥料有机质含量大于等于18克/升。《沼肥》（NY/T 2596—2022）对沼渣和沼液的有机质含量没有规定。沼渣和沼液作为粪肥还田，可不规定有机质含量，但应进行定期监测，做到定量、精准还田。

有机质测定按照《有机肥料》（NY/T 525—2021）附录C执行。

3. 总养分（$N+P_2O_5+K_2O$）　《沼肥施用技术规范》（NY/T 2065—2011）规定沼渣干基样的总养分含量应大于等于3%、沼液鲜基样的总养分含量应大于等于0.2%。《农用沼液》（GB/T 40750—2021）规定浓缩沼液肥料总养分含量应大于等于8克/升。《沼肥》（NY/T 2596—2022）对沼渣和沼液养分含量没有规定。沼渣和沼液中养分含量因原料及配比、季节变化、发酵工艺、处理储存时间等变异较大，作为粪肥还田，虽可不规定养分含量，但必须进行定期监测，以便于化肥施用配合，做到定量、精准还田。

沼渣中总养分测定按照《有机肥料》（NY/T 525—2021）附录D执行，沼液中总养分测定按照《水溶肥料总氮、磷、钾含量的测定》（NY/T 1977—2010）执行。

4. 酸碱度（pH）　《沼肥》（NY/T 2596—2022）规定沼渣、沼液酸碱度（pH）均为5.5～8.5。《沼肥施用技术规范》（NY/T 2065—2011）规定沼肥酸碱度（pH）为6.8～8.0。《农用沼液》（GB/T 40750—2021）规定浓缩沼液肥料和非浓缩沼液肥料酸碱度（pH）均为5.5～8.5。沼渣和沼液的酸碱度也存在一定差异，应进行定期监测，合理施用，与土壤性质匹配。沼液中的氮以铵态氮为主，pH偏高容易造成氨挥发，必要时应采取一定的酸化措施。

沼渣、沼液酸碱度（pH）测定按照《水溶肥料　水不溶物含量和pH的测定》（NY/T 1973—2021）执行。

5. 总盐浓度　《沼肥》（NY/T 2596—2022）规定沼液总盐浓度（以EC值计，毫西/厘米）应小于等于3。《农用沼液》（GB/T 40750—2021）将非浓缩沼液肥料按使用功能分为三类：Ⅰ类主要适用于粮油、蔬菜等食用类草本作物；Ⅱ类主要适用于果树、茶树等食用类木本作物；Ⅲ类主要适用于棉麻、园林绿化等非食用类作物。同时，分叶面施用和土壤施用规定了总盐浓度。其中沼液在叶面施用Ⅰ类、Ⅱ类、Ⅲ类总盐应分别小于等于1.0毫西/厘米、1.5毫西/厘米、1.5毫西/厘米；在土壤施用Ⅰ类、Ⅱ类、Ⅲ类总盐应分别小于等于1.5毫西/厘米、2.0毫西/厘米、3.0毫西/厘米。对浓缩沼液肥料的总盐浓度没有规定。绿色种养循环农业工作中，应重点对沼液盐分进行监测，并根据土壤性质、降雨情况、施用量等进行评估，避免次生盐渍化现象的发生。

沼液总盐测定按照《瓶装饮用纯净水》(GB/T 17323)附录A执行。

表4-5《农用沼液》(GB/T 40750—2021)规定了沼液总盐浓度。

表4-5　农用沼液的质量要求与检测方法

项目类别		非浓缩沼液肥料			浓缩沼液肥料	检测依据
		Ⅰ类	Ⅱ类	Ⅲ类		
总汞（以Hg计）（毫克/升）		≤0.4	≤0.5	≤5.0	≤5.0	GB/T 23349
总盐浓度	叶面施用	≤1.0	≤1.5	≤1.5	—	GB 17323
（以EC值计）（毫西/厘米）	土壤施用	≤1.5	≤2.0	≤3.0	—	

注：①浓缩沼液肥料的pH，可根据产品说明书进行稀释后测定；②浓缩沼液肥料总养分可添加氮、磷、钾等肥效元素；③对应第四章中的各类功能用途，不同功能类别分别执行相应类别的指标要求，同一作物兼有多类使用功能的，执行最高功能类别对应的标准值（Ⅰ类为最高值）。

6. 种子发芽指数　《沼肥》(NY/T 2596—2022)规定沼渣种子发芽指数大于等于70%。种子发芽指数主要用来判断堆肥是否发酵腐熟完全。关于腐熟度判断，在本章第五节进行详细介绍。

三、沼肥的重金属含量

目前，我国沼肥相关标准中仅对5种重金属（砷、汞、铅、镉、铬）进行了限量。《沼肥》(NY/T 2596—2022)规定重金属中砷、汞、铅、镉、铬含量在沼渣分别小于等于15毫克/千克、2毫克/千克、50毫克/千克、3毫克/千克、150毫克/千克，在沼液分别小于等于10毫克/千克、5毫克/千克、50毫克/千克、10毫克/千克、50毫克/千克。《沼肥施用技术规范》(NY/T 2065—2011)规定重金属中以干基计砷、汞、铅、镉、铬含量分别小于15毫克/千克、5毫克/千克、50毫克/千克、3毫克/千克、50毫克/千克。《农用沼液》(GB/T 40750—2021)规定重金属中砷、汞、铅、镉、铬含量在浓缩型沼液肥料分别小于等于10毫克/千克、5毫克/千克、50毫克/千克、3毫克/千克、50毫克/千克。沼渣和沼液中的重金属主要来源于养殖饲料、添加剂、辅料等，变异较大，应开展定期监测，评估累积风险，防止因粪肥还田造成重金属污染。

沼肥中重金属测定按照《肥料汞、砷、镉、铅、铬、镍含量的测定》(NY/T 1978—2022)规定执行。

四、沼肥的卫生指标

1. 粪大肠菌群数　《沼肥》(NY/T 2596—2022)、《农用沼液》(GB/T 40750—2021)均

规定粪大肠菌群数小于等于 100 个/克。

测定按照《肥料中粪大肠菌群的测定》(GB/T 19524.1）规定执行。

2. 蛔虫卵死亡率 《沼肥》(NY/T 2596—2022)、《农用沼液》(GB/T 40750—2021）均规定蛔虫卵死亡率大于等于 95%。

测定按照《肥料中蛔虫卵死亡率的测定》(GB/T 19524.2）规定执行。

（1）沼渣的技术指标应符合表 4-6 的规定。

表 4-6 沼渣的技术指标

项 目	技术指标	检测依据
水分（%）	≤30.0	按照 GB/T 8576 的规定执行
酸碱度（pH）	5.5～8.5	按照 NY/T 1973 的规定执行
粪大肠菌群数（个/克）	≤100.0	按照 GB/T 19524.1 的规定执行
蛔虫卵死亡率（%）	≥95.0	按照 GB/T 19524.2 的规定执行
种子发芽指数（GI）（%）	≥70.0	按照 NY/T 525 的规定执行
总砷（以 As 计）（毫克/千克）	≤15.0	
总镉（以 Cd 计）（毫克/千克）	≤3.0	
总铅（以 Pb 计）（毫克/千克）	≤50.0	按照 NY/T 1978 的规定执行
总铬（以 Cr 计）（毫克/千克）	≤150.0	
总汞（以 Hg 计）（毫克/千克）	≤2.0	

（2）沼液的技术指标应符合表 4-7 的规定。

表 4-7 沼液的技术指标

项 目	指 标	检测依据
酸碱度（pH）	5.5～8.5	按照 NY/T 1973 的规定执行
水不溶物（克/升）	≤50.0	按照 NY/T 1973 的规定执行
粪大肠菌群数[个/克（毫升）]	≤100.0	按照 GB/T 19524.1 的规定执行
蛔虫卵死亡率（%）	≥95.0	按照 GB/T 19524.2 的规定执行
臭气排放浓度（无量纲）	≤70.0	按照 GB/T 14675 的规定执行
总砷（以 As 计）（毫克/升）	≤10.0	按照 GB/T 23349 的规定执行
总镉（以 Cd 计）（毫克/升）	≤3.0	按照 GB/T 23349 的规定执行
总铅（以 Pb 计）（毫克/升）	≤50.0	按照 GB/T 23349 的规定执行
总铬（以 Cr 计）（毫克/升）	≤50.0	按照 GB/T 23349 的规定执行
总汞（以 Hg 计）（毫克/升）	≤5.0	按照 GB/T 23349 的规定执行
总盐浓度（以 EC 值计，毫西/厘米）	≤3.0	按照 GB 17323 的规定执行

《沼肥》(NY/T 2596—2022）中沼渣、沼液技术指标要求及检验方法如表 4-8、表 4-9 所示。

表 4-8 沼肥养分等指标要求

标准名	肥料种类	pH	含水率（%）	总盐（以 EC 值计，毫西/厘米）	有机质的质量分数（%）	总养分（N+P₂O₅+K₂O）的质量分数（%）
NY/T 2596—2022 沼肥	沼液	5.5～8.5				
	沼渣	5.5～8.5	≤30	≤3.0		
NY/T 2065—2011 沼肥施用技术规范	沼液	6.8～8	96～99			≥0.2（鲜基样）
	沼渣		60～80		≥30	≥3（干基样）
GB/T 40750—2021 农用沼液	浓缩沼液肥料	5.5～8.5			≥18	≥8

表 4-9 沼肥无害化指标要求

标准名		蛔虫卵死亡率（%）	粪大肠菌数（个/克）	砷（As）（毫克/千克）	汞（Hg）（毫克/千克）	铅（Pb）（毫克/千克）	镉（Cd）（毫克/千克）	铬（Cr）（毫克/千克）
NY/T 2596—2022 沼肥	沼液	≥95	≤100	≤10	≤5	≤50	≤3	≤50
	沼渣	≥95	≤100	≤15	≤2	≤50	≤3	≤150
NY/T 2065—2011 沼肥施用技术规范	沼液肥	≥95	≤100	≤15	≤2	≤50	≤3	≤150
	沼渣肥							
GB/T 40750—2021 农用沼液	浓缩沼液肥料	≥95	≤100	≤10	≤5	≤50	≤3	≤50

第三节 粪 水

粪水是畜禽养殖过程中产生的粪、尿、外漏饮水和冲洗水及少量散落饲料等组成的液态混合物（含粪浆）。粪水需要在设施内进行储存发酵才达到还田利用要求。储存发酵是通过敞口、密闭或半密闭等方式对粪水进行储存并伴随好氧或厌氧发酵（不含沼气发酵）的过程。

一、粪水相关标准

目前，粪水标准仅有《畜禽粪水还田技术规程》（NY/T 4046—2021）。该标准确立了畜禽粪水还田程序，规定了制定还田计划、收集、储存发酵、检测与安全要求、输送与暂存、农田施用的技术要求和操作规程，适用于畜禽粪水还田资源化利用。

该标准规定粪水每种植季粪水还田前，应检测蛔虫卵死亡率、粪大肠菌群数、重金属含量，以及氮、磷、钾养分含量等。粪水还田还需要遵循以下要求：①粪水还田施用量、施用时间和方式应符合农艺要求。粪水宜封闭储存发酵，宜作为基肥施用。②粪水还田可与其他肥料配合施用，需满足作物养分需求。③粪水不应在雨前、旱作农田土壤过湿（相对含水量≥80%）等条件下还田。④粪水还田量不应超过农业灌溉用水定额。⑤土壤质地偏沙、耕作层薄且耕作层以下为沙层的地块应采用少量多次的还田方式。⑥粪水还田应避免粪水与人直接接触。

二、粪水的成分指标

粪水的成分并没有相应标准指标，可参考的标准有《沼肥》（NY/T 2596—2022）、《农用沼液》（GB/T 40750—2021）。粪水由于发酵处理过程差异大、养分含量低，在还田过程中要加强监测，避免给农田带来污染风险。

粪水中总氮、磷、钾养分含量分别按照《肥料 总氮含量的测定》（NY/T 2542—2014）、《肥料 磷含量的测定》（NY/T 2541—2014）、《肥料 钾含量的测定》（NY/T 2540—2014）规定的方法测定。

三、粪水的重金属含量

《畜禽粪水还田技术规程》（NY/T 4046—2021）中规定，粪水中重金属按照《肥料中有毒有害物质的限量要求》（GB 38400）规定执行，以干基计砷、汞、铅、镉、铬含量分别小于 15 毫克/千克、2 毫克/千克、50 毫克/千克、3 毫克/千克、150 毫克/千克。但由于粪水用量大，在绿色种养循环农业工作中，建议参考《沼肥》（NY/T 2596—2022）、《农用沼液》（GB/T 40750—2021）相关规定，并定期开展监测，评估粪水还田带来的重金属污染风险。

粪水中重金属含量按《肥料汞、砷、镉、铅、铬、镍含量的测定》（NY/T 1978—2022）测定。

四、粪水的卫生指标

1. 粪大肠菌群数 《粪便无害化卫生要求》（GB7959）规定粪大肠菌群数小于等于 100 个/克。

测定按照《肥料中粪大肠菌群的测定》（GB/T 19524.1）规定执行。

2. 蛔虫卵死亡率 《粪便无害化卫生要求》（GB7959）规定蛔虫卵死亡率大于等于 95%。

测定按照《肥料中蛔虫卵死亡率的测定》（GB/T 19524.2）规定执行。

第四节 商品有机肥

商品有机肥是以商品形式出售的有机肥。

一、商品有机肥相关标准

1.《有机肥料》（NY/T 525—2021） 该标准规定了有机肥的养分、水分、有机质、重金属、蛔虫卵死亡率、粪大肠菌群数等质量要求、试验方法、检测规则、标志、包装、运输和储存等，主要适用于以畜禽粪便、秸秆等有机废弃物为原料，经发酵腐熟后制成的商品化有机肥料。

2.《有机无机复混肥料》（GB/T 18877—2020） 该标准规定了有机无机复混肥料的术语和定义、技术要求、取样、试验方法、检验规则、标识和质量证明书、包装、运输和储存，适用于以人及畜禽粪便、动植物残体、农产品加工下脚料等有机物料经过发酵，进行无害化处理后，添加无机肥料制成的有机无机复混肥料。

3.《生物有机肥》（NY 884—2012） 该标准规定了生物有机肥的要求、检验方法、检验规则、包装、标识、运输和储存，适用于生物有机肥。《肥料中有毒有害物质的限量要求》（GB 38400—2019），规定了肥料中有毒有害物质的限量要求、试验方法和检验规则，适用于各种工艺生产的商品肥料。

二、商品有机肥的成分指标

1. 水分含量 《有机肥料》（NY/T 525—2021）、《生物有机肥》（NY 884—2012）规定有机肥料、生物有机肥水分含量小于等于30%，《有机无机复混肥料》（GB/T 18877—2020）规定Ⅰ型和Ⅱ型有机无机复混肥料水分含量小于等于12%，Ⅲ型有机无机复混肥料水分含量小于等于10%。

水分测定方法执行GB/T 8576《复混肥料中游离水含量的测定 真空烘箱法》。

2. 有机质含量 《有机肥料》（NY/T 525—2021）规定有机质含量（以干基计）大于等于30%。《生物有机肥》（NY 884—2012）有机质含量（以干基计）大于等于40%。《有机无机复混肥料》（GB/T 18877—2020）规定Ⅰ型、Ⅱ型、Ⅲ型有机无机复混肥料有机质含量分别大于等于20%、15%、10%。需要注意的是，《有机肥料》（NY/T 525—2021）规定的测定方法不再乘以1.5的氧化系数，《生物有机肥》《有机无机复混肥料》也应相应修改测试方法和指标。

有机质测定按照《有机肥料》（NY/T 525—2021）附录C执行。

3. 总养分（$N+P_2O_5+K_2O$） 《有机肥料》（NY/T 525—2021）规定总养分含量（以干基计）应大于等于4%。《有机无机复混肥料》（GB/T 18877—2020）规定Ⅰ型、Ⅱ型、Ⅲ型有机无机复混肥料有机质含量分别大于等于15%、25%、35%。

总养分测定按照《有机肥料》（NY/T 525—2021）附录D、《有机-无机复混肥料的测定方法》（GB/T 17767—2010）执行。

4. 酸碱度（pH） 《有机肥料》（NY/T 525—2021）、《生物有机肥》（NY 884—2012）均规定酸碱度（pH）为5.5~8.5。《有机无机复混肥料》（GB/T 18877—2020）规定Ⅰ型、Ⅱ型、Ⅲ型有机无机复混肥料酸碱度（pH）分别为5.5~8.5、5.5~8.5、5.0~8.0。

酸碱度（pH）测定按照《水溶肥料 水不溶物含量和pH的测定》（NY/T 1973—2021）执行。

三、商品有机肥的重金属含量

商品有机肥相关标准中仅对5种重金属（砷、汞、铅、镉、铬）进行了限量。《有机肥料》（NY/T 525—2021）、《生物有机肥》（NY 884—2012）均规定重金属中砷、汞、铅、镉、铬含量分别小于等于15毫克/千克、2毫克/千克、50毫克/千克、3毫克/千克、150毫克/千克。《有机无机复混肥料》（GB/T 18877—2020）规定Ⅰ型、Ⅱ型、Ⅲ型有机无机复混肥料重金属中以干基计砷、汞、铅、镉、铬含量分别小于50毫克/千克、5毫克/千克、150毫克/千克、10毫克/千克、500毫克/千克。《有机肥料》（NY/T 525—2021）、《生物有机肥》（NY 884—2012）的规定更加严格。

测定按照《肥料汞、砷、镉、铅、铬、镍含量的测定》（NY/T 1978—2022）规定执行。

四、商品有机肥的卫生指标

1. 粪大肠菌群数　《有机肥料》(NY/T 525—2021)、《生物有机肥》(NY 884—2012)、《有机无机复混肥料》(GB/T 18877—2020) 均规定粪大肠菌群数小于等于 100 个/克。

测定按照《肥料中粪大肠菌群的测定》(GB/T 19524.1) 规定执行。

2. 蛔虫卵死亡率　《有机肥料》(NY/T 525—2021)、《生物有机肥》(NY 884—2012)、《有机无机复混肥料》(GB/T 18877—2020) 均规定蛔虫卵死亡率大于等于 95%。

测定按照《肥料中蛔虫卵死亡率的测定》(GB/T 19524.2) 规定执行。

3. 氯离子　《有机肥料》(NY/T 525—2021)、《有机无机复混肥料》(GB/T 18877—2020) 中按照《复合肥料》(GB/T 15063—2020) 规定执行。未标"含氯"、标识"含氯（低氯）"、标识"含氯（中氯）"的氯离子含量分别为不大于等于 3%、15%、30%。

测定按照《复混肥料中氯离子含量的测定》(GB/T 24890—2010) 规定执行。

有机肥料技术指标要求及检测方法如表 4-10 所示。

表 4-10　有机肥料技术指标要求及检测方法

项　目	指　标	检测方法
有机质的质量分数（以烘干基计）（%）	≥30	按照附录 C 的规定执行
总养分（$N+P_2O_5+K_2O$）的质量分数（以烘干基计）（%）	≥4.0	按照附录 D 的规定执行
水分（鲜样）的质量分数（%）	≤30	按照 GB/T 8576 的规定执行
酸碱度（pH）	5.5~8.5	按照附录 E 的规定执行
种子发芽指数（GI）（%）	≥70	按照附录 F 的规定执行
机械杂质的质量分数（%）	≤0.5	按照附录 G 的规定执行

4. 限量指标　有机肥料限量指标应符合表 4-11 的要求。

表 4-11　有机肥料限量指标要求及检测方法

项　目	指　标	检测方法
总砷（As）（毫克/千克）	≤15	
总汞（Hg）（毫克/千克）	≤2	
总铅（Pb）（毫克/千克）	≤50	按照 NY/T 1978 的规定执行。以烘干基计算
总镉（Cd）（毫克/千克）	≤3	
总铬（Cr）（毫克/千克）	≤150	
粪大肠菌群数（个/克）	≤100	按照 GB/T 19524.1 的规定执行
蛔虫卵死亡率（%）	≥95	按照 GB/T 19524.2 的规定执行
氯离子的质量分数（%）	—	按照 GB/T 15063—2020 附录 B 的规定执行
杂草种子活性（株/千克）		按照附录 H 的规定执行

《生物有机肥》(NY 884—2012) 对生物有机肥产品技术指标要求见表 4-12。

表 4 - 12　生物有机肥产品技术指标要求

项　　目	技术指标
有效活菌数（cfu）（亿/克）	≥0.20
有机质（以干基计）（%）	≥40.0
水分（%）	≤30.0
pH	5.5～8.5
粪大肠菌群数（个/克）	≤100
蛔虫卵死亡率（%）	≥95
有效期（月）	≥6

《有机无机复混肥料》（GB/T 18877—2020）对有机无机复混肥料技术指标要求见表 4 - 13。

表 4 - 13　有机无机复混肥料的技术指标要求

项　　目		指标		
		Ⅰ 型	Ⅱ 型	Ⅲ 型
有机质含量（%）	≥	20	15	10
总养分（$N+P_2O_5+K_2O$）含量[a]（%）	≥	15.0	25.0	35.0
水分（H_2O）[b]（%）	≤	12.0	12.0	10.0
酸碱度（pH）		5.5～8.5		5.0～8.5
粒度（1.00～4.75 毫米或 3.35～5.60 毫米）[c]（%）	≥	70		
蛔虫卵死亡率（%）	≥	95		
粪大肠菌群数（个/克）	≤	100		
氯离子含量[d]（%）　未标"含氯"的产品	≤	3.0		
标明"含氯（低氯）"的产品	≤	15.0		
标明"含氯（中氯）"的产品	≤	30.0		
砷及其化合物含量（以 As 计）（毫克/千克）	≤	50		
镉及其化合物含量（以 Cd 计）（毫克/千克）	≤	10		
铅及其化合物含量（以 Pb 计）（毫克/千克）	≤	150		
铬及其化合物含量（以 Cr 计）（毫克/千克）	≤	500		
汞及其化合物含量（以 Hg 计）（毫克/千克）	≤	5		
钠离子含量（%）	≤	3.0		
缩二脲含量（%）	≤	0.8		

注：[a] 标明的单一养分含量不应低于 3.0%，且单一养分测定值与标明值负偏差的绝对值不应大于 1.5%；[b] 水分以出厂检验数据为准；[c] 指出厂检验数据，当用户对粒度有特殊要求时，可由供需双方协议确定；[d] 氯离子的质量分数大于 30.0% 的产品，应在包装袋上标明"含氯（高氯）"，标识"含氯（高氯）"的产品氯离子的质量分数不做检验和判定。

第五节　粪肥腐熟度

腐熟度指有机物料经过矿化、腐殖化过程后达到稳定化的程度，是衡量有机肥料产品质量好坏的一个重要指标。堆肥过腐时，大量养分由于得不到充分利用而白白消耗；未完全腐熟的堆肥 C/N 过高（25∶1 或更高），所含的有机质没有达到足够稳定，施入土壤之后对农作物生长产生一些不利影响，如阻碍农作物对氮的吸收造成植物缺氮；而 C/N 过低，施入土壤后会造成大量氨气的产生，对植物生长有毒害作用。未腐熟的有机肥在施入土壤后一段时间，由于有机肥中的有机质尚未完全分解，从而引起由微生物在土壤中继续剧烈活动而导致氧的缺乏，容易在植物根区形成厌氧条件，增加土壤中某些重金属离子的溶解，影响植物的正常生长。同时，未经处理的有机废物、未腐熟的有机肥在这种环境条件下会产生量的中间代谢物——有机酸（如丁酸、戊酸、酚、己酸、庚酸），尤其是乙酸和酚类化合物会抑制植物种子发芽、根系生长，减少作物的产量。在还原条件下可产生硫化氢和一氧化二氮等有害成分，这些物质会严重毒害植物根系，影响作物的正常生长。未腐熟有机肥会产生臭味，给有机肥利用带来诸多不便。

腐熟度的指标可划分为 3 类：物理学指标、化学指标（包括腐殖质）和生物学指标。

一、物理学指标

物理指标是指堆肥过程中的一些变化比较直观的性质，如温度、气味和颜色等。具体有：

1. 温度　堆肥开始后堆体温度是逐渐升高再降低的变化过程，而堆体腐熟后堆体温度与环境温度一致，一般变化不明显，因此温度是堆肥过程中最重要的常规检测指标之一。在适合条件下，如果堆肥温度比环境温度高 8 ℃，说明堆肥产品还远远没有达到稳定。国际上测定温度代表有机肥腐熟程度的经典方法是杜瓦瓶自热测试法。

2. 气味　堆肥原料具有难闻的气味，并在堆肥好氧发酵过程中产生硫化氢、一氧化二氮等难闻的气体，而良好的堆肥过程后这些气味逐渐减弱并在堆肥结束后消失，所以气味也可以作为堆肥腐熟的指标。嗅觉检验是评价有机肥腐熟程度的一个手段，经过闻可以判定有机肥腐熟程度，发酵腐熟的有机肥应该没有难闻气味，有发酵后形成的醇香气味，如果闻到较强臭味、氨味，说明发酵不充分。

3. 颜色　堆肥过程中堆料逐渐发黑，腐熟后的堆肥产品呈黑褐色或黑色，有些堆肥产品还能看到白色的菌丝体。

二、化学指标

由于物理学指标难以定量化表征堆肥过程中堆料成分的变化，所以通过分析堆肥过程中堆料的化学成分或化学性质的变化来评价堆肥腐熟度的方法更常用一些。这些化学指标有：pH、EC、有机碳、水溶性碳氮、全氮、铵态氮与硝态氮、C/N、水溶性腐殖酸等。C/N 可作为腐熟度评价指标，随堆腐进程，堆体碳含量降低，C/N 下降。理论上腐熟好的肥料 C/N 接近微生物菌体 C/N（16 左右），C/N 小于 20 时可认为基本腐熟，但不同原料起始 C/N 不同，终点 C/N 与初始 C/N 的比值小于 0.6 时，堆肥达到腐熟。有研究者采用红外光谱法和核磁共振波谱法表征原料堆腐过程中物质结构、官能团组成的变化。由于不同有机物料，这些指标都差别很大，不同工厂、不同发酵工艺这些指标变化很大，有机肥加工厂应该根据自己的原料与工艺总结出自己工厂的腐熟度判断指标。

三、生物指标

堆肥过程是微生物分解有机物料过程，可以用反映微生物活性变化的参数如发芽指数、呼吸速率、酶活变化、微生物变化等评价。种子发芽率是利用未腐熟的堆肥产品对植物生长有抑制作用评价有机肥的腐熟程度，因此可以用堆肥和土壤的混合物中植物的生长状况来评价堆肥的腐熟度。

计算方法为：发芽指数＝(肥料浸提液处理的作物种子发芽率×浸提液处理的作物种子根长)/(对照组的种子发芽率×对照组的种子根长)×100%，腐熟度高的肥料产品施入土壤，作物发芽指数高。呼吸作用评价原理是微生物处于休眠状态，堆体生化降解速率及二氧化碳产生和氧气消耗较慢，堆肥中仍有大量易降解性物质，腐熟度不高。

第六节　粪肥中有害物质控制

一、重金属

重金属进入加工有机肥的原料中或土壤中，很难分离出来，所有重金属控制主要是采取源头控制。一是饲料添加剂严格控制重金属的加入，可用一些微生物制剂替代重金属饲料添加剂，如果要加，要严格遵守饲料添加剂的要求，控制重金属添加剂的用量，减少畜禽粪便中重金属的含量。二是严禁使用重金属含量超标的原料加工有机肥。畜禽粪便可能因为饲料添加剂的原因，含有一定量重金属，垃圾、污泥等城市废弃物中有机质和氮、磷、钾等养分的含量也相当高，但这些有机废弃物含有重金属等有害成分，如果有害成分超标的废弃物加工成有机肥，会对土壤环境造成污染，危害人、畜的身体健康。因此，用这些有机肥原料加工有机肥时应加强对原料和产品中有害物质的监控。随着肥料法规的健全，国家也将加强对肥料产品中重金属的检查。

二、病菌、虫卵和杂草种子

畜禽粪便、作物秸秆等有机废弃物中不可避免地含有病菌、虫卵和杂草种子，如不经处理或简单处理便施用于土壤，会给人类健康带来较大风险。严格按照畜禽粪便肥料化利用技术规程要求进行堆肥，可消灭病菌、虫卵和杂草种子。常见病菌和虫卵的致死温度与时间如表4-14所示，有机肥加工过程达到这个条件，堆肥能够消灭畜禽粪便中的病原微生物、寄生虫。

表4-14　病菌和虫卵的致死温度

名称	致死温度（℃）	致死时间（分钟）
二化螟卵	55	3
粟夜盗虫卵	60	5
金龟子卵	50	5
麦蛾卵	60	5
谷象	50	5

（续）

名称	致死温度（℃）	致死时间（分钟）
小豆青虫	60	5
蛔虫卵	75	1
亚麻立枯病菌	60	4
小麦黑穗病菌	54	10
稻热病菌	52	10
化脓菌	54	10
麦锈病菌	54	10

三、抗生素

1. 从源头控制抗生素抗性基因污染 抗生素的使用或添加剂的选择都会对后续抗生素抗性基因的环境暴露及其生态影响发挥重要作用，指导兽药的合理使用是农业主管部门的主要职责。例如，金属（如铜、锌和砷）通常在动物饲料中用作添加剂。由于抗生素耐药性也可由金属选择产生，显然用金属来替代抗生素会使抗生素耐药性加剧。此外，金属（特别是铜）可以在农业土壤中蓄积，因此相较于更易分解或螯合的抗生素残留物，在施用粪肥的土壤中金属是更强的抗生素耐药性长期选择剂。目前，急需建立跨环保、农业、卫生和质检等部门的联合工作机制，通过加强宣传等方式指导养殖户科学合理地使用抗生素及其替代品，定期抽查养殖场所用的饲料与抗生素药物，严格控制养殖场使用抗生素的种类和用量，从源头控制抗生素抗性基因的来源。

2. 有机肥加工过程的控制 研究表明，抑制动物粪便的环境溢出是控制抗生素或抗性基因污染的可行措施，它还有利于养分管理及土壤与水质保护。抑制措施包括预防氧化塘溢出和渗漏、控制地表径流及限制动物养殖场的泥沙侵蚀和搬运作用。地表径流可以通过改进粪便收集和增加存储容量来限制，仅在作物对水和养分需求很高时，允许对土壤施用粪肥。就控制而言，长期储粪是有益处的，并可能降低抗生素残留和耐药细菌的传播。采用粪便分离技术通过筛选、过滤或沉淀等过程，可将粪便泥浆中的固体物浓缩，还可减缓抗生素残留和抗性基因的释放。粪便分离的益处包括减少养分含量、增加储能、改善生物处理方法及减少异味。堆肥过程应严格遵守《畜禽粪便堆肥技术规范》（NY/T 3442—2019），可以降解大多数的抗生素，减少因为堆肥带到田间的重金属含量。

3. 制定控制标准，从使用末端消除污染 动物粪便是抗生素或抗性基因进入环境的主要媒介，因此控制粪便中抗生素或抗性基因的含量，阻断粪便中的污染物直接进入水体环境是减控养殖场抗生素或抗性基因环境污染的有效途径。我国《畜禽规模养殖污染防治条例》和《畜禽养殖业污染物排放标准》是环境保护部（现生态环保部）发布的关于养殖业污染控制的法规与标准，该条例第二十条规定：向环境排放经过处理的畜禽养殖废弃物，应当符合国家和地方规定的污染物排放标准和总量控制指标，畜禽养殖废弃物未经处理，不得直接向环境排放。然而，现行《畜禽养殖业污染物排放标准》（GB 18596—2001）规定的污染物控制项目没有针对抗生素或抗性基因的特征性指标。《畜禽养殖业污染物排放标准》（GB 18596—2001）修订时考虑过添加抗生素指标，但是由于目前缺乏抗生素的基准值，也缺乏其他国家的参考值，因此无法直接制定抗生素的环境质量标准及排放标准。然而，抗生素的环境污染是我国比较特殊且严重的污染问题，其他国家在抗生素生产、使用量都不大的情况下未制定抗生素的基准，并不代表我国不需要研究制定抗生素的基准与标准。应尽快组织制定抗生素类污染物基准制定指南，确定各类抗生素的基准值。《畜禽规模养殖污染防治条例》鼓励固体粪便再生利用为有机肥，目前关于动物粪便的无害化处理一般遵照《粪便无害化卫生要求》(GB 7959—2012) 中的高温堆肥和沼气发酵卫生标准。该标准中同样未涉及抗生素或抗性基因指标。建议环保部门应在有机肥生产技术规范中提出环保要求，在肥源营养元素保证的前提下对消除抗生素抗性基因的关键处理环节进行技术规定。另外，保持动物的健康，发展专业成熟的有机养殖业是减少抗生素使用的最重要措施。

 参考文献

贾小红，金强，陈清，等，2020. 农业废弃物肥料化处理与有机肥定量施用技术 [M]. 北京：科学技术文献出版社.

李景，李国鹏，汪滨，2023. 国内外有机肥料相关标准比对研究 [J]. 中国土壤与肥料 (4)：230 - 237.

刘刚，2019. 我国肥料标准的现状与展望 [J]. 磷肥与复肥，34 (6)：2.

沈玉君，李冉，孟海波，等，2019. 国内外堆肥标准分析及其对中国的借鉴启示 [J]. 农业工程学报，35 (12)：265 - 271.

唐杉，刘自飞，王林洋，等，2021. 有机肥料施用风险分析及相关标准综述 [J]. 中国土壤与肥料 (6)：353 - 367.

谢文凤，吴彤，石岳骄，等，2020. 国内外有机肥标准对比及风险评价 [J]. 中国生态农业学报（中英文），28 (12)：1958 - 1968.

杨丽，李慧媛，柴小粉，2017. 有机肥质量标准与关键生产技术研究综述 [J]. 中国农业信息 (22)：81 - 86.

郑时选，邱凌，刘庆玉，等，2014. 沼肥肥效与安全有效利用 [J]. 中国沼气，32 (1)：95 - 100.

第五章

粪肥科学施用

第一节　粪肥科学施用原则

粪肥施用应考虑土壤性质、作物需求、粪肥特性及与化肥配合等因素，充分发挥增产提质、减肥增效、培肥地力等综合作用，最大程度利用粪肥中的有机质、矿质养分等，产生最好的经济、社会和生态效益。

一、科学施肥的基本原理

1. 矿质营养学说　1840 年，德国化学家李比希在伦敦英国有机化学年会上发表了题为《化学在农业和生理学上的应用》的著名论文，提出了矿质营养学说。他认为，植物生长发育不是以腐殖质为营养物质，而是以矿物质为营养；进入植物体内的矿物质不是偶然的，而是为植物生长和形成产量所必需的；植物种类不同，对营养的需要量也不同，需要量的多少可通过测定营养正常的植物的组成来确定。矿质营养学说揭示了植物营养的本质，标志着植物营养学科的建立，同时推动了化肥工业的发展。

2. 养分归还学说　19 世纪中叶，在矿质营养学说的基础上，李比希等人进一步提出，植物在生长过程中以不同的方式从土壤中吸收矿质养分，随着作物的每次收获，必然要从土壤中带走一定量的养分，使土壤养分减少。土壤不是取之不尽用之不竭的"养分库"，随着收获次数的增加，土壤中的养分含量会越来越少，使得土壤变得贫瘠，为了维持土壤肥力，就必须将作物带走的养分通过施肥的方式归还于土壤。

3. 同等重要、不可替代律　对农作物来讲，大量元素、中量元素和微量元素是同等重要、缺一不可的。缺少某一种微量元素（尽管它的需要量很少），仍会出现微量元素缺乏症而导致减产。作物需要的各种营养元素在作物体内都有一定的功能，相互之间不能代替。缺少什么营养元素，就必须施用含有该营养元素的肥料，施用其他肥料不仅不能解决缺素的问题，有些时候还会加重缺素症状。

4. 最小养分律　1843 年，李比希在其所著的《化学在农业和生理上的应用（第三版）》一书中提出了"最小养分律"，作物为了生长发育需要吸收各种养分，但是决定作物产量的却是土壤中相对含量最低的养分因素，产量也在一定限度内随着这个因素的增减而相应地变化。通常用装水木桶进行图解（图 5-1），木桶由代表不同养分含量和因子的木板组成，储水量的多少（即水平面的高低）表示作物的产量水平，可以看出，作物产量取决于表示最小养分的最短木板的高度。如果不针对性地补充最小养分，其他养分增加得再多，也难以提高产量。

最小养分不是不变的，它随作物产量和化肥的施用而变化。例如，在 20 世纪 60—70 年代化肥施用之初，仅施用氮肥就能大幅度增产。随着氮肥的大量施用，80 年代磷成为限制因素，不补充磷肥产量难以继续提升。到了 90 年代，钾成为最小养分，要取得高产必须氮、磷、钾配合施用。土壤是一个复杂的有机无机混合体，是生态系统的重要组成部分，只有正确施用各类有机肥料和化肥，才能维持养分平衡，获得丰收。

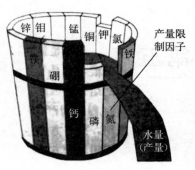

图 5-1

5. 报酬递减律 欧洲经济学家杜尔哥和安德森提出的一条经济规律在农业生产上的应用，是指从一定土地上获得的报酬，随着向该土地投入的劳动和资本量的增大而增加，但随着投入的单位劳动和资本量的增加，报酬的增加却在递减。在科学施肥方面，指随着施肥量的增加，所获得的增产量呈递减趋势。

6. 土壤肥力与因子综合作用律 土壤肥力是土壤的基本属性，是土壤从养分条件和环境条件方面供应和协调作物生长的能力。土壤肥力是土壤的物理、化学、生物学性质的反映，由众多的因子构成，主要有直接因子，包括土壤中含有作物需要的营养元素，如氮、磷、钾等大量元素，钙、镁、硫等中量元素，锌、钼、硼、锰、铁等微量元素，也称狭义的肥力。间接因子包括土壤的母质、物理结构、酸碱度（pH）、通透性、有机质含量、耕层厚度、水分含量等，并不是矿质营养，但对作物吸收养分却有很大的影响，称为土壤肥力的间接因子。外来因子包括作物品种、耕作、施肥、气候等，也左右着土壤肥力。众多因子综合作用形成了土壤肥力，一般用作物在土壤中不施用任何肥料所得的产量（即空白田产量）来衡量，称为土壤肥力的综合指标。田间试验结果表明，作物产量的构成有 40%～80% 的养分吸收自土壤，要提高作物产量，首先要提高土壤肥力，只有在高肥力的条件下，才能实现高产稳产。

影响作物产量的众多的因子相互交织，因子之间既相互促进又相互制约，而且不断变化。例如，磷不足影响氮的肥效，增施钾肥可以促进氮的吸收，磷肥施用过量容易发生缺锌症等。作物丰产是诸多影响作物生长发育的因子综合作用的结果。为了充分发挥肥料的增产作用和提高肥料的经济效益，一方面要注重各种养分之间的配合施用，另一方面也要将施肥措施与其他农业技术措施密切配合。发挥因子的综合作用是科学施肥的一个重要依据。

二、粪肥的性质

1. 养分全面 粪肥是一种完全肥料，营养全面，含有各种矿质元素，如 N、P、K、S、Ca 和各种微量元素，能供给农作物所需的各种营养元素，还能为土壤微生物的活动提供必要的营养物质和能源。此外，还含有丰富的有机物质，如糖、氨基酸、蛋白质、纤维素等，对改良土壤、增加土壤有机质、改善土壤理化性状等方面均有良好的作用。但有机肥料养分含量较低，用量较大。

2. 释放缓慢 粪肥中的营养元素多数与有机碳相结合，呈复杂的有机形态，一般需经矿化分解转化后才能被作物吸收利用。与化肥相比，粪肥养分释放缓慢、肥效期长。例如，堆肥的总氮中仅有约 15% 的氮素能在首个种植季节被作物吸收利用。

3. 成分复杂 由于畜禽养殖过程中重金属元素的添加和抗生素、消毒剂等的使用，以及粪污收集过程中杂质的混入，粪肥中常常含有塑料、玻璃、金属、陶瓷、橡胶等杂质和重金属、氯、钠、环境激素、抗生素、病原菌等有害物质。据调查，规模猪场粪便中 Cu、Zn 浓度分别为 35.7～1 726.3 毫克/千克和 113.6～1 505.6 毫克/千克，As 为 4～78 微克/千克，Pb 和 Cd 分别为 4.22～82.91 毫克/千克和 23.21～64.67 毫克/千克；猪粪经厌氧消化后，其中的重金属浓度会出现相对浓缩效应，最终富集到沼渣中。规模化畜禽养殖场粪便（包括污水）中的兽药抗生素是环境中抗生素的重要来源。

4. 碳氮比不同　不同种类有机肥料的碳氮比不同，其腐熟分解速率、养分释放和固定也有较大差异。在粪肥堆沤过程中，C/N 对氨挥发和有机物分解速率有重要影响。当 C/N 较高时，肥料中的微生物可能与作物争氮，影响作物生长；当 C/N 较低时，会造成氮素严重损失。对鸡粪和锯末高温堆肥研究表明，堆肥合适的 C/N 范围为 25～35。常见猪、牛、马、羊等粪便的 C/N 一般为 14～20，C/N 较低，水稻秆、玉米秆等的 C/N 可以达到 60～100，因此在利用畜禽粪便作为原料进行堆肥时，可适当添加作物秸秆调节 C/N。

三、合理施肥的依据

1. 作物营养特点　施肥是为了给作物提供养分，不同作物、同一作物不同品种、同一品种的不同生育阶段对养分的需求均有所不同，施肥时要充分考虑作物种类、品种、生育时期对养分种类、数量及比例的不同需求。

2. 土壤状况　作物主要利用根系从土壤中吸收养分，土壤养分含量是合理施肥的重要依据。另外，肥料也需要通过施入土壤中，再被作物吸收，因此施肥还要考虑到土壤质地、pH 等因素，以及土壤保水保肥等能力。例如，沙质土需要多施用有机肥，以增加土壤有机质含量、改善理化性状、提高保肥保水性能。

3. 气候条件　降雨和温度都会影响肥效，高温多雨季节，有机质分解快，可以施用腐熟程度较低的有机肥；温度低、少雨季节，应施用腐熟好的有机肥和速效性肥料。光照不足时，应补施钾肥，可防止倒伏现象。

4. 肥料性质　有机肥种类很多，特性差异很大，有的肥料养分释放慢，只能作基肥。有的肥料肥效快，可以作追肥，对于含有容易挥发养分的肥料要深施盖土，以防养分损失、肥效降低。

四、粪肥科学施用原则

1. 因地制宜，按需施用　有机肥施用应根据不同作物、作物生长发育规律和需肥特点，结合不同区域土壤养分状况及粪肥肥效反应，综合考虑区域气候和农业生产条件，分类提出施用建议，因地制宜合理施用粪肥。

2. 部分替代，配合施用　坚持有机无机相结合原则，以有机为基础，粪肥与化肥或其他有机肥配合施用，部分替代化肥，在满足作物养分需求的同时减少化肥用量。注重养分均衡，协调大量、中量和微量元素比例。

3. 轻简高效，机械施用　粪肥养分低、用量大，施用费工费力，在当前劳动力短缺、成本不断增加的情况下，越来越依赖于机械化施用。应开展粪肥机械化施用技术筛选集成，补齐机械化施用短板，推进粪肥还田轻简化，进一步降低还田成本，提高工作效率。

4. 严格管控，安全施用　严格控制粪肥质量，粪肥中重金属含量、盐分及卫生学指标应符合有关要求。严格控制沼液等液体粪肥的施用总量和单次施用量。当沼液等液体粪肥作追肥时，应适当稀释，避免烧苗。及时开展效果监测，评估粪肥施用可能带来的环境风险。

第二节　固体粪肥施用技术

固体粪肥主要是指以畜禽粪便为主要原料，经堆积、沤制、发酵腐熟制成的有机肥料，包括堆肥、厩肥、沼渣和商品有机肥等。固体粪肥的成分复杂，主要含有纤维素、半纤维素、木质素、蛋白质、脂肪类、有机酸、酶和各种无机盐类，其养分含量与粪肥原料及处理过程密切相关，不同肥源制成的固体粪肥间的性质和养分含量存在一定的差异。

一、原料的性质及养分含量

1. 猪粪　猪粪质地较细，含有较多的有机质和氮、磷、钾等养分，主要成分是纤维素、半纤维素、少量木质素、蛋白质及其分解物、脂肪类物质、有机酸和各种无机盐，以及较多的氨化微生物。经过堆腐后，形成腐殖质的量较其他畜粪高，形成的总腐殖质量占碳的25.98%，比羊粪的高1.19%，比牛粪的高2.18%，比马粪的高2.38%，具有良好的改土培肥作用。猪粪中氮、磷、钾的有效性都很高，除满足作物营养元素外，还能积累较多的腐殖质，提高土壤保蓄能力。根据全国有机肥料品质分级标准，猪粪评为二级。

猪粪的品质与饲养条件有关，鲜猪粪的养分平均含量为：全氮0.55%、全磷0.24%、全钾0.29%、含水量68.7%、粗有机物18.3%、C/N 21.0、粗灰分9.8%。各微量营养元素平均含量：铜9.8毫克/千克、锌34.4毫克/千克、铁1 758毫克/千克、锰116毫克/千克、硼2.9毫克/千克、钼0.24毫克/千克。钙、镁、氯、钠、硫、硅的平均含量分别为0.49%、0.22%、0.07%、0.08%、0.10%和5.02%。

2. 牛粪　牛粪的成分与猪粪相似，主要是纤维素、半纤维素、蛋白质及其分解产物和各种无机盐。牛是反刍动物，饲料经过反复咀嚼，因而粪质较细，加以牛饮水较多，粪中含水量高。粪中有机质部分较难分解，腐熟较慢，发酵温度较低，一般称为冷性肥料。未经腐熟的牛粪肥效低，经过堆沤腐熟，可以提高肥效。施用牛粪能使土壤疏松，易于耕作，改良黏土有良好效果。按全国有机肥品质分级标准划分，牛粪属三级，养分含量中等。

鲜牛粪平均全氮含量为0.38%、全磷0.10%、全钾0.23%、含水量75.0%、粗有机物14.9%、粗灰分7.1%、C/N 23.2、pH7.9～8.0。各微量营养元素的平均含量：铜5.7毫克/千克、锌22.6毫克/千克、铁943毫克/千克、锰139毫克/千克、硼3.2毫克/千克、钼0.3毫克/千克。钙、镁、氯、钠、硫、硅的平均含量分别为0.43%、0.11%、0.07%、0.04%、0.07%和3.70%。牛粪中的养分含量与牛的品种及饲养条件有关，不同品种牛的粪养分差异较大，根据各地采样分析，一般认为奶牛粪的养分含量最高，黄牛粪次之，水牛粪最低。

3. 羊粪　羊是反刍动物，对饲料咀嚼比较细，饮水少，排出的粪便质地细密而干燥，羊粪发热介于马粪与牛粪之间，亦属热性肥料，也被称为温性肥料，在沙质土和黏质土上施用，效果较好。羊粪中氮、铜、锰、硼、钼、钙、镁等营养元素的含量都较高，是畜禽粪类中养分含量较高的品种之一。氮的形态主要为尿素态，容易分解，易被作物吸收。按全国有机肥料品质分级标准划分，羊粪属于二级。

鲜羊粪的养分平均含量：全氮1.01%、全磷0.22%、全钾0.53%、含水量50.7%、粗有机物 32.3%、C/N16.6、灰分 12.7%、pH8.0～8.2。各微量营养元素的平均含量：铜 14.2 毫克/千克、锌 51.7 毫克/千克、铁 2 581 毫克/千克、锰 268 毫克/千克、硼 103 毫克/千克、钼 0.60 毫克/千克。钙、镁、氯、钠、硫、硅等营养元素含量分别为 1.30%、0.25%、0.09%、0.06%、0.15%、4.9%。一般来说，绵羊粪的养分含量相较于山羊和湖羊高。

4. 鸡粪 鸡主要以谷物为饲料，饮水少，鸡粪养分含量较高，随着配合饲料的推广，有许多微量元素留于粪中。以鲜样计，平均全氮含量 1.03%。全磷含量丰富，仅次于鸽粪，为 0.41%，是牛粪的 4.1 倍。全钾 0.72%，是牛粪含量的 3.1 倍。含水量 52.3%、粗有机物 23.8%、C/N14.03、pH7.7～7.9。微量营养元素含量：铜 14.4 毫克/千克、锌 65.9 毫克/千克、铁 3 540 毫克/千克、锰 164 毫克/千克、硼 5.4 毫克/千克、钼 0.50 毫克/千克；钙、镁、氯、钠、硫含量分别为 1.35%、0.26%、0.13%、0.17%、0.16%。鸡粪的养分含量高、质量好，而且鸡粪中还含有各种氨基酸、糖、核酸、维生素、脂肪、有机酸和植物生长激素等，是优质有机肥源。按全国有机肥品质分级标准划分，鸡粪属二级。

不同品种的鸡，因饲养条件不同，粪的品质差异较大，如喂配合饲料的肉鸡，粪中的养分含量（干基计）：全氮 3.64%、全磷 2.14%、全钾 2.41%、粗有机物 69.1%，比农村喂养的一般土鸡分别高 1.20%、1.22%、0.86% 和 9.1%。

5. 其他粪 我国畜牧业规模大，为农业生产提供了大量的有机肥源，除前面所述的几种主要畜禽粪便外，还有马粪、驴粪、兔粪、鸭粪、鹅粪等优质的粪肥来源。例如，马粪中有机物含量高，质地粗松，含有较多的纤维分解菌，是热性肥料。施用马粪肥可以改善黏土的性质。兔粪的各方面特性与羊粪相似，易于腐熟，施入土中后分解较快，肥效易于发挥。各种不同来源的畜禽粪肥因为饲养方式、品种和制作过程的不同，其性质和养分含量存在较大差异。

二、养分的矿质化和腐殖化过程

1. 固体粪肥矿质化过程 固体粪肥矿质化过程为施入土壤的有机肥料在微生物分泌的酶等作用下将有机物分解为最简单的化合物，最终变成二氧化碳、水和矿质养分，同时释放出能量。这种过程为植物和微生物提供养分和活动能量，有一部分最后产物或中间产物直接或间接地影响土壤性质，并提供合成腐殖质的物质来源。土壤有机质的矿化过程是在好气条件下进行，其速度快，分解彻底，放出大量的热能，不产生有毒物质；在嫌气条件下，这种矿化过程进行速度慢，分解不彻底，释放能量少，其分解产物除二氧化碳、水和矿质养分外，还会产生还原性的有毒物质，如甲烷、硫化氢等。

2. 固体粪肥腐殖化过程 固体粪肥腐殖化过程包括在土壤微生物所分泌的酶作用下，将有机质分解所形成的简单化合物和微生物生命活动产物合成为腐殖质。土壤腐殖质的形成一般分为两个阶段：第一阶段，微生物将有机残体分解并转化为较简单的有机化合物，一部分在转化为矿化作用最终产物时，微生物本身的生命活动又产生再合成产物和代谢产物。第二阶段，再合成组分，主要是芳香族物质和含氮的蛋白质类物质，缩合成腐殖质分子。腐殖质是黑褐色凝胶状物质，相对分子质量大，具有多种有机酸根离子，是不均质的无定型的缩聚产物。在一定条件下，可与矿物质胶体结合为有机无机复合胶体。腐殖质在一定的条件下也会矿质化、分解，但其分解比较缓慢，是土壤有机质中最稳定的成分。

三、养分释放的影响因素

1. 温度和含水量　温度是影响固体粪肥中有机物分解的主要因素之一。一般情况下，有机物在土温 20～30 ℃时分解较快，小于 10 ℃时分解较弱，低于 5 ℃则基本不分解。土壤水分对固体粪肥中有机物的分解也有明显的影响，水田和旱地条件下有机物分解速度及腐殖质组成特征存在显著差异。在旱地条件下，有机肥料矿化快，有机质积累量比水田少。林明海等指出，牛粪在水田条件下，腐殖化系数平均为 0.31，旱地平均为 0.20，有机质年累积量旱地比水田少 55%。旱地土壤水分在 17%～22%时矿化强度较大。有机肥料的分解随热量、降雨的增加而加快。

2. 粪肥种类及时间　不同种类固体粪肥的矿化速率有明显差异，畜禽粪中的矿化率为鸡粪＞马粪＞猪粪＞牛粪，鸡粪的矿化率较其他粪肥依次高出 54.6%、82.7%和 85.8%，差异均达极显著水平。赵明等（2004）研究表明，在 120 天的农业生产季节中，鸡粪、牛粪和猪粪的有机碳矿化率分别为 87.5%、71.9%和 55.4%；碱解氮释放量分别为 39.9%、20.6%和 35.3%；有效磷释放量分别为 24.6%、61.3%和 34.8%；速效钾释放量分别为 78.8%、36.8%和 41.5%。因此，施用固体粪肥不但要考虑施用量，更要考虑粪肥种类。牛粪等固体粪肥中有机物料的矿化率与矿化时间呈正相关，前 3 个月矿化最快，占年矿化率的 40.9%～86.7%。

3. 碳氮比（C/N）　碳氮比是固体粪肥中有机物料化学组成的重要指标之一，在相同的分解条件下，碳氮比不同，有机物分解速率及比例有较大的差异。有研究指出，有机肥料的碳氮比与其氮素矿化率呈线性相关，碳氮比低于 17～21 时，有机肥料开始释放无机氮，此值可作为有机肥料中氮素固定和矿质化的临界值。碳氮比为 14 时可作为评价有机肥料是否供应植物氮素的临界值。

碳氮比是猪粪堆腐过程最重要的影响因素之一。碳氮比太高会使堆肥体积增大、成本增加，施入土壤中会呈现氮饥饿状态，影响土壤肥力；碳氮比太低，会造成氮的大量损失，而且过高的盐分含量还可能导致低碳氮比条件下堆肥产品对植物造成毒害。

4. 碳磷比（C/P）　碳磷比通常被认为是影响固体粪肥中磷素转化的重要指标。碳磷比大，粪肥中的有机磷易发生固持；碳磷比小，粪肥中的有机磷易发生矿化。固体粪肥因其种类、成分、所处环境的差异，很难确定粪肥与化学磷肥的有效性高低。从长期角度来看，粪肥中磷的有效性和化学磷肥是没有区别的。有研究认为，磷素的有效性与物料种类有关，碳磷比小的粪肥，其磷的利用率与化学磷肥相当或略高于化学磷肥，且当季的供磷能力较好，而碳磷比高的粪肥磷利用率低于化学磷肥。

还有研究发现：有机肥料的有机碳与有机磷的含量比（C/Po）与有效磷的释放呈显著线性相关，与植物吸磷呈对数曲线相关，而有机碳与全磷含量比（C/Pt）则没有这种相关关系。当 C/Po 为 220～230 时，有机肥料开始净释放有效磷；而 C/Po 小于 150 时，植物才大量吸收有机肥料中的磷。

四、施用方式

1. 作为育苗肥　充分腐熟的固体粪肥，养分全面且释放均匀，是育苗的理想肥料。一般以 10％发酵充分的固体粪肥加入一定量的草炭、蛭石或珍珠岩，用土混合均匀作育苗基质使用。育苗营养土多以大田土壤为基础，加入一定量的马粪、大粪干及其他有机肥料，其配合比例都是按体积计算。营养土配方主要是根据当地配制营养土的原料资源而定。大约有三种类型：

（1）以大田土为主，加入粪肥　其配比量据肥料质量而定，大田土与肥料之比可自 8：2 至 6：4，配好的营养土容重约 1 克/厘米^3。

（2）在大田土中加入一部分草炭，再加入固体粪肥　配比量为大田土：草炭：固体粪肥＝6：3：1，配成的营养土较为疏松，容重 0.8 克/厘米^3 左右，吸水、吸热、保肥性能好，育出的苗明显比没加草炭的好，苗粗壮、干物质重、根多，定植后缓苗快。

（3）采用草炭加蛭石育苗，不用菜园土，以免带有的病菌危害幼苗，并扩散到其他菜田　草炭与蛭石的配比可为 5：5，加入一定量固体粪肥或无机肥。这种营养土更加疏松，容重约 0.25 克/厘米^3，吸水、吸热、保肥、通气等性能更好，育出的苗壮，苗根更多抱成根团，移苗定植时不易松散，更有利缓苗，新根生长快。

2. 作为基肥施用　固体粪肥养分释放慢、肥效长，适宜作基肥施用，在播种前翻地时施入土壤，或在播种时施在种子附近，作为种肥。

（1）耕翻前撒施　在翻地前，将固体粪肥均匀撒到地表，随翻地将肥料施入土壤表层。这种施肥方法与耕翻作业结合，简单省力，适宜于种植密度较大的作物和粪肥施用量较大的情况。

（2）集中施用　养分含量高的固体粪肥一般采取在定植穴内施用或挖沟施用的方法，将其集中施在根系伸展部位，可充分发挥肥效。集中施用并不是离定植穴越近越好，最好是根据固体粪肥的质量情况和作物根系生长情况，离定植穴至少 5 厘米，或者将固体粪肥条施于苗床下面 10～15 厘米。在施用固体粪肥的位置，通气性变好，根系伸展良好，能够有效地吸收养分。

3. 作为追肥施用　固体粪肥不仅是理想的基肥，腐熟好的速效型固体粪肥含有大量速效养分，也可作追肥施用。畜禽粪类等固体粪肥养分主要以速效养分为主，也适宜作追肥。追肥是作物生长期间的一种养分补充供给方式，一般适宜进行穴施或沟施。从肥效上看，集中施用对发挥磷素养分的肥效最为有效。如果把固体粪肥撒施，速效态磷成分易被土壤固定，降低其肥效。

4. 作为有机营养土　在温室、塑料大棚等保护性栽培中，常种植一些蔬菜、花卉和特种作物。这些作物经济效益相对较高，为了获得好的经济收入，需要充分满足作物生长所需的各种条件，常使用无土栽培。

传统的无土栽培是以各种无机化肥配制成一定浓度的营养液，浇在营养土或营养钵等无土栽培基质上，以供作物吸收利用。营养土和营养钵一般采用泥炭、蛭石、珍珠岩、细土为主要原料，再加入少量化肥配制而成。在基质中配上有机肥料，作为供应作物生长的营养物质，在作物的整个生长期中隔一定时期往基质中加一次固态粪肥，可以保持养分的持续供应。固态粪肥的使用代替定期浇营养液，可降低生产成本。营养土栽培的配方为：0.75 米^{3}草炭、0.13 米^3 蛭石、0.12 米^3 珍珠岩、3.00 千克石灰石、1.0 千克过磷酸钙（20％五氧化二磷）、1.5 千克复混肥（15：15：15）、10.0 米^3 腐熟的发酵固体粪肥。

五、施用原则

1. 因土施肥 根据土壤肥力和目标产量的高低确定施肥量。高肥力地块土壤供肥能力强，应适当减少底肥所占全生育期肥料用量的比例，增加后期追肥的比例；对于低肥力土壤，养分供应能力弱，应增加底肥的用量，后期合理追肥。尤其要增加低肥力地块底肥中固体粪肥的用量，固体粪肥不仅要提供当季作物生长所需的养分，还可培肥地力，改善土壤理化性状。根据不同质地土壤中有机肥料养分释放转化性能和土壤保肥性能不同，应采用不同的施肥方案。

（1）沙土壤肥力较低，有机质和各种养分的含量均较低，土壤保肥保水能力差，养分易流失，但沙土有良好的通透性能，有机质分解快，养分供应快。沙土应增施固体粪肥，提高土壤有机质含量，改善土壤的理化性状，增强保肥、保水性能。但对于养分含量高的优质固体粪肥，一次使用量不能太多，使用过量易烧苗，转化的速效养分易流失，养分含量高的优质固体粪肥可分底肥和追肥多次施用。

（2）黏土保肥、保水性能好、养分不易流失，但土壤供肥慢，土壤紧实，通透性差，有机成分在土壤中分解慢。黏土地施用的固体粪肥必须充分腐熟；黏土养分供应慢，固体粪肥应早施，接近作物根部。黏性土应施用有机质含量高而矿质元素含量少的固体粪肥，如羊粪、牛粪，或者是含有沙子、稻壳、秸秆的鸡粪、猪粪等堆沤的固体粪肥，能够改善黏性土壤的物理性状，提高其透水透气能力。

（3）旱地土壤水分供应不足，阻碍养分在土壤溶液中向根表面迁移，影响作物对养分的吸收利用，应大量增施固体粪肥，增加土壤团粒结构，改善土壤的通透性，增强土壤蓄水、保水能力。

2. 依据作物需肥规律施肥 不同作物种类、同一种类作物的不同品种对养分的需要量及其比例、养分的需要时期、对肥料的忍耐程度等均不同，因此在施肥时应充分考虑每一种作物需肥规律，制定合理的施肥方案。以蔬菜为例进行说明：

（1）需肥期长、需肥量大的蔬菜类型 初期生长缓慢，中后期生长迅速，从根或果实的肥大期至收获期，需要提供大量养分，能维持旺盛的长势。从养分需求来看，前期养分需要量少，应在作物生长后期多追肥，尤其是氮肥，但由于作物枝叶繁茂，后期不便施有机肥料。因此，固体粪肥最好作为基肥，施在离根较远的地方，或是作为基肥进行深施。

（2）需肥稳定且收获期长的蔬菜类型 生长稳定，对养分供应也要求稳定持久。前期要稳定生长形成良好根系，为后期的植株生长奠定好的基础。后期是开花结果时期，既要保证好的生长群体，又要保证养分向果实转移，形成品质优良的产品。因此，这类作物底肥和追肥都很重要，既要施足底肥保证前期的养分供应，又要注意追肥，保证后期养分供应。一般固体粪肥和磷、钾肥均作底肥施用，后期注意氮、钾追肥。

（3）早发型蔬菜 在初期就开始迅速生长，这类蔬菜若后半期氮素供应偏多，则容易造成品质恶化。粪肥施用一般以基肥为主，施肥位置也要浅一些，离根近一些为好。

3. 依据栽培措施施肥

（1）根据种植密度施肥 密度大可全层施肥，施肥量大；密度小，应集中施肥，施肥量减小。果树按棵集中施肥。行距较大，但株距小的蔬菜或经济作物，可开沟施肥；行、株距均较大的作物，可按棵施肥。

（2）注意水肥配合　肥料施入土后，养分的储存、移动、吸收和利用均离不开水，施肥应配合浇水，促进养分吸收。但要注意避免大水漫灌，防止养分的淋洗损失，提高肥料的利用率。

（3）根据栽培设施条件施肥　保护地为密闭的生长环境，应使用充分腐熟的固体肥料，以防有机肥料在大棚内二次发酵，造成氨气富集而烧苗。由于保护地内没有雨水的淋失，土壤溶液中的养分在地表富集容易产生盐害，因此固体粪肥、化肥一次使用量不要过多，施肥后应配合浇水。

4. 固体粪肥与化肥配施　固体粪肥也有一定的缺点，如养分含量低、肥效迟缓、当年肥料中氮的利用率低（15%～30%）等。在作物生长旺盛，需要养分最多的时期，仅施用固体粪肥往往不能及时供给养分，需要用追施化学肥料的办法来解决。因此，为了获得高产，提高肥效，就必须坚持固体粪肥和化学肥料配合施用，以便相互取长补短，缓急相济。

六、注意事项

1. 固体粪肥要完全腐熟　未完全发酵腐熟的固体粪肥存在大量有害虫卵、杂草种子等，对农田具有一定的危害性。在发酵腐熟的过程中，60～70 ℃的高温厌氧环境下，有害虫卵、杂草种子等大部分会死亡，实现无害化处理，同时加速粪肥有机物分解和养分释放，有利于植物吸收。

2. 固体粪肥施用量和时期要适宜　撒施时，一般施用量较多，但能吸收利用的只是根系周围的肥料，施在根系不能到达的部位的肥料则难以被吸收利用，还容易产生施肥过量等问题。

固体粪肥中含有的速效养分数量有限，其中大量的缓效养分释放还需要一定时间，所以固体粪肥作追肥时，同化肥相比追肥时期应提前几天。固体粪肥的养分释放需要一定的条件，应制定合理的基追肥分配比例。地温低时，土壤微生物活动低，固体粪肥养分释放慢，可以把施用量的大部分作为基肥施用；而地温高时，微生物发酵强，如果基肥用量太多，定植前，肥料被微生物过度分解，定植后立即发挥肥效，有时可能造成作物徒长。所以，在高温情况下，应减少基肥施用量，增加追肥施用量。

3. 固体粪肥施用后要深翻　在一般的耕翻作业条件下，大量的固体粪肥集中在地表10～15厘米的土壤当中，虽然与土壤进行了混合，但仍然比较集中。即使施用的是已经腐熟的固体粪肥，但在用量大、翻耕深度较浅的情况下，也会影响根系生长。所以施用固体粪肥以后应进行深翻，一般翻耕深度要超过30厘米。

4. 配合无机肥施用　固体粪肥中虽然含有多种养分，但是总量达不到作物的吸收利用量，而且养分比例也不符合作物吸收的比例，所以固体粪肥与化学肥料一定要配合施用。固体粪肥与微生物菌肥配合使用可以加快固体粪肥的分解，有利于养分吸收和土壤改良。固体粪肥中的有机物质可促进微生物菌的繁殖，巩固有益菌对根系产生的保护和促生效果。

第三节　沼液施用技术

一、概述

沼液是以畜禽粪便等农业有机废弃物为主要原料，通过沼气工程充分厌氧发酵产生，经无害化、稳定化处理后形成的液体。沼液富含有机成分和各种营养元素，能有效促进作物生长、提升土壤肥力，但沼液中也含有盐分、重金属等有毒有害物质。我国沼气工程每年产生的沼液约为 4 亿米^3，沼液还田率不足 30％，如果处理不当，环境污染风险高。科学施用沼液是加快粪肥还田、促进化肥减量、实现绿色种养循环的重要措施。

二、成分特征

沼液经充分厌氧发酵一般呈棕褐色或黑色，水分含量 96％～99％，总固体物含量小于4％，pH6.0～9.0。受原料、发酵条件、储存时间等因素影响，沼液养分变异较大，有机质含量一般为 0.19％～4.77％，氮、磷、钾（N、P$_2$O$_5$、K$_2$O）总养分为 0.7％～2％，养分比例约为 1∶0.3∶0.9，其中 70％以上的氮素为铵态氮。此外，沼液还含有钙、铜、铁、锌、锰等中、微量元素以及氨基酸、纤维素、生长素等物质，是一种较好的有机肥源。

1. pH 沼液 pH 受发酵程度及发酵原料影响。我国常见的沼液整体呈弱碱性，不同类型的沼液 pH 差异不大，均介于 6.00～9.00 之间，其中鸡粪沼液 pH 平均值为 7.71，猪粪沼液 pH 平均值为 7.62，奶牛粪沼液 pH 平均值为 7.84。由于沼液的弱碱性，在南方地区施用可以调节其酸性土壤的 pH，增强土壤养分活性，有利于作物的生长发育（表 5-1）。

表 5-1 主要类型沼液 pH

沼液类型	平均值	最小值	最大值
鸡粪沼液	7.71	6.50	8.40
猪粪沼液	7.62	6.25	9.00
奶牛粪沼液	7.84	7.23	8.72

2. 氮

（1）全氮 沼液含氮量丰富，其中铵态氮含量占全氮的 70％以上，与其他粪肥相比，肥效较快，能较好满足当季作物生长需求。沼液中的氮含量是施肥的重要依据，受粪源影响，沼液中的氮含量差异较大。以常见的鸡、猪、奶牛粪沼液等 3 种主要沼液为例，含量范围为 90.00～10 109.00 毫克/升，其中鸡粪沼液含氮量最高，平值达 3 475.41 毫克/升；猪粪次之，平均值达 1 445.65 毫克/升；奶牛粪沼液含氮量最低，平均值为 1 220.69 毫克/升（表 5-2）。

表 5-2 主要类型沼液全氮含量（毫克/升）

沼液类型	平均值	最小值	最大值
鸡粪沼液	3 475.41	984.00	6 300.00
猪粪沼液	1 445.65	90.00	10 109.00
奶牛粪沼液	1 220.69	102.28	4 600.00

（2）铵态氮 铵态氮是沼液氮素含量的速效养分形态，是可以直接被植物吸收利用的成分。铵态氮含量的高低是沼液肥效的重要保障。鸡、猪、奶牛粪沼液中铵态氮含量情况与全氮类似，含量范围为 80.31～9 081.00 毫克/升，其中鸡粪沼液铵态氮含量最高，平均值为3 198.25 毫克/升；猪粪沼液次之，平均值为 1 128.50 毫克/升；奶牛粪沼液含量最低，平

均值为 881.13 毫克/升。此外，不同类型的沼液中铵态氮占全氮的比例也不尽相同，其中鸡粪沼液中铵态氮比例高达 92.03%，最高；猪粪沼液铵态氮比例为 78.06%，次之；牛沼液铵态氮比例为 72.18%（表 5-3）。

表 5-3　主要类型沼液铵态氮含量（毫克/升）

沼液类型	平均值	最小值	最大值	占全氮比例（%）
鸡粪沼液	3 198.25	485.43	5 104.00	92.03
猪粪沼液	1 128.50	42.07	9 081.00	78.06
奶牛粪沼液	881.13	80.31	8 760.00	72.18

3. 全磷　沼液中磷含量高低受不同粪源类型影响较大，且同一发酵原料沼液全磷含量差异较大。一般鸡、猪、奶牛粪沼液中磷含量范围为 8.55～8 030.00 毫克/升，其中以鸡粪沼液含磷量最高，平均值为 808.00 毫克/升；奶牛粪次之，平均值为 514.70 毫克/升；猪粪沼液含磷量最低，平均值为 460.61 毫克/升（表 5-4）。

表 5-4　主要类型沼液全磷含量（毫克/升）

沼液类型	平均值	最小值	最大值
鸡粪沼液	808.00	34.20	3 600.00
猪粪沼液	460.61	8.55	8 030.00
奶牛粪沼液	514.70	12.49	7 300.00

4. 全钾　不同发酵原料沼液含钾量均值差异较大，且同一发酵原料沼液全钾含量也不尽相同，一般鸡、猪、奶牛粪沼液中钾含量范围为 36.00～10 485.00 毫克/升，其中以奶牛粪沼液含钾量最高，平均值为 2 599.23 毫克/升；鸡粪沼液次之，平均值为 1 656.77 毫克/升；猪粪沼液含钾量最低，平均值为 1 282.26 毫克/升（表 5-5）。

表 5-5　主要类型沼液全钾含量（毫克/升）

沼液类型	平均值	最小值	最大值
鸡粪沼液	1 656.77	141.00	3 911.40
猪粪沼液	1 282.26	36.00	10 485.00
奶牛粪沼液	2 599.23	670.50	6 100.00

5. 有机质　不同发酵原料沼液有机质含量差异较大，一般鸡、猪、奶牛粪沼液中有机含量范围为 0.15%～6.85%，其中以奶牛粪沼液有机质含量最高，平均值为 1.58%；猪粪沼液次之，平均值为 1.20%；鸡粪最低，平均值为 0.91%。由同一原料发酵的沼液之间有机质差异同样较大，猪粪沼液有机质含量最大值与最小值差值达到了 35 倍，可见同一发酵原料，不同进料浓度、发酵工艺对沼液有机质影响同样很大（表 5-6）。

表 5-6　主要类型沼液有机质含量（%）

沼液类型	平均值	最小值	最大值
鸡粪沼液	0.91	0.23	3.25
猪粪沼液	1.20	0.19	6.85
奶牛粪沼液	1.58	0.15	4.20

6. 中、微量元素　沼液中含有丰富的中、微量元素，但是不同发酵原料不同元素含量差异较大，其中 Ca、Mg 元素含量分别为 16.00～292.95 毫克/升、17.63～104.85 毫克/升；Cu、Zn、Fe、Mn 元素含量分别为 0.43～6.37 毫克/升、1.14～9.28 毫克/升、0.22～89.40 毫克/升、0.03～17.26 毫克/升，奶牛粪沼液 6 种元素含量均最低，鸡粪沼液和猪粪沼液中微量元素均有分布（表 5-7）。

表 5-7　主要类型沼液中、微量元素含量（毫克/升）

沼液类型	钙	镁	铜	锌	铁	锰
鸡粪沼液	244.56	44.87	2.59	5.29	89.40	17.26
猪粪沼液	292.95	104.85	6.37	9.28	85.44	11.51
奶牛粪沼液	16.00	17.63	0.43	1.14	0.22	0.03

三、科学施用技术

1. 施用总则

（1）**控制替代比例**　虽然沼液中铵态氮含量较高、肥效较快，但与其他有机肥一样，不宜全部替代化肥，施用时应控制沼液替代化肥比例，推荐大田作物沼液替代化肥比例不超过 30%，蔬菜、果树、茶叶等经济作物的替代化肥比例不超过 50%。

（2）**控制用量**　沼液施用时不仅要结合作物养分需求和土壤湿度情况，严格控制单次用量，避免局部沼液浓度过高，影响作物生长及过量氨挥发和径流等二次污染发生。同时，应考虑沼液自身水分含量高的特性，与田间灌溉结合，严格控制施用总量。施用前建议对其养分含量进行测试，并计算沼液用量。

（3）**跟踪监测**　考虑长期施用沼液等粪肥可能带来的环境盐分、重金属、抗生素积累风险，对长期施用沼液的地块，应设置监测点，跟踪监测作物生长情况、土壤养分、重金属及盐分含量变化，对可能出现盐分滞留和盐渍化问题提出治理措施和方案，进行预防和治理。

2. 注意事项

（1）沼液应经陈化处理，满足无害化要求，有条件的地区可对沼液酸化处理，减少养分损失。夏季陈化时间不少于 30 天，冬季陈化时间不少于 60 天。及时监测沼液养分、重金属、盐分含量及卫生学指标，确保沼液安全施用。

（2）在水源保护地、坡度大等地方禁止施用沼液。在排水不畅地块应严格控制沼液用量，注意开排水沟排水冲盐防渍。

（3）沼液多为弱碱性，pH 在 7.0～9.0 之间，忌与草木灰、石灰等碱性肥料混施。草木灰、石灰等物质碱性较强，与沼液混合，会造成氮肥的损失，降低肥效。

（4）沼液养分浓度受原料种类、发酵工艺及储存时间影响较大，在施用沼液前，应检测沼液养分浓度，根据沼液浓度适当调整施用量，并根据沼液浓度进行适当稀释，稀释比例一般为 1：（2～5），电导率控制在 3 毫西/厘米以下。

（5）采用水肥一体化施用时，沼液可通过化学絮凝或电絮凝去除大部分悬浮物，采用三级过滤措施和曝气、反冲洗等技术，喷滴灌设施应安装筛网式、叠片式过滤器或组合使用，过滤精度一般应达到 120 目以上。采取清水—施肥—清水的灌溉步骤，避免堵塞滴头。

3. 施用方法

（1）水稻　沼液施用量应根据水稻类型、土壤养分供应量、水稻目标产量、沼液养分含量、利用率等多方面因素确定。推荐用量按照沼液含氮量 1 500 毫克/升计算，可根据实际情况适当调整。内蒙古东部、辽宁、吉林及黑龙江等东北单季水稻种植区，当目标产量为 550～750 千克/亩时，推荐沼液用量 2～4 米³/亩。西南、长江中下游及华南地区等南方水稻种植区，当单季稻目标产量为 500～750 千克/亩时，推荐沼液用量 3～5 米³/亩；双季稻单季目标产量为 450～650 千克/亩时，推荐沼液用量 2～4 米³/亩。

水稻沼液的施用推荐随水灌溉，作基肥时，在水稻栽插前一周采用随水灌溉的方式，结合整地泡田施用。沼液施用后，控制一周内不排水，使沼液中的养分被水稻充分吸收，提高养分利用效率，降低排水造成的面源污染风险。当田面水深在 3 厘米以上时，可以直接灌溉原液。当田面水不足 3 厘米，需要注意沼液稀释比例，稀释后的沼液电导率要控制在 3 毫西/厘米以内，以防止电导率过高引起的伤根和烧苗现象，施肥后田面水深控制在 5 厘米以内。雨季选择无降雨天气进行，防止沼液溢出稻田。沼液应均匀施用，避免局部铵态氮浓度过高影响水稻秧苗生长。沼液稀释后施用，结合土壤测试结果，如土壤中有效磷、钾含量较低，可以在沼液中适当加入磷酸二氢钾或硫酸钾等可溶性肥料，以补充作物对磷、钾肥的需求。沼液作追肥时，应注意施用时期和施用量，防止贪青晚熟或倒伏。沼液冬闲施用时，可在前茬水稻收获后分次灌施，总施用量不超过 5 米³/亩，后茬水稻氮肥用量酌情减少。

（2）小麦　推荐用量按照沼液含氮量 1 500 毫克/升计算，可根据实际情况适当调整。在内蒙古东部地区、辽宁、吉林及黑龙江等东北小麦种植区，当目标产量为 250～500 千克/亩时，推荐沼液用量 2～3 米³/亩。在北京、天津、河北、内蒙古中部阴山丘陵区、山西、江苏和安徽淮北地区、山东、河南及陕西关中等华北及黄淮小麦种植区，当目标产量为 250～700 千克/亩时，推荐沼液用量 2～4 米³/亩。在内蒙古河套地区、陕西陕北和渭北、甘肃、青海东部、宁夏及新疆等西北小麦种植区，当目标产量为 250～600 千克/亩时，推荐沼液用量 2～5 米³/亩。在重庆、四川、贵州、云南、陕西陕南及甘肃陇南等西南小麦种植区当目标产量为 200～550 千克/亩时，推荐沼液用量 1～3 米³/亩。沼液主要作追肥施用，分别在小麦 4 叶期、返青起身和拔节期分 3 次随水施用。在上海、江苏和安徽淮河以南、浙江、湖北、湖南及河南南部等长江中下游小麦种植区，当目标产量为 250～600 千克/亩时，推荐沼液用量 1～3 米³/亩。该区域主要为稻茬麦，连阴雨天气多，土壤含水量高，沼液不宜作基肥施用。

沼液作基肥时，在播种前一次性施用，推荐采用沼液专用施肥机注入式施肥，也可开沟灌施或地表喷洒，施后立即覆土或翻耕。沼液作追肥时，在起身期到拔节期，采用管灌或喷灌等方式结合灌水施入。

（3）玉米　推荐用量按照沼液含氮量 1 500 毫克/升计算，可根据实际情况适当调整。

在河北东北部、内蒙古东部、辽宁、吉林、黑龙江等东北春玉米种植区，当目标产量为450～900千克/亩时，推荐沼液用量2～4米³/亩。在河北西北部、内蒙古中西部、山西、陕西、甘肃、青海、宁夏和新疆等西北春玉米种植区，当目标产量为450～1 000千克/亩时，推荐沼液用量4～7米³/亩。在山西中部和南部、江苏北部、安徽北部、山东、河南及陕西关中等黄淮海夏玉米种植区，当目标产量为400～800千克/亩时，推荐沼液用量2～3米³/亩。在长江中下游、西南及华南等南方玉米种植区，当目标产量为300～600千克/亩时，推荐沼液用量2～4米³/亩。

沼液主要作追肥施用，基肥与追肥比例1∶2左右，有水肥一体化条件时，可适当加大追肥比例。沼液作基肥时，在玉米播种前一周施用，推荐采用沼液专用施肥机注入式施肥，也可开沟施后覆土或拖管式洒施后翻耕，减少养分损失和臭气外溢。作追肥时，宜在玉米大喇叭口期施用。茬口紧张的地区（如黄淮海夏玉米区）沼液可只作追肥施用。在追施困难的覆膜栽培地区，沼液可只作基肥施用或配套膜下滴灌追施。

（4）蔬菜　推荐用量按照沼液含氮量1 500毫克/升计算，可根据实际情况适当调整。甘蓝沼液施用，当目标产量为5 500千克/亩以上时，推荐沼液用量3～4米³/亩；目标产量为4 500～5 500千克/亩时，推荐沼液用量2～3米³/亩；目标产量为4 500千克/亩以下时，推荐沼液用量1～2米³/亩。萝卜沼液施用，当目标产量为4 000千克/亩以上时，推荐沼液用量2～3米³/亩；目标产量为1 000～4 000千克/亩时，推荐沼液用量1～2米³/亩。大白菜沼液施用，当目标产量为6 000～10 000千克/亩时，推荐沼液用量3～5米³/亩；目标产量为3 500～6 000千克/亩时，推荐沼液用量2～3米³/亩。莴苣沼液施用，当目标产量为3 500千克/亩以上时，推荐沼液用量2～3米³/亩；目标产量为1 500～3 500千克/亩时，推荐沼液用量1～2米³/亩。番茄沼液施用，当目标产量为6 000～10 000千克/亩时，推荐沼液用量4～5米³/亩；目标产量为4 000～6 000千克/亩时，推荐沼液用量3～4米³/亩。黄瓜沼液施用，当目标产量为11 000～16 000千克/亩，推荐沼液用量6～8米³/亩；目标产量为4 000～11 000千克/亩时，推荐沼液用量4～6米³/亩。

沼液主要作基肥施用，在种植前一周翻耕时采用条（穴）施或开沟一次性施入后覆土5～10厘米。有水肥一体化条件时，可适当加大追肥比例。设施内气温较高时，沼液施用后应注意通风。

（5）苹果　推荐用量按照沼液含氮量1 500毫克/升计算，可根据实际情况适当调整。在河北、辽宁、山东等渤海湾苹果产区，当目标产量为3 000～5 000千克/亩时，推荐沼液用量5～8米³/亩；目标产量为1 000～3 000千克/亩时，推荐沼液用量3～5米³/亩。在山西、河南、陕西及甘肃等黄土高原苹果产区，当目标产量为2 000～4 000千克/亩时，推荐沼液用量4～7米³/亩；目标产量为500～2 000千克/亩时，推荐沼液用量2～4米³/亩。在四川、贵州、云南等云贵川高原苹果产区，当目标产量为2 000～4 000千克/亩时，推荐沼液用量5～8米³/亩；目标产量为500～2 000千克/亩时，推荐沼液用量3～5米³/亩。30%沼液作基肥在果实采收后施用，70%沼液作追肥，采用水肥一体化或沟施方式施用。

（6）柑橘　推荐用量按照沼液含氮量1 500毫克/升计算，可根据实际情况适当调整。当目标产量为3 000千克/亩以上时，推荐沼液用量5～7米³/亩；目标产量为1 000～3 000千克/亩时，推荐沼液用量3～5米³/亩；目标产量为1 000千克/亩以下时，推荐沼液用量2～3米³/亩。20%～30%的沼液在秋冬季施用，早熟品种在采收后，中熟品种在采收前后，不晚于 11 月下旬，晚熟或越冬品种在果实转色期或套袋前后，一般为 9 月下旬。40%～60% 的沼液于 2 月下旬至 3 月下旬施用；20%～30% 的沼液于 6—8 月果实膨大期分次施用。主要采用条沟方式，施肥位置与柑橘树树干之间距离 1 米，施肥深度 20～40 厘米。

（7）茶叶 推荐用量按照沼液含氮量 1 500 毫克/升计算，可根据实际情况适当调整。大宗绿茶、黑茶产区沼液施用，当干茶产量 200 千克/亩以下时，推荐沼液用量 4～6 米³/亩；干茶产量 200 千克/亩以上时，推荐沼液用量 6～8 米³/亩。名优绿茶产区沼液施用，推荐沼液用量不高于 4 米³/亩。红茶产区沼液施用，推荐沼液用量 3～5 米³/亩。乌龙茶产区沼液施用，干茶产量 200 千克/亩以下时，推荐沼液用量 3～5 米³/亩；干茶产量 200 千克/亩以上时，推荐沼液用量 5～7 米³/亩。

沼液作秋肥时，在 10—11 月采用地面灌溉方式分 2 次施用于茶树行间。有水肥一体化条件的地区，推荐采用喷灌或滴灌的方式施用。采摘春茶的茶园，于春季茶树萌动前 10～15 天至采摘前 10～15 天追施沼液。采摘夏茶的茶园，5 月前后至采摘前 10～15 天追施沼液。采摘秋茶的茶园，6 月下旬至采摘前 10～15 天追施沼液。

参考文献

杜森，张赓，等，2022. 主要粮经作物水肥一体化理论与实践 [M]. 北京：中国农业出版社.

何平安，李荣，1999. 中国有机肥料养分志 [M]. 北京：中国农业出版社.

贾小红，2010. 有机肥料加工与施用 [M]. 北京：化学工业出版社.

牛峻岭，李彦明，陈清，2010. 固体有机废物肥料化利用技术 [M]. 北京：化学工业出版社.

曲明山，郭宁，刘自飞，等，2013. 京郊大中型沼气工程沼液养分及重金属含量分析 [J]. 中国沼气，31（4）：37-40.

沈其荣，等，2021. 中国有机（类）肥料 [M]. 北京：中国农业出版社.

张福锁，2006. 养分资源综合管理概论 [M]. 北京：中国农业大学出版社.

张全国，2013. 沼气技术及其应用 [M]. 北京：化学工业出版社.

中华人民共和国农业部，2014. 中国农业统计资料 [M]. 北京：中国农业出版社：32-35.

邹国元，孙钦平，李吉进，2018. 沼液农田利用理论与实践 [M]. 北京：中国农业出版社.

第六章

粪肥还田试验与效果监测

>>

田间试验与效果监测是绿色种养循环农业试点工作的重要内容，其数据结果是构建粪肥科学施用体系，评价粪肥作用效果，指导粪肥合理还田，促进畜禽粪污资源化利用的重要基础。绿色种养循环农业试点工作启动以来，农业农村部种植业管理司印发绿色种养循环农业试点试验方案和效果监测方案，全国农业技术推广服务中心印发关于做好绿色种养循环农业试验与监测工作的通知，组织各地积极开展粪肥还田试验和效果监测，为粪肥科学施用提供数据支撑。

第一节　粪肥还田试验方案

一、试验目的

通过开展田间小区试验，确定有机肥（固体粪肥、液体粪肥）替代化肥比例，探索不同区域、不同作物的有机无机配施技术模式。

二、试验设计

试验设空白对照、常规施肥、化肥优化施肥、替代 15％有机无机配施、替代 30％有机无机配施 5 个处理，各地可根据实际需要增加 2 个以氮为基础的替代处理或者 2 个以磷为基础的替代处理（表 6-1），每个处理至少设置 3 个重复。小区采用随机区组排列，区组内土壤地形等条件保持相对一致。大田作物可增加以氮为基础的替代处理，果树、蔬菜可增加以磷为基础的替代处理。有条件的区域可增加有机肥替代氮、磷、钾肥梯度处理。

表 6-1　绿色种养循环农业试点试验处理

处理	试验内容	有机肥	化肥		
			氮肥	磷肥	钾肥
1	空白对照	0	0	0	0
2	常规施肥	0	农户常规施肥（本区域施肥平均水平）		
3	化肥优化施肥	0	N	P	K
4	有机无机配施	M 替代 15％N	85％N	P－P_M	K－K_M
5		M 替代 30％N	70％N	P－P_M	K－K_M

（续）

处理	试验内容	有机肥	化肥		
			氮肥	磷肥	钾肥
6	氮替代试验	M替代15%N	85%N	P	K
7	（选做）	M替代30%N	70%N	P	K
8	磷替代试验	M替代30%P	N	70%P	K
9	（选做）	M替代60%P	N	40%P	K

注：①表中"M"代表有机肥；"N""P""K"分别代表化肥优化的氮肥（N）、磷肥（P_2O_5）、钾肥（K_2O）的量；"P_M""K_M"分别代表有机肥磷和钾的量。

②替代比例根据当地土壤肥力情况、作物类型适当调整。如在土壤肥力较低的区域，处理4～7有机肥替代比例可酌情调减（如调为10%、20%）；处理4～5磷肥和钾肥的施用量可根据作物对养分的敏感性酌情增加。在低温干旱区域，如东北春玉米区、西北干旱区、南方早稻区等，处理8～9的磷肥替代比例可酌情调减（如调为25%、50%）。

三、试验准备

1. 试验地选择　试验地应选择平坦、齐整、肥力均匀，有代表性的地块。试验地为坡地时，应选择坡度平缓、肥力差异较小的地块。避开堆肥场所或前期施用大量有机肥、秸秆集中还田的地块和有土传病害的地块。

本试验为长期定位试验，应在同一地块开展试验至少3年。选择做试验的地块宜具有土地利用历史记录，宜选择农户科技意识较强的地块开展试验。

2. 试验地准备　试验前应整地、设置保护行。根据试验设计方案进行试验小区区划。各小区单灌单排，避免串灌串排。如水稻试验，小区之间应做小埂，小埂高度不低于20厘米、宽度不小于30厘米。小埂应用塑料膜包覆，深度不少于30厘米。玉米、棉花等试验，在雨水较多的种植区，试验小区之间应采取开沟、筑埂的方法，避免雨水径流影响。蔬菜小区之间采用塑料膜或塑料隔板隔开，埋深50厘米以上，避免小区间肥水互相渗透。

试验前应调查了解供试地块经纬度、海拔、土壤类型、肥力等级、地下水位、耕层厚度、障碍因素等。

3. 试验小区　各小区面积应一致。密植作物，如水稻、小麦、谷子等，小区面积应为20～30米²；中耕作物，如玉米、高粱、棉花等，小区面积应为40～50米²。小区形状一般为长方形。面积较大时，长宽比以（3～5）：1为宜；面积较小时，长宽比以（2～3）：1为宜。

果树等多年生作物应选择树龄、树势和产量相对一致的植株，一般选择同行相邻不少于6棵植株作一个处理。果树小区以供试植株栽培规格为基础，每个处理实际株数的树冠垂直投影区加行间面积计算小区面积。露地蔬菜小区面积不低于20米²，设施蔬菜小区面积不低于15米²，至少5行或3畦，各小区面积应一致。

4. 试验重复　每个试验设置3次重复。采用随机区组排列，区组内土壤、地形等条件应相对一致。果树等多年生作物，一般选择同行相邻不少于4株树木做一个重复。

四、样品采集与化验

试验前采集基础土样，试验结束后按照相关技术规范采集每个试验小区土壤及植株样品，分析土壤有机质、全氮、全磷、全钾、碱解氮（或硝态氮、铵态氮）、有效磷、速效钾、pH、阳离子交换量、容重等指标。

五、收获与计产

应正确反映试验结果。每个小区单打、单收、单计产或取代表性样方测产。分次收获的作物，应分次收获、计产，最后累加。室内考种样本应按要求采取，并系好标签，记录小区号、处理名称、取样日期、采样人等。需要采集分析植株样品的应按相关标准要求执行。

六、数据分析

试验结果统计学检验应根据试验设计选择。两个处理的配对设计，应进行 T 检验。多于两个处理的完全随机区组设计，试验结果统计学检验应根据试验设计选择执行 T 检验、F 检验、新复极差检验、LSR 检验、SSR 检验、LSD 检验或 PLSD 检验。

七、报告撰写

试验报告采用科技论文格式撰写。报告内容包括试验来源和目的、试验时间和地点、试验材料与方法、试验结果与分析、试验结论、试验执行单位盖章、试验主持人签字。其中，试验材料与方法包括供试土壤、供试肥料、供试作物、试验设计、试验条件、管理措施等；试验结果与分析包括试验结果统计学检验和有机肥替代化肥情况评估。

第二节　效果监测方案

一、监测目的

通过布设效果监测点，监测绿色种养循环、粪肥施用在作物增产增收、提质增效、化肥减量、地力培肥等方面的作用，为科学评价粪肥还田效果、探索绿色种养循环模式提供数据支撑。

二、监测点数量

监测点数量应根据区域粪肥还田情况而定，监测结果应能反映当地主要粪种、主推粪肥还田技术模式在主栽作物上的施用效果。一般每种作物、每种技术模式至少布设 3 个监测点，每个县监测点数 20 个以上。

三、地块选择

综合考虑土壤类型、耕作制度、地力水平、环境状况、管理水平等因素。将监测点设在试点区域内有代表性的地块上，确保监测点稳定性和监测数据的连续性。

四、小区设置

1. 处理设置　监测点应设置常规施肥与粪肥还田技术模式处理。各处理除施肥外，其他农事操作应相同。

2. 小区面积 大田密植作物，如水稻、小麦、谷子等，小区面积应不低于 20 米²；中耕作物，如玉米、高粱、棉花等，小区面积应不低于 40 米²。果树选择树龄、树势和产量相对一致的植株，小区面积应不少于 6 棵同树龄植株，以供试植株栽培规格为基础，每个处理实际株数的树冠垂直投影区加行间面积计算小区面积。露地蔬菜和设施蔬菜的小区面积应分别不小于 20 米² 和 15 米²，至少 5 行或者 3 畦。茶树小区面积不小于 20 米²。

五、监测周期

大田作物监测周期为整个生育期；果树监测周期为当年收获后到第二年收获；蔬菜监测周期为蔬菜的整个生育期；茶叶监测周期为秋茶收完成后到第二年秋茶采收完成。

六、监测内容

1. 前期调查 包括土壤理化性状（土壤有机质含量、全氮、碱解氮、全磷、有效磷、全钾、速效钾、pH、土壤阳离子交换量、土壤容重等）和肥料施用情况（有机肥的种类、肥源、养分含量、施用量、施用方式、施肥时期；化肥的种类、养分含量、施用量、施用方式、施用时期等）。

2. 监测记录 包括作物种类、收获期、灌排配套、自然和人为因素等基本情况，病虫害发生及防治、自然灾害及应对等田间管理情况，各种处理的肥料品种、养分含量、施肥时期、施肥次数、施用方式等施肥情况。

3. 计产和测试 包括计产（各小区单独收获计产，多次收获的果树应分次计产）、土样分析测试（有机质、全氮、全磷、全钾、碱解氮或硝态氮或铵态氮、有效磷、速效钾、pH、土壤阳离子交换量、容重等）和品质分析测试。品质分析指标根据实际情况确定。

七、结果分析

包括化肥施用减少量、有机肥增施量、消纳畜禽粪便量和有机肥替代化肥比例、土壤理化性状变化、农作物产量、投入与效益分析等。

第三节 田间观察记载

一、田间管理

除施肥措施外，其他各项管理措施应保持一致，且符合生产要求，并由专人在同一天内完成。

二、田间观察

田间试验监测的结果容易受到外界各种因素的影响，因此除产量外，还需对试验监测过程中作物生长期间各方面的表现进行全面、系统、正确的观察记载，加以综合评定，才能正确反应有机肥对作物、土壤的真实作用。

1. 生长性状调查 水稻的生长性状调查指标包括分蘖期、抽穗期、株高、叶色、剑叶长、穗长等；玉米包括拔节期、大喇叭口期、株高、茎粗、叶色、穗长、秃尖长度等；小麦包括分蘖期、拔节期、株高、叶色、旗叶长、穗长等；马铃薯包括块茎形成期、叶色、株高、分枝数、薯块大小比率等；大豆包括开花结荚期、鼓粒期、叶色、有效分枝数、根瘤数等；花生包括开花下针期、结荚期、叶色、株高、主根长、结果枝数等；番茄、茄子、青椒包括开花坐果期、结果期、株高、叶色、茎粗、主根长等；黄瓜、西瓜、香瓜包括初花期、结果期、叶色、果色、蔓长、茎粗等；芹菜、小白菜包括株高、叶色、茎基粗、分蘖数等；大白菜、甘蓝包括莲座期、结球期、株高、叶色、茎粗、主根长等；大蒜包括抽薹期、叶色、株高、蒜薹色、蒜薹长度、薹茎粗等；苹果、梨、桃子、李子、杏包括果实膨大期、新梢长度、叶色、果实着色、1～2等果率等；葡萄包括萌芽始期、开花期、新梢长度、叶色等；草莓包括现蕾期、旺盛生长期、匍匐茎数、叶色、果色、果型等；烟草包括株高、叶数、叶长、叶宽、节距等；油菜包括越冬期、抽薹期、花期、株高、叶龄、绿叶数等；棉花包括出苗期、现蕾期、吐絮期、株高、叶色、主茎叶片数、倒四叶宽、单株果枝数、单枝结铃数等；柑橘、荔枝、龙眼、枇杷、猕猴桃包括抽梢期、果实膨大期、新梢长度、叶色、果实着色率、坐果率等。

2. 产量性状调查　水稻的产量性状调查指标包括种植密度、穴穗数、穗粒数、秕粒数、千粒重等；玉米包括亩穗数、穗粒数、百粒重等；小麦包括亩穗数、有效分蘖率、穗粒数、秕粒数、千粒重等；马铃薯（甘薯）包括亩株数、单株薯数、单薯重等；大豆包括亩株数、单株荚数、单荚粒数、百粒重等；花生包括亩穴数、单穴饱果数、单穴秕果数、百果重等；番茄、茄子、青椒、黄瓜等包括亩株数、单果重、单株果数等；大白菜、甘蓝、小白菜包括亩株数、单棵重等；苹果、梨、桃等包括亩株数、坐果率、单株果数、单果重等；葡萄包括亩株数、坐果率等；草莓等包括亩株数、单株果数、单果重等；油菜包括株高有效分枝点高度、主轴有效长度、一次有效分枝数、二次有效分枝数、全株有效角数、角果长度、角果宽度、每角果粒数、千粒重、产量、经济产量、生物产量等；棉花包括单铃重、霜前籽棉、霜后籽棉等；柑橘包括亩株数、着色度、单果重、单果大小、果皮厚度、产量等；荔枝、龙眼、枇杷、猕猴桃等包括亩株数、果肉颜色、单果重、单果大小、产量；茶叶包括春季营养萌发期、株高、芽密度、产量等。

3. 品质性状调查　粪肥的施用能改善土壤质地，提高土壤肥力，促进作物品质提升。水稻、小麦、玉米、大豆、花生等粮油作物品质性状指标包括但不限于垩白度、直链淀粉、蛋白质、赖氨酸、淀粉、含油量、色泽、容重等；薯类、蔬菜、果树等经济作物品质指标包括但不限于可溶性固形物、粗纤维、维生素C、总糖、总酸、可溶性糖、色泽、淀粉、整齐度等；茶叶包括茶多酚、氨基酸、水分、咖啡碱、水浸出物等。

三、数据记载

1. 地块基本情况记载　地块基本情况直接影响试验效果的好坏，详细掌握地块基本情况有助于对试验监测结果进行科学合理分析。记载包括地点、地形、土质、肥力、前茬作物产量、肥水管理等田块情况；播种时间、播种方式、株行距、播量、深度、种子处理等播种情况。

2. 气象条件记载　任何环境条件的变化都会引起作物的相应变化，最后由产量作出反应。缺乏气象记载，往往不能明确某些处理产量高低的原因。正确记载气候条件，注意作物生长动态，研究两者之间的关系，就可以进一步探明原因，得出较正确的结论。

气象观察可在试验所在地进行，也可引用附近气象部门的材料。有关试验地的小气候，则必须由试验人员自行观察记载。对于如冷、热、风、雨、霜、雪、雹等灾害性气候以及由此而引起的作物生长发育的变化，应及时观察并记载下来，以供日后分析结果使用。

3. 田间管理记载　任何田间管理和其他栽培措施都在不同程度上改变作物生长发育的外界条件，因而会引起作物的相应变化。因此，详细记载如整地、施肥、播种、中耕、喷药等项目的日期、数量、方法等有助于正确分析试验监测结果。

4. 作物生育期记载　要观察作物的各个生育期、形态特征、特性、生长动态、经济性状等，还要做一些生理、生化等方面的测定，以研究不同处理对作物内部物质变化的影响。这时的记载和测定，是分析作物增产规律的重要依据。田间观察与记载必须专人负责，做得及时并准确，持之以恒，以便掌握全面可靠的资料。

四、收获后的室内考种与测定

在田间不宜或不能进行而必须在作物收获后方能观察记载和测定的一些项目，如千粒重、容重、粒型等项目及种子蛋白质、油分、糖分含量等测定。为了使观察记载和测定有助于对试验监测得出更全面和正确的结论，必须做到细致准确。首先，所观察的样本必须有代表性。其次，记载和测定的项目必须有统一的标准和方法。如目前无统一规定的，则应根据试验监测的要求定出标准，以便遵照执行。同一试验监测的一项记载工作应由同一工作人员完成。特别是一些由目测法进行的观察项目，如生育期，虽有一定的标准，但各人作出判断时常出入较大，由不同人员进行记载，易造成误差，影响精确度。

五、观察记录表

试验（监测）布置

地点　省　县　乡　村　地块

时间　年　月　日至　年　月　日

方案设计

处理：

重复次数：

小区设计

小区面积：长（米）×宽（米）＝　　　米^2

小区排列：（采用图示）

地块基本情况

地形：

土壤类型：　　　　　　　　　　土壤质地：

肥力等级：　　　　　　　　　　代表面积：　　　　（公顷）

前茬作物名称：

前茬作物施肥量：有机肥　氮（N）　磷（P_2O_5）　钾（K_2O）　其他

前茬作物产量：

土壤分析结果：

试验（监测）地土壤分析结果

分析项目	试验（监测）前分析结果	试验（监测）后分析结果
有机质（克/千克）		
全氮（克/千克）		
有效磷（毫克/千克）		
速效钾（毫克/千克）		
……		

供试作物生育期记载表（月/日）（以小麦为例）

处理	播种期	出苗期	分蘖期	拔节期	抽穗期	开花期	成熟期
处理1							
处理2							
处理3							
……							

供试作物生物学性状及产量因素记载表（以小麦为例）

处理	株高（厘米）	旗叶长（厘米）	结实率（%）	穗数（个/亩）	穗粒数（粒/穗）	千粒重（克）
处理1						
处理2						
处理3						
……						

各处理小区产量表

试验处理	小区面积（米²）	小区产量（千克）				增产率（%）
		重复1	重复2	重复3	平均值	
处理1						
处理2						
处理3						
……						

第四节　样品采集化验

一、土壤样品采集及制备

1. 土壤样品采集

（1）采样时间　试验（监测）前基础土样的采集，大田作物和露地蔬菜在上茬作物收获后，下茬作物播种、施肥前采集，一般在秋后；设施蔬菜在凉棚期采集；果树在上一个生育期果实采摘后下一个生育期开始之前，连续一个月未进行施肥后的任意时间采集土壤样品；

试验后土样与作物同步采集。

（2）采样周期 同一试验地块，如果是采用1年2季或1年多季种植制度的，应在每次作物收获后采集土壤样品，尽量进行周期性原位取样。

（3）采样深度 大田作物采样深度为0～20厘米；蔬菜地采样深度为0～30厘米；果树、茶园采样深度为0～60厘米，分为0～30厘米、30～60厘米土壤样品。如果果园土层薄（<60厘米），则按照土层实际深度采集，或只采集0～30厘米土层；用于土壤无机氮含量测定的采样深度应根据不同作物、不同生育期的主要根系分布深度来确定。

（4）采样路线 采样时应沿着一定的线路，按照"随机""等量"和"多点混合"的原则，采用S形或梅花形布点采样。"随机"即每个采样点都是任意决定的，使试验地所有点都有同等机会被采到；"等量"是要求每一点采集土样深度要一致，采样量要一致；"多点混合"是指把一个采样单元内各点所采的土样均匀混合构成一个混合样品，以提高样品的代表性。根据试验地块的形状，长方形的地块应采用S形布点取样；试验地块面积较小的情况下，也可采用梅花形布点取样。蔬菜地混合样点的样品采集要根据沟、垄面积的比例确定沟、垄采样点数量。果园选取树冠滴水线内侧10厘米位置或以树干为原点向外延伸到树冠边缘的2/3处土壤，距施肥沟（穴）10厘米左右，每株对角采2点。滴灌布点要避开滴灌头湿润区。

（5）采样方法 准备专用取土器、铁铲（铁锹或木片或竹片）、小刀、卷尺、采样袋（布袋、纸袋或塑料网袋）、采样标签、记号笔等采样工具。如需检测微量元素或其他重金属元素项目，则需用不锈钢工具或者木制、竹制工具。每个样品取15～20个样点混合而成。每个采样分点的取土深度及采样量应保持一致，土样上层与下层的比例要相同。取样器应垂直于地面入土。用取土铲取样应先铲出一个耕层断面，再平行于断面取土。所有样品采集过程中应防止各种污染。采样时要避开施肥沟（穴），有滴灌设施的要避开滴灌头湿润区。

采样时先刮去2～3厘米厚的表层土，用铁铲（锹）挖成一个深20厘米（根据需要可以是40厘米或者更深）的完整垂直剖面，再取宽10厘米、厚2厘米的土片，用刀和尺子将土片削成宽2厘米、长（自上而下）15～20厘米的土条，捏碎大块，剔除石砾、植物残体等混杂物。如果土壤不易成形，可分段削片取土，每次宽度、厚度一致。微量元素或其他重金属元素的样品必须用不锈钢取土器采样或先用土铲铲出一个耕层断面，再用竹片去除与金属器具接触部分后取样。对泥脚较深的田块或冬水田样品在无法采用工具取样时，可手工采集犁底层以上部分，但应注意上下层的一致和深度的一致。若使用专用不锈钢取土器取样，则按取土器使用说明操作即可。

测定土壤容重等物理性状，须用原状土样，其样品直接用环刀在各土层中采取。采取土壤结构性的样品，须注意土壤湿度，不宜过干或过湿，应在不黏铲、经接触不变形时分层采取。在取样过程中须保持土块不受挤压、不变形，尽量保持土壤的原状，如有受挤压变形的部分要弃去。土样采集后要小心装入铝盒或环刀，带回室内分析测定。采集冬水田等烂泥土样时，四分法难以应用，可将采集的样品放入塑料盆中，用塑料棍将各样点的烂泥搅匀后再取出所需数量的样品。

（6）样品量 混合土样取土2千克以上，可用四分法将多余的土壤弃去。方法是将采集的土壤样品放在盘子里或塑料布上，粉碎、混匀，弃去石块、植物残体等杂物，铺成正方形，划对角线将土样分成四份，把对角的两份分别合并成一份、保留一份、弃去一份。如果所得的样品依然很多，可再用四分法处理，直至所需数量为止（图 6-1）。

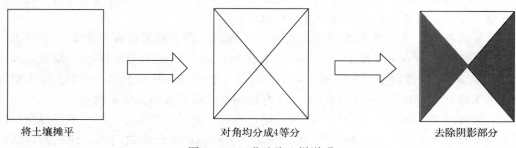

将土壤摊平　　　　　　　对角均分成4等分　　　　　　去除阴影部分

图 6-1　四分法取土样说明

（7）样品标记　采集的样品放入统一的塑料袋或牛皮纸样品袋，用铅笔写好标签，内外各一张。采样标签样式如下所示：

土壤采样标签（式样）

统一编号：_____

邮编：_____

采样时间：_____年_____月_____日_____时

采样地点：_____省_____地市_____县（区）_____乡（镇）_____村_____（农户地块名）

采样深度：①0～20 厘米　②_____厘米（不是①的，在②填写）

采样人：_____

联系电话：_____

2. 土壤样品制备

（1）新鲜样品　某些土壤成分如二价铁、硝态氮、铵态氮等在风干过程中会发生显著变化，应用新鲜样品进行分析，采集后应用保温箱保存新鲜样品，并及时送回实验室，用粗玻璃棒或塑料棒将样品混匀后迅速称量测定。新鲜样品一般不宜储存，如需要暂时储存，可将新鲜样品装入塑料袋，扎紧袋口，放在冰箱冷藏室或进行速冻保存。

（2）风干样品　从野外采回的土壤样品要及时放在土壤风干盘上自然风干，也可放在样品盘上，摊成薄薄一层，置于干净整洁的室内通风处自然风干，严禁暴晒，并注意防止酸、碱等气体及灰尘的污染。风干过程中要经常翻动土样并将大土块捏碎以加速干燥，同时剔除侵入体。风干后的土样按照不同的分析要求研磨过筛，充分混匀后，装入样品瓶中备用。瓶内外各放标签一张，写明编号、采样地点、土壤名称、采样深度、细度、采样日期、采样人及制样时间、制样人等项目。制备好的样品要妥善储存，避免日晒、高温、潮湿和酸碱等气体的污染。全部分析工作结束，分析数据核实无误后，试样一般还要保存 12～18 个月，以备查询。对于试验价值大、需要长期保存的样品，应保存于棕色广口瓶中，用蜡封好瓶口。

（3）一般化学分析试样　将风干后的样品平铺在制样板上，用木棍或塑料棍碾压，并将植物残体、石块等侵入体和新生体剔除干净。细小已断的植物须根，可采用静电吸附的方法清除。也可将土壤中侵入体和植株残体剔除后采用不锈钢土壤粉碎机制样。压碎的土样用 2 毫米孔径筛过筛，未通过的土粒重新碾压，直至全部样品通过 2 毫米孔径筛为止。将通过 2 毫米孔径筛的土样用四分法取出约 100 克继续研磨，余下的通过 2 毫米孔径筛的土样用四分法取 500 克装瓶，用于 pH、盐分、交换性能及有效养分等项目的测定。取出约 100 克通过 2 毫米孔径筛的土样继续研磨，使之全部通过 0.25 毫米孔径筛，装瓶用于有机质、全氮、碳酸钙等项目的测定。

（4）微量元素分析试样　用于微量元素分析的土样，其处理方法同一般化学分析样品，但在采样、风干、研磨、过筛、运输、储存等环节，不要接触容易造成样品污染的铁、铜等金属器具。采样、制样推荐使用不锈钢、木、竹或塑料工具，过筛使用尼龙网筛等。通过 2 毫米孔径尼龙筛的样品可用于测定土壤有效态微量元素。

（5）颗粒分析试样　将风干土样反复碾碎，用 2 毫米孔径筛过筛。留在筛上的碎石称量后保存，同时将过筛的土壤称重，计算石砾质量百分数。将通过 2 毫米孔径筛的土样混匀后盛于广口瓶内，用于颗粒分析及其他物理性状测定。

若风干土样中有铁锰结核、石灰结核或半风化体，不能用木棍碾碎，应首先将其细心拣出称量保存，然后再进行碾碎。

二、植株样品的采集及制备

植株样本的采集应具有代表性，即采集样品能符合群体情况；典型性，即采样的部位能反映所要了解的情况；适时性，即根据研究目的，在不同生长发育阶段，定期采样。

1. 大田作物

（1）样品采集　大田作物一般采用多点取样，避开田边 1 米，按梅花形（适用于采样单元面积小的情况）或 S 形采样法采样，沿接近植株基部采集样株（条播小麦也可取统一长度内的样株）。样株数目应视作物种类、株间变异程度、种植密度、株型大小或生育期以及所要求的准确度而定，一般为 5～50 株。在采样区内采取不少于 10 个样点的样品组成一个混合样。为计算作物养分吸收量而采集的主要大田粮、棉、油作物的采样时间、部位、样本数量等详见表 6-2。其余作物的采集可参照表中相似的作物进行采集。

表 6-2　主要粮、棉、油作物的采集时间和采样部位

作物种类	采样时间	采样部位		采样株数	备注
		茎叶及有关部分	籽粒		
水稻	完熟期，最好与收获同步	茎叶	带壳籽粒	20 株以上	
玉米	完熟期，最好与收获同步	茎叶和玉米轴、玉米须、玉米苞叶	去除玉米轴、玉米须、玉米苞叶的玉米粒	5 株	
小麦	完熟期，最好与收获同步	茎叶和脱粒后的颖壳	麦粒	20 株以上	保证脱粒后籽粒样品重量不少于 250 克
油菜	角果黄熟期，最好与收获同步	茎叶和脱粒后的角果荚	去除角果荚的油菜籽	10 株以上	
大豆	荚果黄熟期，最好与收获同步	茎叶和脱粒后的果荚	大豆粒	10 株以上	
棉花	第二收获期（前喷花不采，采第二喷花）	茎叶和棉絮	脱絮后的棉籽	5 株	

采集的植株需立即将籽粒与其他部分分开（玉米可将整个玉米苞搬下），以免养分运转，并分别将各器官全部带回室内风干。油菜等有后熟期的样品或鲜基难以脱粒的样品应待完全成熟或风干后再行脱粒。

将采集的样株仔细包好（玉米等大植株可切成上、中、下三个部分后包装，剪切的刀具应锋利以尽量避免汁液的流出），填好采样记录和标签，标签一式两份，一份装入样品包装内，一份挂在样品包装外，其内容包括：作物名称、品种名称、采样地点、采样田块、采样时间、采样人。若需长距离运输，包装要松散些，包装袋要透风，以免样品因包装过紧会发热增强呼吸作用而造成损失。

（2）样品制备　植物样品如需洗涤，应在刚采集的新鲜状态时，用湿棉布擦净表面污染物，然后用蒸馏水或去离子水淋洗 1～2 次后，尽快擦干。风干样品单独脱粒。籽粒除杂（棉籽需去皮）、称重；茎叶及有关部分（如上表所述玉米轴、须、苞叶，油菜角果荚等，以下简称茎叶。）切碎成 3.3 厘米或更短（玉米茎秆、轴可用锋利的刀劈开后切碎），称重，计算茎叶、籽粒比（风干基）。

茎叶（棉花的棉絮单独处理和分析）的各部分按和整株样品相当的比例用四分法缩分（同时取一份作风干基水分测定用）。铺成薄层在 60 ℃的鼓风干燥箱中干燥 12 小时左右，直到茎秆容易折断为宜。样品稍冷后立即用磨样机磨碎（需要测试微量元素的样品最好用玛瑙球磨机，并过尼龙筛制样，以防止磨样机的污染），使之全部过 0.5 毫米筛。籽粒样品中水稻（糙米）、小麦、玉米、大豆等含油相对较少的种子可缩分后在 60～70 ℃鼓风干燥箱干燥4 小时后用磨样机磨碎，全部过 0.5 毫米筛；油菜籽、棉籽去皮（棉籽种皮不容易剥掉，可先用水浸泡 4～6 小时，再用锋利的小刀将种子切为两半，取出种仁）。缩分后于 70～80 ℃干燥箱内干燥 15～17 小时，在瓷研钵中用杵击碎即可。制成样品储于广口瓶，贴好标签备用，样品制备量应不少于 100 克。分析前于 90 ℃烘 2 小时平衡后称取。

2. 蔬菜样品　蔬菜品种繁多，可大致分成叶菜、根菜、瓜果三类，按需要确定采样对象。基本上全部为可食部分的蔬菜（如叶菜类）则全株采集；部分可食的蔬菜如瓜果类可在称量出全部样株各部分的比例后再分别采集。菜地采样可按对角线或 S 形法布点，采样点不应少于 10 个，采样量根据样本个体大小确定，一般每个点的采样量不少于 1 千克。

（1）叶类蔬菜样品　从多个样点采集的叶类蔬菜样品，对于个体较小的样本，如油菜、小白菜等，采样株数应不少于 30 株；对于个体较大的样本，如大白菜等，采样量应不少于5 株，分别装入塑料袋，粘贴标签，扎紧袋口。如需用鲜样进行测定，采样时最好连根带土一起挖出，用湿布或塑料袋装，防止萎蔫。采集根部样品时，在抖落泥土或洗净泥土过程中应尽量保持根系的完整。

（2）瓜果类蔬菜样品　采集瓜果的数量，较小的果实如青椒一类不少于 40 个，番茄、洋葱、马铃薯等不少于 20 个；黄瓜、茄子、小萝卜等不少于 15 个；较大的果实如西瓜、大白菜球等不少于 10 个；其余部分（如茎、叶、藤等）依据需要采集。设施蔬菜地植株取样时应统一在每行中间取植物样，以保证样品的代表性。对于经常打掉老叶的设施果类蔬菜试验，需要记录老叶的干物质重量，多次采收计产的蔬菜需要计算经济产量及最后收获时茎叶重量，包括打掉老叶的重量。

（3）样品制备　采回的瓜果样品应该立即冲洗、擦干。瓜果蔬菜的分析一般都用新鲜样品。大的样品或样品数量多时，可均匀地切其中一部分，但所取部分中各种组织的比例应与全部样品的相当。样品经切碎后用高速组织粉碎机或研钵打碎成浆状，从混匀的浆液中取样。多汁的瓜果也可在切碎后用纱布或直接用手挤出大部分汁液，将残渣粉碎后再与汁液一起混匀、称样。

新鲜瓜果的短时间内保存可以采用冷藏或立即干燥（需同时称样测水分含量），尽量使样品成分不发生变化。干燥方法：蔬菜的茎、叶、藤等可先将鲜样在80～90℃烘箱中鼓风烘15～30分钟（松软组织烘15分钟，致密坚实的组织烘30分钟），然后降温至60～70℃，逐尽水分；瓜果类样品先短时间110～120℃高温，然后降至60～70℃，逐尽水分，但总的烘干时间不宜长，一般为5～10小时。

3. 果树样品

（1）果实样品　在平坦果园可采用对角线法布点采样，由采样区的一角向另一角引一对角线，在此线上等距离布设采样点，山地果园应按等高线均匀布点，采样点一般不应少于10个。对于树型较大的果树，采样时应在果树上、中、下、内、外部的果实着生方位（东、南、西、北）均匀采摘果实。将各点采摘的果品进行充分混合，按四分法缩分，根据检验项目要求，最后分取所需份数，每份20～30个果实，分别装入袋内，粘贴标签，扎紧袋口。

（2）叶片样品　一般分为落叶果树和常绿果树采集叶片样品。落叶果树，在6月中下旬至7月初营养性春梢停长秋梢尚未萌发即叶片养分相对稳定期，采集新梢中部第7～9片成熟正常叶片（完整无病虫叶），分树冠中部外侧的四个方位进行；对常绿果树，在8—10月（即在当年生营养春梢抽出后4～6个月）采集叶片，应在树冠中部外侧的四个方位采集生长中等的当年生营养春梢顶部向下第3叶（完整无病虫叶）。采样时间一般以上午8—10时采叶为宜。一个样品采10株，样品数量根据叶片大小确定，苹果等大叶一般50～100片；杏、柑橘等一般100～200片；葡萄要分叶柄和叶肉两部分，用叶柄进行养分测定。

（3）样品制备　完整的植株叶片样品先洗干净，洗涤方法是先将中性洗涤剂配成1克/升的水溶液，再将叶片置于其中洗涤30秒，取出后尽快用清水冲掉洗涤剂，再用2克/升盐酸溶液洗涤约30秒，然后用二级水洗净。整个操作应在2分钟内完成。叶片洗净后应尽快烘干，一般是将洗净的叶片用滤纸吸去水分，先置于105℃鼓风干燥箱中杀酶15～20分钟，然后保持在75～80℃条件下恒温烘干。烘干的样品从烘箱取出冷却后随即放入塑料袋里，用手在袋外轻轻搓碎，然后在玛瑙研钵或玛瑙球磨机或不锈钢粉碎机中磨细（若仅测定大量元素的样品可使用瓷研钵或一般植物粉碎机磨细），用直径0.25毫米（60目）尼龙筛过筛。干燥磨细的叶片样品，可用磨口玻璃瓶或塑料瓶储存。若需长期保存，则应将密封瓶置于－5℃下冷藏。

果实样品测定品质（糖酸比等）时，应及时将果皮洗净并尽快进行，若不能马上进行分析测定，应暂时放入冰箱保存。需测定养分的果实样品，洗净果皮后将果实切成小块，充分混匀用四分法缩分至所需的数量后制成匀浆，或仿叶片干燥、磨细、储存方法进行处理。

三、土壤检测方法

1. 有机质　土壤有机质的变化是有机肥改善土壤肥力的直接体现。土壤有机质含量的测定推荐采用重铬酸钾容量法，在加热条件下，用过量的重铬酸钾-硫酸溶液氧化土壤有机碳，多余的重铬酸钾用硫酸亚铁标准溶液滴定，由消耗的重铬酸钾量按氧化校正系数计算出有机碳量，再乘以常数1.724，即为土壤有机质含量。具体操作参照农业行业标准《土壤检测　第6部分：土壤有机质的测定》（NY/T 1121.6—2006）规定执行。

2. 全氮　全氮量通常用于衡量土壤氮素的基础肥力，与土壤有机质含量呈正相关。土壤全氮一般变化较小,推荐采用自动定氮仪法;用高锰酸钾将样品中的亚硝态氮氧化为硝态氮后,再用还原铁粉使全部硝态氮还原,在加速剂的参与下,用浓硫酸消煮,经过高温分解反应,将各种含氮化合物转化为铵态氮,碱化后蒸馏出来的氨用硼酸溶液吸收,用硫酸(或盐酸)标准溶液滴定,求出土壤全氮含量。具体操作参照农业行业标准《土壤检测 第24部分:土壤全氮的测定 自动定氮仪法》(NY/T 1121.24—2012)规定执行。

3. 全磷 推荐采用氢氧化钠熔融-钼锑抗比色法,将土壤样品与氢氧化钠熔融,使土壤中含磷矿物及有机磷化合物全部转化为可溶性的正磷酸盐,用水和稀硫酸溶解熔块,在规定条件下样品溶液与钼锑抗显色剂反应,生成磷钼蓝,用分光光度法定量测定。具体操作参照农业行业标准《土壤全磷测定法》(NY/T 88—1988)规定执行。

4. 全钾 推荐采用氢氧化钠熔融,火焰光度法测定土壤全钾,土壤中的有机物和各种矿物在高温(720 ℃)及氢氧化钠熔剂的作用下被氧化和分解。用盐酸溶液溶解熔块,使钾转化为钾离子。经适当稀释后用火焰光度法或原子吸收分光光度法测定溶液中的钾离子浓度,再换算为土壤全钾含量。具体操作参照农业行业标准《土壤全钾测定法》(NY/T 87—1988)规定执行。

5. 碱解氮 推荐采用碱解扩散法,用氢氧化钠溶液处理土壤,在扩散皿中,土壤于碱性条件下进行水解,使易水解态氮经碱解转化为铵态氮,扩散后由硼酸溶液吸收,用标准酸滴定,计算碱解氮的含量。具体操作参照林业行业标准《森林土壤氮的测定》(LY/T 1228—2015)规定执行。

6. 铵态氮 经中性盐浸提后,采用比色法测定,用氯化钾溶液提取土壤中的氨氮,在碱性条件下,提取液中的铵离子在有次氯酸根离子存在时与苯酚反应生成蓝色靛酚染料,在波长630纳米处具有最大吸收峰。在一定浓度范围内,氨氮浓度与吸光度值符合朗伯-比尔定律。具体操作参照环境保护标准《土壤 氨氮、亚硝酸盐氮、硝酸盐氮的测定 氯化钾溶液提取-分光光度法》(HJ 634—2012)规定执行。

7. 硝态氮 用氯化钾溶液提取土壤中的硝酸盐氮和亚硝酸盐氮,提取液通过还原柱,将硝酸盐氮还原为亚硝酸盐氮,在酸性条件下,亚硝酸盐氮与磺胺反应生成重氮盐,再与盐酸N-(1-萘基)-乙二胺偶联生成红色热料,在波长543纳米外具有最大吸收峰,测定硝酸盐氮和亚硝酸盐氮总量。硝酸盐氮和亚硝酸盐氮总量与亚硝酸盐氮含量之差即为硝酸盐氮含量。具体操作参照环境保护标准《土壤 氨氮、亚硝酸盐氮、硝酸盐氮的测定 氯化钾溶液提取-分光光度法》(HJ 634—2012)规定执行。

8. 有效磷 利用氟化铵-盐酸溶液浸提酸性土壤中有效磷,利用碳酸氢钠溶液浸提中性和石灰性土壤中有效磷,所提取出的磷以钼锑抗比色法测定,计算得出土壤样品中的有效磷含量。具体操作参照农业行业标准《土壤检测 第7部分:土壤有效磷的测定》(NY/T 1121.7—2014)规定执行。

9. 速效钾 土壤速效钾以中性1摩尔/升乙酸铵溶液浸提,用火焰光度计测定。具体操作参照农业行业标准《土壤速效钾和缓效钾含量的测定》(NY/T 889—2004)规定执行。

10. pH 当把pH玻璃电极和甘汞电极插入土壤悬浊液时,构成一电池反应,两者之间产生一个电位差,由于参比电极的电位是固定的,因而该电位差的大小决定于试液中的氢离子活度,其负对数即为pH,在pH计上直接读出。具体操作参照农业行业标准《土壤检测 第2部分:土壤pH的测定》(NY/T 1121.2—2006)规定执行。

11. 交换性钙和镁　以乙酸铵为土壤交换剂，浸出液中的交换性钙、镁可直接用原子吸收分光光度法测定。测定时所用的钙、镁标准溶液中要同时加入同量的乙酸铵溶液，以消除基本效应。此外，在土壤浸出液中，还要加入释放剂锶（Sr），以消除铝、磷和硅对钙测定的干扰。具体操作参照农业行业标准《土壤检测　第 13 部分：土壤交换性钙和镁的测定》（NY/T 1121.13—2006）规定执行。

12. 有效硫　酸性土壤有效硫的测定，通常用磷酸盐-乙酸溶液浸提。石灰性土壤用氯化钙溶液浸提。浸出液中的少数有机质用过氧化氢消除。浸泡出的 SO_4^{2-} 用硫酸钡比浊法测定。具体操作参照农业行业标准《土壤检测　第 13 部分：土壤有效硫的测定》（NY/T 1121.14—2006）规定执行。

13. 有效锌、锰、铁、铜　用 pH7.3 的二乙三胺五乙酸-氯化钙-三乙醇胺（DTPA - CaCl$_2$ - TEA）缓冲溶液作为浸提剂，螯合浸提出土壤中有效态锌、锰、铁、铜。其中 DTPA 为螯合剂；氯化钙能防止石灰性土壤中游离碳酸钙的溶解，避免因碳酸钙所包蔽的锌、铁等元素释放而产生的影响；三乙醇胺作为缓冲剂，能使溶液 pH 保持在 7.3 左右，对碳酸钙溶解也有抑制作用。用原子吸收分光光度计，以乙炔-空气火焰测定浸提液中锌、锰、铁、铜的含量；或者用电感耦合等离子体发射光谱仪测定浸提液中锌、锰、铁、铜的含量。具体操作参照农业行业标准《土壤中有效态锌、锰、铁、铜含量的测定　二乙三胺五乙酸（DTPA）浸提法》（NY/T 890—2004）规定执行。

14. 有效硼　采用沸水提取，提取液用 EDTA 消除铁、铝离子的干扰，用高锰酸钾消褪有机质的颜色后，在弱酸性条件下，以甲亚胺- H 比色法测定提取液中的硼量。具体操作参照农业行业标准《土壤检测　第 8 部分：土壤有效硼的测定》（NY/T 1121.8—2006）规定执行。

15. 有效钼　样品经草酸-草酸铵溶液浸提，加入硝酸-高氯酸-硫酸破坏草酸盐，消除铁的干扰，采用极谱仪测定试液波峰电流值，通过有效钼含量与波峰电流值的标准曲线计算试液中有效钼的含量。具体操作参照农业行业标准《土壤检测　第 9 部分：土壤有效钼的测定》（NY/T 1121.9—2023）规定执行。

16. 有效硅　用柠檬酸作浸提剂，浸出的硅在一定酸度条件下与钼试剂生成硅钼酸，用草酸掩蔽磷的干扰后，硅钼酸可被抗坏血酸还原成硅钼蓝，在一定浓度范围内蓝色深浅与硅浓度成正比，从而可用比色法测定。具体操作参照农业行业标准《土壤检测　第 15 部分：土壤有效硅的测定》（NY/T 1121.15—2006）规定执行。

17. 阳离子交换量　石灰性土壤阳离子交换量的测定，用 0.25 摩尔/升盐酸破坏碳酸盐，再以 0.05 摩尔/升盐酸处理试样，使交换性盐基完全自土壤中被置换，形成氢饱和土壤，用乙醇洗净多余盐酸加入 1 摩尔乙酸钙溶液，使 Ca^{2+} 再交换出 H^+。所生成的乙酸用氢氧化钠标准溶液滴定，计算土壤阳离子交换量。具体操作参照农业行业标准《土壤检测　第 5 部分：石灰性土壤阳离子交换量的测定》（NY/T 1121.5—2006）规定执行。中性、酸性土壤阳离子交换量的测定，用 1 摩尔/升乙酸铵溶液（pH7.0）反复处理土壤，使土壤成为铵离子饱和土。过量的乙酸铵用 95％乙醇洗去，然后加氧化镁，用定氮蒸馏的方法进行蒸馏。蒸馏出的氨用硼酸溶液吸收，以标准酸液滴定，根据铵离子的量计算土壤阳离子交换量。具体操作参照农业行业标准《中性土壤阳离子交换量和交换性盐基的测定》（NY/T 295—1995）规定执行。

18. 土壤容重 利用一定容积的环刀切割自然状态的土样，使土样充满其中，称量后计算单位体积的烘干土样质量，即为容重。具体操作参照农业行业标准《土壤检测 第4部分：土壤容重的测定》(NY/T 1121.4—2006) 规定执行。

19. 土壤电导率 取自然风干的土壤样品，以1∶5 (m/V) 的比例加入水，在20 ℃±1 ℃的条件下振荡提取，测定25 ℃±1 ℃条件下提取液的电导率。当两个电极插入提取液时，可测出两个电极间的电阻。温度一定时，该电阻值 R 与电导率 K 成反比，即 $R=Q/K$。当已知电导池常数 Q 时，测量提取液的电阻，即可求得电导率。具体操作参照环境保护标准《土壤 电导率的测定 电极法》(HJ 802—2016) 规定执行。

20. 铅 采用盐酸-硝酸-氢氟酸-高氯酸全消解的方法，消解后的样品中铅与还原剂硼氢化钾反应生成挥发性铅的氢化物 (PbH_4)。以氩气为载体，将氢化物导入电热石英原子化器中进行原子化。在特制铅空心阴极灯照射下，基态铅原子被激发至高能态，在去活化回到基态时，发射出特征波长的荧光，其荧光强度与铅的含量成正比，最后根据标准系列进行定量计算。具体操作参照国家标准《土壤质量 总汞、总砷、总铅的测定 原子荧光法 第3部分：土壤中总铅的测定》(GB/T 22105.3—2008) 规定执行。

21. 镉 采用盐酸-硝酸-氢氟酸-高氯酸全消解的方法，彻底破坏土壤的矿物晶格，使试样中的待测元素全部进入试液。然后，将试液注入石墨炉中。经过预先设定的干燥、灰化、原子化等升温程序使共存基体成分蒸发除去，同时在原子化阶段的高温下铅、镉化合物离解为基态原子蒸气，并对空心阴极灯发射的特征谱线产生选择性吸收。在选择的最佳测定条件下，通过背景扣除，测定试液中铅、镉的吸光度。具体操作参照国家标准《土壤质量 铅、镉的测定 石墨炉原子吸收分光光度法》(GB/T 17141—1997) 规定执行。

22. 铬 土壤经硫酸、硝酸、磷酸消化，铬的化合物转化为可溶物，用高锰酸钾将铬氧化成六价铬，过量的高锰酸钾用叠氮化钠还原除去，在酸性条件下，六价铬与二苯碳酰二肼 (DPC) 反应生成紫红色化合物，于波长540纳米处进行比色测定。具体操作参照农业行业标准《土壤检测 第12部分：土壤总铬的测定》(NY/T 1121.12—2006) 规定执行。

23. 砷 砷的酸性溶液在氢化物发生器中，与还原剂硼氢化钾发生氢化反应，生成砷化氢气体。用氩气作载体将砷化氢气体导入石英炉中进行原子化，受热的砷化氢解离成砷的气态原子。砷原子受到光源特征辐射线的照射而被激发产生原子荧光，荧光信号到达检测器变为电信号，经电子放大器放大后由读数装置读出结果。产生的荧光强度与试样中被测元素含量成正比，可以从校准曲线查得被测元素的含量。土壤中大多数元素经分解后也能进入待测溶液中，Cu^{2+}、Co^{2+}、Ni^{2+}、Cr^{6+}、Au^{3+}、Hg^{2+} 对测定有干扰，加入硫脲即可消除。具体操作参照农业行业标准《土壤检测 第11部分：土壤总砷的测定》(NY/T 1121.11—2006) 规定执行。

24. 汞 基态汞原子被波长为235.7纳米的紫外光激发而产生共振荧光，在一定的测量条件下和较低浓度范围内，荧光浓度与汞浓度成正比。样品用硝酸-盐酸混合试剂在沸水浴中加热消解，使所含汞全部以二价汞的形式进入溶液中，再用硼氢化钾将二价汞还原成单质汞，形成汞蒸气，在载气带动下导入仪器的荧光池中，测定荧光峰值，求得样品中汞的含量。具体操作参照农业行业标准《土壤检测 第10部分：土壤总汞的测定》(NY/T 1121.10—2006) 规定执行。

第五节 试验报告编制

报告编制要素

肥料田间试验报告是肥料试验效果的客观展现，以真实科学表述肥料在特定作物上的影响效果为目的。一般试验报告的撰写应采用科技论文的格式，主要包括试验题目、试验来源、试验目的和内容、试验时间和地点、试验材料和设计、试验条件和管理措施、试验期间气候和灌排水情况、试验数据统计与分析、试验效果评价、试验主持人签字及承担单位盖章等几部分组成。

（一）试验报告题目

试验报告的题目应简单明了，一般由五要素构成，包含试验地点、时间、供试作物、供试肥料（肥料名称）、试验类型。

（二）试验来源与目的

试验报告首先应阐述试验的来源，以及开展试验的目的，交待试验设置的背景，为试验开展提供依据。

（三）试验材料与方法

试验材料与方法应详细具体，实事求是。具体来说包括：试验时间和地点、土壤理化性质、供试肥料、作物品种、试验设计和田间管理等方面。

试验时间应包括试验的起始时间，具体精确到日，例如：XXXX 年 XX 月 XX 日至 XXXX 年 XX 月 XX 日。试验地点应具体到试验的具体地块，例如：XX 省 XX 县 XX 镇 XX 村 XX 农户地块，有条件最好能 GPS 定位。

供试肥料的记载应具体详细，主要包括：肥料名称、养分配比、生产公司等基本信息。供试作物信息主要包括品种名称、平均年产量、栽培方式等。

肥料试验设计要根据不同肥料特点、试验目的及供试作物等具体说明。试验方案中应具体说明试验所设处理及重复个数，小区排列方式及小区面积。用肥情况及施肥方法要详细具体。例如：试验设 X 个处理（详细列出不同处理的设置）；X 次重复。小区采用随机排列，每个小区占地面积 X 米^2。为避免串灌串排相互影响，小区间设隔离行，各小区单灌单排。

田间管理主要包括整地、施肥（含基肥和追肥）、播种时间、播种量、病虫害防治、灌溉、收获、计产、采样等内容。播种时间及收获时间应具体到 X 年 X 月 X 日；播种量可具体到种植密度；病虫害包括相关的防治措施、喷施药品及用量等；灌溉包括灌溉的时间、灌溉量等；计产时间、方法，采样时间、有无自然灾害及应急处理方式等应详细记录。

（四）试验结果与分析

试验结果与分析部分应以试验所得数据为基础，用图表及简要文字展示试验效果，主要包括不同施肥处理对试验地土壤理化性状、作物生物学性状、产量和品质、经济效益、抗逆性效果、生态环境等方面的影响。对生物学性状的描述应包括供试作物的长势、叶色、叶片、果实等，例如穗粒数、千粒重、单果重等。作物产量和品质部分应详述测产的方法，重点展示对不同产品品质影响的测评指标。抗逆性效果主要包括对干旱、低温、盐碱、病虫、土壤和水体污染等抵抗力的作用效果等。经济效益评价应包含施肥纯收益、施肥产投比、节肥和省工情况等。试验结果统计学检验应根据试验设计选择执行 T 检验、F 检验、新复极差检验、LSR 检验、SSR 检验、LSD 检验或 PLSD 检验，或根据需要增加其他统计方法进行数据分析处理。

（五）试验讨论

"讨论"部分的内容可与"试验结果与分析"部分合并，将此节标题改为"结果与讨论"。如果试验需要详细讨论，需对获得的研究结果进行分析、比较、解释、评价、综合判断，从而得出具有独创性或创新性结论，为最终结论提供理论依据。讨论写作要点有：①设法提出结果中证明了的原理、相互关系，并归纳性地加以解释，但注意是对结果进行论述而不是重述；②指出论文研究的结果和解释与以往发表的文献相一致或不一致的地方；③论述自己研究工作的理论含义，以及实际应用的各种可能性；④指出可能出现的情况，明确提出尚未解决的问题和今后探索的方向。

（六）试验结论

试验结论应以正文中的试验研究中得到的现象、数据和阐述分析作为依据，简明、扼要地概括出本试验得出的基本信息和规律，而不应是正文中各段小结的简单重复，要求条理清晰、简洁准确。

（七）试验报告落款

主要包括：试验执行单位、主持人、试验报告完成时间等。

第六节　试验报告规范要求

一、格式要求

标题应控制在 20 字内，能恰当简明地反映文章的特定内容，必要时可加副标题，一般选用三号黑体。

除各级标题和图表外，正文一律用五号字，中文采用宋体，西文采用 Times New Roman 字体，单倍行距，通栏排列。层次标题用阿拉伯数字连续编号，编号到二级为止。各级层次标题为建议名称，可根据自己的试验报告内容做适当修改。同一层次的标题应尽可能"排比"，即词或词组类型相近，意义相关，语气一致。结果部分的标题，应反映此节的结果，而非过程、方法。结果部分利用图、表及文字进行合乎逻辑的分析，呈现研究的主要结果而无须诠释其含义，主要用叙述，较少议论。图、表要精选，应具有自明性，且随文出现（先叙文，后给出图表）。全文表格按在文中出现的次序编号。

全文图件按在文中出现的次序编号（图题"图 1……"于图下居中，小五号字体），以不超过 10 幅为宜。横坐标、纵坐标均应有标题，图中文字选用小五号字体。图要清晰，大小适中（单栏图的大小＜8 厘米，通栏图的大小为 12～16 厘米），线条均匀，一律黑白图表示。

二、讨论

可根据肥料试验设计情况选择有无，简单肥效试验可以不展开讨论部分；如果需要详细讨论，需对获得的研究结果进行分析、比较、解释、评价、综合判断，从而得出具有独创性或创新性结论，为最终结论提供理论依据，字数可控制在 500～2 000 字。

三、结论

应以正文中的试验研究中得到的现象、数据和阐述分析作为依据，简明、扼要地概括出本研究揭示出的基本信息和规律，而不应是正文中各段小结的简单重复。结论要求条理清晰、简洁准确。一般用一段文字表述，字数控制在 300～500 字，不要用小标题分开，不分段。

四、试验报告落款

包括试验执行单位（公章）、主持人、试验报告完成时间等几项内容，宋体五号字体。

五、其他注意事项

①试验报告要求主题明确、数据可靠、逻辑严密、文字精练，并要遵守我国著作权法，注意保守机密。②对于仅为同行所熟悉的缩略语或尚无标准或规定的名词术语，在正文中首次出现时均要注释全称。表示同一概念或概念组合的名词术语，全文中应前后一致。③正文（含图、表）中的物理量和计量单位必须符合国家标准和国际标准。计量单位以国家法定计量单位为准，分母单位以负指数幂表示，如"千克/亩"。计量单位中间不加修饰词。文中数据保留 3～4 位有效数字即可；表中的数字按个位、小数点对齐；数字与单位间空 1/4 格；文中取值范围号用"～"表示。④公式及文中的外文字母、数码和数学符号需分清大小写、正斜体、上下标。

第七章

全国绿色种养循环粪肥还田追溯系统

第一节　系统介绍

一、概述

全国绿色种养循环粪肥还田追溯系统采用先进的互联网、物联网、云计算、大数据等技术，实时记录粪污收集、运输、处理及施用过程，实现粪肥还田全流程监管与可追溯。运用信息化手段，及时采集畜禽粪污种类、来源、数量，粪肥发酵过程、参数和品质检测结果，粪肥还田田间试验和效果评价报告等关键数据，监控还田粪肥质量，跟踪还田效果。通过接入定位系统、监控器、称重传感器等外部辅助设备，监控畜禽粪污运输重量变化和粪肥还田作业轨迹，实现全流程监管信息化，做到粪肥来源清晰、处理过程可视、粪肥去向可查、监管不留死角。建立粪肥还田大数据展示平台，统计分析各类数据、图片、视频等内容，实现数据处理自动化，图示化展示项目执行情况，为项目决策、检查督导、总结验收提供依据，提高项目管理效率。

全国绿色种养循环粪肥还田追溯系统由北京鑫创数字科技股份有限公司开发。该公司成立于 2009 年，坐落在北京中关村高新科技园区，是一家全产业链生态体系数字化综合解决方案服务商，是工业和信息化部授权的工业互联网标识解析综合型二级节点建设单位。荣获国家高新技术企业、中关村高科技企业、ISO9001 认证、国家中小企业公共服务示范平台、工业和信息化部工业互联网试点示范项目、北京市专精特新企业等称号。公司基于工业互联网与物联网技术，整合区块链、大数据、云计算人工智能等技术，以"一物一码＋"为抓手，为企业数字化转型升级赋能，为政府、行业、企业、消费者打造互联互通的数字化服务生态圈。公司拥有完全自主知识产权的工业和农业数字化系统、"信德过"工业互联网平台和国家中小企业公共服务示范平台，为工业和信息化部、农业农村部等部委及数千家行政和企事业单位构建全产业链数字化体系，助力行业高质量发展，实现万物互联赋能数字经济。

二、底层技术

1. 物联网技术　平台需要使用传感器、网络通信、设备连接等物联网技术对粪肥还田的各个环节进行监控和管理，包括车辆、养殖场、处理点等。

2. 大数据技术　平台需要使用数据采集、存储、处理和分析等大数据技术，收集各个环节的数据，包括粪肥来源、车辆信息、养殖场信息、处理点信息等，进行数据的处理和分析。

3. 云计算技术　平台需要使用云存储、云服务、云安全等云计算技术，处理大量的数据和信息，并实现信息的共享和交换，包括平台的运营和管理，以及用户接口的设计和实现等。

4. 人工智能技术　平台需要使用机器学习、深度学习、自然语言处理等人工智能技术，对收集的数据进行分析和预测，以便更好地指导粪肥收集、处理、检测、施用等服务。

5. 智能决策支持技术　包括基于数据分析和模型进行智能决策的支持，为用户提供决策依据。

粪肥还田监测信息管理和粪肥还田信息图形化部分分为表现层、服务层和数据层。表现层负责与用户进行交互，将用户的输入信息传递给系统，并将系统的结果返回给用户。服务层是系统的核心层，它提供各种业务服务和管理服务，包括业务逻辑、数据处理、数据存储、安全控制等。服务层的设计和实现需要考虑系统的可扩展性、可维护性和可靠性。数据层是系统分层结构中的最底层，主要负责管理数据访问和数据存储。它位于服务层之下，是系统的最底层。数据层功能包括：数据访问，数据层负责与数据库或其他数据存储介质进行交互，包括数据的查询、插入、更新、删除等操作；数据存储，数据层负责数据的存储和检索，它可以将数据存储到数据库或其他数据存储介质中，并从数据库中检索数据以供上层使用；数据映射，数据层负责数据映射，将数据库中的数据表和对象进行映射，以便于上层访问和操作；数据验证，数据层负责对数据进行验证，包括数据的有效性、完整性、一致性等，以确保数据的正确性和可靠性。业务数据库通过通信代理接收来自远程采集系统的数据，然后通过 Java 数据库连接与服务层进行交互，空间数据库是存储、管理空间信息的基础，包括基础地理信息数据和监测站空间数据，通过空间数据库引擎与服务层进行交互，业务数据库同时也通过服务层与浏览器进行数据的交互。平台整合了 Web 服务、地图服务和应用服务。Web 服务提供浏览功能，地图服务提供地图数据发布服务以及管理的服务。应用服务是在服务器端使用 JavaBean 构建的计算模型，用于数据的分析。

三、系统特点

1. 多主题树状数据上报入口　以填报时间、监测类型、行政区划等为主题，采用简单直观的树状图形式，为各级用户提供粪肥还田数据上报、查找的快速通道，同时在树状图上显示上报统计信息，便于用户快速掌握上报情况。

2. 便捷的数据填报界面　以信息栏的方式同屏显示多种填报信息，包括区域基本情况、粪肥还田数据记录、各数据汇总对比、历史数据记录、区域内粪肥还田数据记录等，极大地方便了各级用户进行粪肥还田监测数据的填报、查看与对比分析。用户还可以通过单击信息栏标题的方式简单快捷地控制各信息的显示与隐藏。

3. 基于角色和范围的权限管理　系统根据用户的需求及其特点，设置全国、省级、县级三个级别的功能角色，为其赋予相应的系统功能权限，用户通过申请角色来获取使用的权限；同时，系统遵循上级管理下级、同级只限本区域的范围管理原则，根据用户的属性限定其可以使用的功能及数据范围，以保证系统安全运行。

4. 多样的数据源　系统融合了多级、多种数据源，包括全国、省、县、服务组织四级粪肥还田数据、人工监测数据和自动监测（传感器）数据，系统可自动采集、传输、管理自动监测数据，并提供数据异常警示功能。

5. 简明的功能操作界面　功能界面风格简洁，为各级用户提供快速功能入口，并采用 Ajax 异步通信技术优化用户体验。

6. 可视化的数据分析 以地图专题图的形式直观、形象地展示数据分析结果，并可保存分析结果。

7. 可定制的数据分析 可根据需要自行定义分析数据的范围、时间、对比项、分析项以及分析结果的分级界定等，并可定制分析结果在地图上渲染的级别、颜色、透明度等。

第二节 系统基本架构及功能

一、基本架构

绿色种养循环粪肥还田追溯系统由 4 级端口组成，包括服务组织端微信小程序、县级管理平台、省级管理平台和全国管理平台（图 7-1）。数据流向是以服务组织、养殖单位、第三方检验机构等通过微信小程序填报的数据为基础，由县级监管员进行监管，并逐级上报至县级、省级管理平台，最后汇总至全国管理平台。各级平台信息互通，数据流向清晰，平台入口统一，数据采集格式规范，便于后期大数据统计分析。

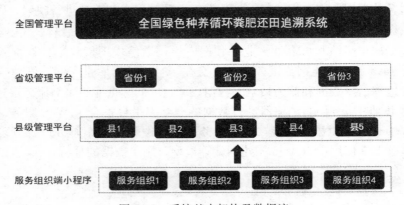

图 7-1 系统基本架构及数据流

不同用户对象登录入口及方式不一样，登录后的功能点也不一样，功能架构如图 7-2。

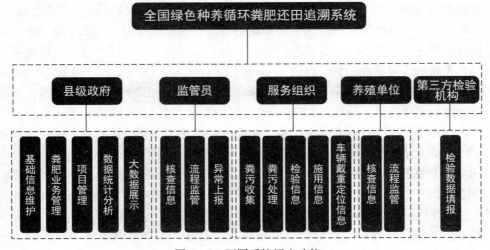

图 7-2 不同系统用户功能

二、主要业务功能

1. 粪肥追溯业务　　主要服务对象为服务组织和县级项目管理部门。由服务组织通过微信小程序等终端上报粪污收集运输、粪肥堆沤、粪肥质量检测及粪肥施用等业务数据。运输车辆可选择安装车辆称重、行程轨迹及定位系统等外部拓展设备，自动获取车辆行程轨迹、里程数、粪污和粪肥重量等数据，实现全自动化数据采集，达到智能物联的高效运用。服务组织所产生的业务数据实时同步上传至县级管理平台，县级管理部门可对粪肥追溯的业务数据进行实时监控、分类监管，极大提高了过程管理效率。根据对监管要求的不同，监管分为强监管和弱监管，其中强监管中服务组织每一步业务操作都需由县级监管员审核，此种监管方式能极大地降低风险概率，规范服务组织粪肥还田流程；弱监管中服务组织每一步业务操作需知会监管人员，但不需要审核，做到工作留痕（图7-3）。

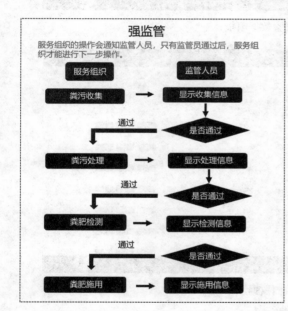

图7-3　系统监管方式

2. 项目管理　　主要服务对象为县级、省级和全国项目管理部门，包括绿色种养循环农业试点项目资金使用、数据调度、项目区建设、宣传培训、试验监测点布设等实施内容的管理。其中，在资金使用方面，针对粪肥还田的业务特点，建立一套专项资金管理的信息化系统，支持多种资金来源的管理，如中央财政、地方财政及社会资金等，对不同补贴对象及补贴方式资金支出进行分类，实现资金来源及去向的数字化管理。

3. 大数据统计分析　　实时汇总绿色种养循环农业试点项目资金执行、服务组织培育、粪肥还田面积及还田量、畜禽粪污资源化利用、试验监测点布设、粪肥品质检测、宣传培训等实施数据（图7-4至图7-6），采用大数据统计分析方法，根据粪肥还田追溯及项目管理数据的分级分类，可从县级、省级和全国等多维度查看项目执行情况，所产生的数据支持按不同模式分类统计并导出。支持地理信息系统（Geographic Information System，以下简称GIS）模式下总览项目全貌，并提供大屏展示功能。GIS模式下的展现方式以地图为基准

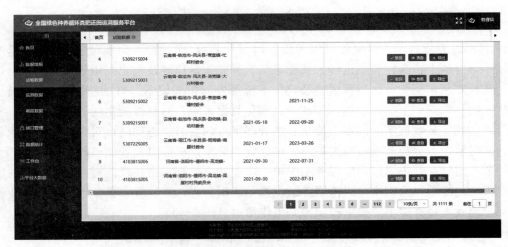

图 7-4　试验数据填报

图 7-5　监测数据填报

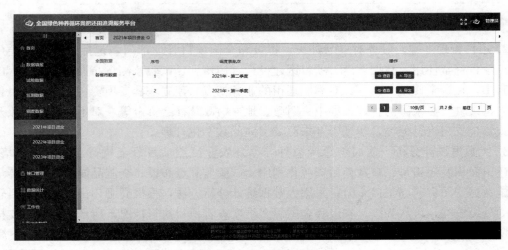

图 7-6　调度数据填报

点，展示县辖服务组织分布，处理点及养殖单位位置，同时展示本县粪污收集量、粪肥施用量等数据。GIS模式采用矢量图方式展示，可对已有数据进行钻取。

第三节　用户手册

一、系统简介

本系统面向全国、省、市、县以及粪肥还田服务组织等各级用户，具有信息上报、存储、导出、分析与管理等功能。

二、运行环境

用户可使用网络浏览器软件访问，支持 360 浏览器、火狐浏览器、Chrome 浏览器等。服务组织可通过微信小程序访问，支持安卓系统、iOS 系统等。

三、系统操作及数据填报说明

1. 服务组织端小程序　微信小程序搜索绿色种养循环粪肥还田追溯系统服务组织端，进行注册登录。进入小程序后页面显示填写收集、处理、检测和施用信息四大模块。

填写收集信息，用于填写粪污来源、粪源种类、粪污类型及重量、运输距离和存放地点。

填写处理信息，用于填写发酵工艺、辅料添加、发酵温度、天数、pH 等关键指标参数。

填写检测信息，用于填写粪肥质量检测的结果，包括养分、有机质、水分、pH、重金属、盐分等指标，可上传检测报告。

填写施用信息，用于填报对接种植户、地块、作物类型、施用面积、施用量等信息（图 7 - 7）。

图 7-7　收集、处理、检测和施用信息模块

2. 县级监管端小程序　微信小程序搜索绿色种养循环粪肥还田追溯系统监管端，PC 端可以进行账号注册。进入小程序后页面显示管辖范围内的服务组织，可以看到所有服务组织提交的待办事项和新消息数量。进入某个服务组织，可查看该服务组织的所有审核记录和操作记录（图 7-8）。其功能主要有：①查看服务组织信息。点击某个服务组织进入，可通过

图 7-8　服务组织监管模块

待办、粪污、处理中、粪肥、检测、施用、异常上报分类查看该服务组织的操作记录；点击信息列表某条记录，显示该记录的详细信息。②审核。点击"待办"页签，显示所有待审核的信息，点击某条信息可查看该信息的详细数据；点击"审核"按钮，进入审核页面，点击"取消"按钮，可以实现对当前数据的取消操作，点击"确认"按钮，可以实现对数据的确认操作。

3. 县级管理平台 县级管理平台登录网址：https：//ffht.net/user/login，注册登录后，首页显示追溯管理、项目管理、数据统计、大数据平台4大模块（图7-9）。

（1）追溯管理功能 包括基础信息、示范区管理、政策信息、系统设置。

基础信息模块，包括对村镇、服务组织、养殖场（户）、第三方检测机构、监管员、专家组、项目区标牌、试验监测点位布设、基础字典等信息进行采集，建立县级粪肥还田基础数据。

示范区管理模块，包括试验监测管理、归档管理等。

政策信息模块，及时推送相关政策文件。

系统设置模块，包括机构、职务、人员及角色信息管理、密码修改等内容。

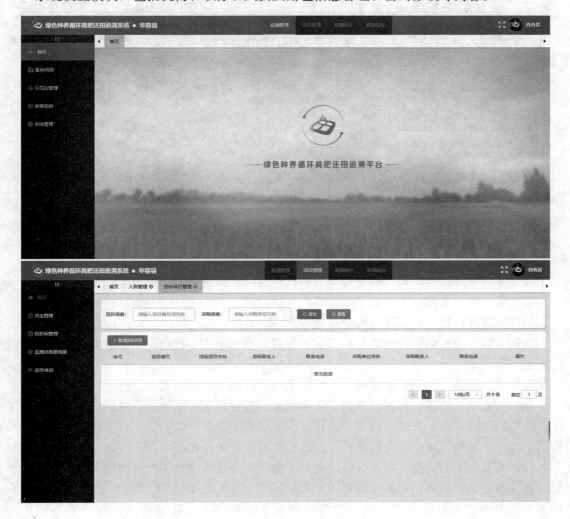

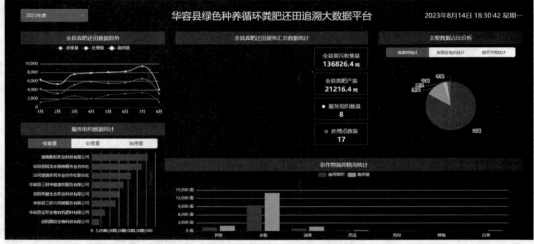

图 7-9 县级追溯管理、项目管理、数据统计、大数据平台模块

（2）项目管理功能 包括资金管理、招投标管理、监测点数据填报、宣传培训。

资金管理模块，包括入账和出账管理。

招投标管理模块，包括招标和中标管理。

监测点数据填报模块，主要是对粪肥还田效果监测点成本收益、土壤肥力变化等数据进行采集。

宣传培训模块，包括培训名称、类型、人数、网讯等信息的发布。

（3）数据统计功能 包括服务组织工作统计、监管员工作统计、其他统计。服务组织工作统计包括粪污收集、处理、检测、施用、车辆信息的查看；监管员工作统计包括监管及异常信息统计；其他统计包括按技术模式、作物类型统计的粪肥还田面积等。

（4）大数据平台功能 可对县级绿色种养循环农业试点项目工作情况进行大数据统计展示，界面展示全县粪肥还田数据趋势图、粪肥还田服务汇总数据统计图、主要数据占比分析图、服务组织数据统计图、农作物施用情况统计图等，可通过年份筛选查看不同年份数据（图7-10）。

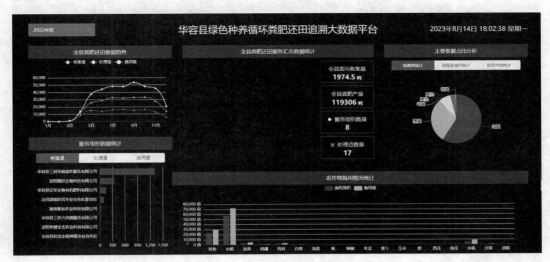

图7-10 绿色种养循环大数据平台

4. 省级管理平台 省级管理平台登录地址：https://province.ffht.net，注册登录后，首页显示追溯管理、项目管理、数据统计、大数据平台4大模块（图7-11）。

追溯管理，包括基础数据、试点县数据、处理点管理、专家组成员、目标管理、示范区管理、处理项管理、试验示范区管理、归档管理、政策信息、政策列表、推送记录、系统管理、机构管理、职务管理、人员管理、角色管理。

项目管理，包括入账管理、出账管理、招标项目管理、中标项目管理、监测基础信息、宣传培训列表。

数据统计，包括收集信息、处理信息、检测信息、施用信息、异常统计、异常信息、技术模式统计、作物施用统计、监测点统计、施用量统计。

大数据平台功能：可对县级绿色种养循环农业试点项目工作情况进行大数据统计展示，

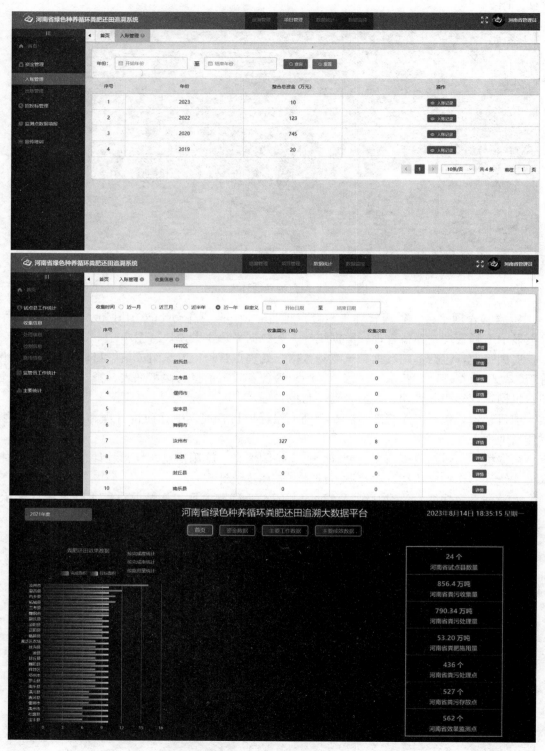

图 7-11　省级追溯管理、项目管理、数据统计、大数据平台模块

在数据监控界面展示全县粪肥还田数据趋势图、全县粪肥还田服务汇总数据统计图、主要数据占比分析图、服务组织数据统计图、农作物施用情况统计图，可通过年份筛选查看不同年份的数据。

5. 全国管理平台　全国管理平台登录地址：https：//nation. ffht. net，注册登录后首页展示数据填报、接口管理、数据统计、工作台、大数据平台5大模块（图7-12）。

数据填报包括试验数据、监测数据、调度数据，接口管理包括接口审核，数据统计包括试点县基本情况、组织领导、资金到位情况、中央财政资金执行情况、中央财政资金补贴内容、主要工作、主要成效，工作台包括工作动态、政策法规、帮助中心、发布通知、技术标准，大数据平台对全国绿色种养循环农业试点工作进展情况进行展示。

6. 可扩展硬件设备

（1）车辆定位与轨迹设备　为了更好地监测畜禽粪污和粪肥运输车辆的使用情况，在系统中实现了对粪肥车的运动轨迹与位置记录，使平台更加精准化、智能化。车载定位一般采用北斗卫星导航系统（BeiDou Navigation Satellite System，BDS）定位技术，通过无线数据网络，如2G、3G或4G数据网络，传输定位数据至服务器，服务器根据上传的历史定位数

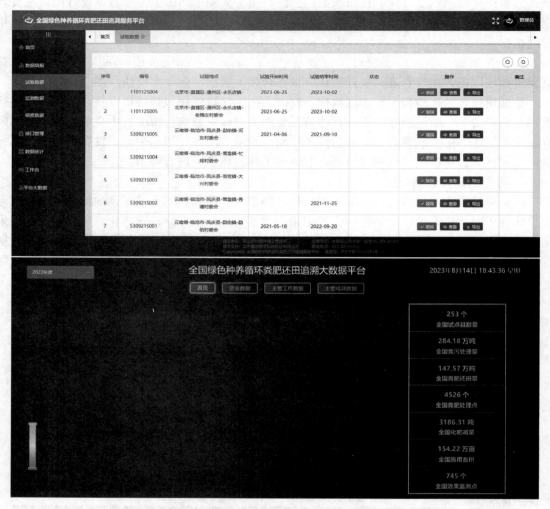

图7-12 全国接口管理、数据统计、工作台、大数据平台模块

据形成车辆运行轨迹（图7-13）。

（2）车辆载重设备 智能车载称重系统由称重传感器、称重处理器、数据传输终端、车载显示器（可选）组成。利用传感器实时采集车辆钢板弹簧相对于车辆大梁的状态变化数据，被测量角度模拟量转化为数字信号，再通过上位机通信传输至数据后台进行记录并分析，最终在应用平台实时显示车辆载重数据。

系统组成及应用车型：载重1拖4＋BDS＋车载显示器（图7-14）；载重1拖6＋BDS＋车载显示器；载重2拖8＋BDS＋车载显示器。可帮助服务组织快速准确计算粪污及粪肥的重量，避免人工估算产生偏差，县级部门可根据此重量实现有据可查。同时支持车辆定位及电子围栏功能，帮助服务组织在有效范围内开展作业。车载终端显示设备可使司机对粪污/粪肥的重量一目了然。

（3）视频监控设备 网络摄像机是集成了视音频采集、智能编码压缩及网络传输等多种功能的数字监控产品。采用嵌入式操作系统和高性能硬件处理平台，具有较高稳定性和可靠

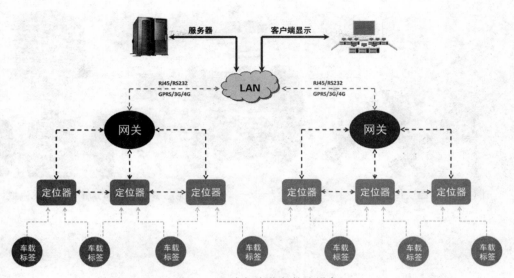

图 7 - 13　车辆定位与轨迹设备

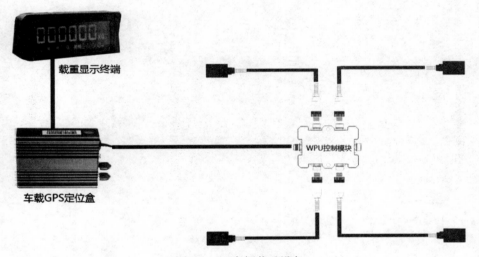

图 7 - 14　车辆载重设备

性，可满足多样化行业需求。针对粪肥还田业务，视频监控设备可帮助服务组织有效监控企业各个区域，起到安保作用。通过监控实现远程管理，通过手机 App 实时查看现场情况，与工作人员实现双向语音对讲。

（4）温度传感器　可以帮助现场工作人员直接看到数据，及时采取应对措施。传感器精度高、功耗低，使用环境温度范围宽，工作稳定可靠。采用密封结构，适用于温度监测的设备（图 7 - 15）。

（5）沼液流量监测设备　通过该设备实现精准监测沼液流量，设备数据通过网络自动上传至服务器，县级部门可通过数据确定沼液施用量，为粪肥还田定量化提供依据（图 7 - 16）。

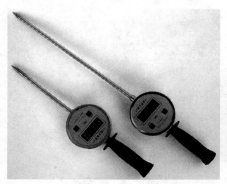

图 7 - 15　温度传感器

图 7 - 16　一体式智能电磁流量计和分体智能电磁流量计

第八章

主要作物粪肥还田技术模式

>>

第一节　水稻粪肥还田技术模式

一、东北寒地稻区粪水还田技术模式

(一) 概述

主要采用兼性好氧发酵工艺，将液体粪污收集经沉淀后送入氧化塘内进行厌氧发酵，厌氧发酵充分后，抽入露天储液池进行好氧发酵，经检测合格后喷洒还田。

(二) 技术要点

1. 前期处理　粪便的收集、储存及处理技术应按《畜禽粪便无害化处理技术规范》(NY/T 1168—2006) 规定执行。液体粪肥还田前，应进行无害化处理，充分腐熟并杀灭病原菌、虫卵和杂草种子，卫生条件符合《畜禽粪便还田技术规范》(GB/T 25246—2010) 规定。沼液或者粪水，其蛔虫卵死亡率超过 95%，粪大肠菌值处低于 10^{-2}。粪水中不应有活的血吸虫卵和钩虫卵，同时有效地控制蚊蝇孳生，沼液中无孑孓，池的周边无活蛆、蛹或新羽化的成蝇。粪水中的重金属含量限值应符合《肥料中有毒有害物质的限量要求》(GB/T 38400—2019) 的要求。粪水检测按《肥料中砷、镉、铬、铅、汞含量的测定》(GB/T 23349—2020) 规定执行。

2. 施肥措施　达到卫生和重金属限量要求的有机肥才能施用于农田。根据水稻品种、目标产量和土壤养分状况等合理施用，并与其他有机肥、化肥配合使用。因为粪水中养分多是速效养分，施用过程首先要测定总氮、磷和钾含量，全部作为有效养分来计算有机肥供应的养分数量。如果粪水含氮量为 0.15%，施用 30 吨/公顷；当粪水含氮量为 0.1%，作基肥用量不超过 50 吨/公顷；当粪水含氮量低于 0.1%，根据情况适当多施。计算粪水中磷、钾含量，不足的磷、钾营养元素应由其他肥料补足，做到平衡施肥。作追肥每次施氮量一般不超过 30 千克/公顷。

3. 施用方式　粪水作基肥时可直接施用，可参照《沼肥施用技术规范》(NY/T 2065—2011) 执行。如果粪水用作追肥，宜随水施用。粪水含盐量较低 (电导率小于 1.0 毫西/厘米) 时可不稀释直接应用。如果电导率超过 1.0 毫西/厘米，应结合灌溉施用，稀释后保证电导率不超过 1.0 毫西/厘米，确保不烧苗。例如电导率为 3.0 毫西/厘米，则灌溉水和沼液比例应不低于 3:1。秋季作为基肥施用后应适时整地。春季应与其他基肥一起施用，施用后适时整地。追施后田面水深度控制在 3~5 厘米为宜，追肥后不排水。

4. 其他配套农艺措施

(1) 粪水施用必须补充化肥　粪水多作基蘖肥施用，穗肥施氮量一般也不超过氮肥总量

的 20%。拔节后粪水提供氮量不超过 20 千克/公顷，此时可以不再施用穗肥。

（2）粪水追施前应先落干 2～3 天，使田面出现火柴棍大小裂隙，然后再灌溉，以促进肥水下渗，减少氮素损失。

（三）注意事项

粪水不宜用于碱性地块。在稻田施用粪水，pH 宜控制在 5.5～6.5。应避免田间风速过大或气温过高时施用粪水。粪水应避免与生石灰、草木灰等碱性肥料混施。水稻田每次施用粪水后，应筑高进、出水口，5 天以内不宜排水。

（四）应用效果

粪水可以改变土壤营养物质组成，提高土壤有机质、碱解氮、有效磷、速效钾等含量，改变土壤中微生物结构，降低重金属活性。粪水有利于改善土壤的理化性质，培肥土壤，减少化肥施用量。

（五）适用范围

适用于东北寒地水稻种植。

二、长江中下游稻区堆肥还田技术模式

（一）概述

以畜禽粪便为原料，经腐熟发酵形成的粪肥，与配方肥、沼液、缓释肥等配合，通过机械施用的方式进行还田利用。

（二）技术要点

1. 前期处理

（1）好氧腐熟堆肥　利用畜禽粪污与农作物秸秆等进行发酵堆肥。发酵工艺主要有条垛式、槽式、塔式和气流膜等。以条垛式发酵工艺为例，在有机物料中添加腐熟菌剂 0.1%～0.2%，利用好氧翻抛设备翻抛增氧。当堆肥温度达到 55～70 ℃时进行翻抛，此时有机质的降解速度快，能转化为可溶性养分和腐殖质。堆肥腐熟所需天数取决于温度、水分和腐熟度等，夏天一般 15～25 天，冬天一般 20～30 天；高温可杀死畜禽粪污中的病菌、虫卵和杂草种子，以达到无害化的目标。

（2）纳米膜好氧发酵技术　发酵过程采用高分子材料制作而成的纳米膜覆盖，为堆肥物料创造了一个优良的"气候箱"，可实现快速简便高效堆肥，既能保证腐熟粪肥质量又能提高环境效益。堆体发酵温度可以控制在 55～70 ℃。堆肥所需天数相对较短，夏天一般 10～13 天，冬天一般 14～17 天。

2. 施肥措施

（1）"腐熟粪肥＋配方肥＋机械施肥"技术　腐熟固体粪肥主要作为基肥施用。稻麦两熟地区，在小麦收获后整地前通过机械撒施。一般亩推荐施用量 200～500 千克，有机稻米种植田块可增加到 800～1 000 千克，甚至更多。同时，根据土壤供肥性能和目标产量等，每亩配施水稻专用配方肥（25 - 8 - 12 或 26 - 10 - 12）30～40 千克，施入后 24 小时内翻耕入土。分蘖肥和穗肥同常规生产。

（2）"腐熟粪肥＋沼液＋机械施肥"技术　稻麦两熟地区，在小麦收获后整地前通过机械撒施。一般亩推荐施用量及有机种植的田块亩施用量同上。同时，每亩基施配方肥 30～40 千克，施入后 24 小时内翻耕入土。分蘖肥和穗肥用沼液部分替代化肥，在水稻分蘖期、

晒田前、灌浆期各施用沼液 1 次，根据沼液养分浓度兑水稀释（1～5 倍），水稻全生育期内沼液每亩施用量 5～10 米³。水稻孕穗期每亩追施尿素 6～10 千克。

（3）"腐熟粪肥＋缓释肥＋机械施肥"技术　腐熟粪肥和缓释肥同时作为基肥施用，在小麦收获后整地前通过机械撒施，施入后 24 小时内翻耕入土。腐熟粪肥亩推荐施用量同上。每亩施用缓释肥（30 - 4 - 12）25～30 千克。水稻孕穗期每亩追施尿素 10～12 千克。

上述三种技术模式都应遵循"前促稳中强后"的化肥施用原则，将氮肥施用量前移，基施氮肥总量控制在 50％左右，分蘖肥保持在 20％～30％，穗肥控制在 20％～30％，以减少贪青迟熟，提高稻米品质。

3. 施用方式

主要有机械撒施、条施、沟施等。

4. 其他配套农艺措施

（1）培育适龄壮秧　壮秧是获得高产稳产的基础。根据稻田粪肥施用特点，培育健壮适龄壮秧，打牢苗期基础。

（2）稻田水分管理技术　由于粪肥养分释放慢，粪肥还田条件下，改水层机插为浅水机插，提高栽插质量；改栽后浅水活棵为露田增氧解毒增根促立苗；当群体苗数达到目标穗数的 80％时，早晒田轻晒田，促进中期健壮生长；改孕穗至抽穗结实期水层灌溉为干湿交替灌溉，增强根系活力与植株抗倒力。

（三）注意事项

1. 严格执行《畜禽粪便无害化处理技术规范》（GB/T 36195—2018）、《畜禽粪便堆肥技术规范》（NY/T 3442—2019）　粪肥必须充分腐熟，蛔虫卵致死率≥95％，粪大肠杆菌≤100 个/克，种子发芽指数≥70％。未经腐熟或腐熟程度达不到要求的粪肥，施用后很容易引起烧苗。

2. 畜禽粪便收集后需添加腐熟剂与辅料，混合后陈化，调节水分和碳氮比　合适的碳氮比能抑制微生物旺长，减少难闻气味的散发，减少氨气挥发，提高肥效。由于畜禽粪便碳氮比较低，发酵过程中应混入一定量的辅料（秸秆、稻壳等），以提高碳氮比［（25～30）：1］。

3. 粪肥施用时避开雨季，撒施后应在 24 小时内翻耕入土。

（四）应用效果

腐熟粪肥富含大量有益物质，能为农作物提供全面营养，而且肥效长，与其他肥料配合使用，能达到稳产高产效果。促进土壤有益微生物繁殖，使土壤疏松，改善土壤理化性状和生物活性，改良土壤结构。施用腐熟粪肥的稻米品质较好，可提高市场竞争力，增加种植主体收入。与常规施肥相比，在其他成本不变的情况下，施用腐熟粪肥，每亩可减少化肥施用15％以上。

（五）适用范围

适合于长江中下游稻区，粪肥生产地点运输半径 50 千米以内。

三、长江中下游稻区粪水还田技术模式

（一）概述

聚焦粪水还田利用，以水稻为主要还田利用作物，初步建立畜禽粪尿无害化处理、有机肥部分替代化肥减施增效的绿色种养循环农业技术模式。

（二）技术要点

1. 前期处理 畜禽养殖的液体粪尿水，须按照《畜禽粪便无害化处理技术规程》（GB/T 36195—2018）和《沼肥》（NY/T 2596—2022）标准，进行厌氧（或厌氧＋好氧）发酵等无害化腐熟处理。液体粪污输送到一级氧化塘，进行一次发酵，再到二级氧化塘二次发酵，可根据实际情况进行三级氧化塘发酵。通常采用常温、中温或高温厌氧发酵技术，常温厌氧发酵处理时间一般不少于3个月；中温或高温厌氧发酵根据处理效果确定发酵周期，确保还田粪肥的质量，杜绝造成二次污染。陈化时间不少于3个月。经处理的液体粪肥，检测养分含量、粪大肠杆菌群数、蛔虫卵死亡率和重金属汞、砷、镉、铬、铅含量，确保安全还田。

2. 施肥措施 施用前检测还田粪水的养分含量，根据需要还田粪水的数量、养分含量以及作物推荐化肥用量、化肥减量目标，确定还田时间、还田数量和次数。

按照水稻需氮量 17.92 千克/亩（折纯）、磷 3.97 千克/亩（折纯）、钾 4.03 千克/亩（折纯），在亩施用粪水 5 米³ 的基础上，合理配施化学肥料。一般基肥配施 25 千克/亩缓释配方肥（30-6-6），分蘖肥施用尿素 9 千克/亩，穗肥施用尿素 8 千克/亩。

粪水于越冬期、绿肥翻耕前基施或于水稻 4～5 叶分蘖期追施，基施时可以不用稀释均匀施入田块，追施于水稻灌溉时稀释约 15 倍施用。

3. 施用方式 主要有四种不同的粪水运送施用模式。一是管网→灌溉沟→淌灌/喷灌，管网从发酵储粪池连接到农田灌溉水沟，通过灌溉水沟淌灌或喷灌入田；二是管网→灌溉泵站→灌溉沟→淌灌，管网连接到灌泵房，和灌溉水一起打入灌溉沟输入田块；三是管网→田间储粪池→淌灌或喷灌入田，管网输送到田间储粪池进行一段时间的后熟发酵，使用时用压力泵淌灌或喷灌于田块；四是槽罐车运输→田头→淌灌或喷灌，使用带动力泵的槽罐车运输到田头，通过车上的压力泵，通过淌灌或喷灌将粪水均匀施入田块。

4. 其他配套农艺措施 基施时要施后深翻，减少氮肥挥发损失；水稻种植前结合绿肥翻耕时施用，随绿肥深翻入田，有助于绿肥腐解转化为有效养分。结合水稻栽培水浆管理，在分蘖期随灌溉水一同输送入稻田。

（三）注意事项

1. 确保质量安全 严控原料来源，养殖场除畜禽粪尿水以外的生活污水、雨水、消毒水、奶牛挤奶清洁消毒水等其他污水，均不得混入还田粪水中，以保证液体粪源头安全。严控发酵周期，一定要经过至少2级储存氧化塘，生熟分开，按要求控制发酵周期，保证粪肥经过充分腐熟发酵，发酵达到标准要求，没有氨味恶臭，不影响田间操作。

2. 确保施肥安全 加强检测，根据粪水检测结果，科学测算液体粪肥的养分供应量，做到精准施用；合理减肥，根据水稻养分需求量和常规施肥肥料用量，合理进行有机无机配施，在保证水稻产量的前提下，科学减少化肥用量；适时施用，由于有机肥料肥效较长，施用时间不能太晚，一般用作基肥与分蘖期追肥，在后期要适量施用，避免造成水稻贪青晚熟甚至加重病虫害与倒伏现象；均匀施用，充分利用各种机具与方法，做到全田块均匀施用，避免局部过量施用影响水稻生长。

3. 确保环境安全 距离安全，储粪池、氧化塘要远离居民区，不影响周边居民生活环境，还田田块尽量远离居民区，避免集中施用可能带来的气味等影响；运输安全，管网与槽车等输送时，做好密闭管理，不能出现跑冒滴漏影响农村环境；田间安全，施用液体粪肥时，要预先检查田间沟渠、田埂、堤坝等农田与河道交接处，确保施用后不会出现渗漏，选择晴好天气施用，避免出现农田径流等污染周边地表水的问题。

（四）应用效果

实施水稻粪水还田，提高了畜禽粪污资源化利用水平。有机无机平衡配施有利于作物生产，通过粪水还田，水稻平均亩增产 20 千克，增幅 3%，化肥施用量均有不同程度下降，减幅达 10% 以上，实现节肥节本。

（五）适用范围

适用于长江中下游稻区粪水科学施用，粪水运输半径一般不超过 20 千米。

四、长江中下游稻区沼液还田技术模式

（一）概述

畜禽粪污经过沼气厌氧发酵处理，在水稻生长前期结合灌溉将沼液还田利用。主要技术模式有："沼液管道还田＋配方肥""沼液机械还田＋腐熟粪肥""沼液机械还田＋缓释肥"等。

（二）技术要点

1. 前期处理

（1）厌氧发酵罐产沼技术　畜禽粪便在厌氧发酵罐内发酵 20～25 天，经过黑膜氧化池二次发酵 60～80 天，达到无害化要求，经固液分离后，分别产出沼液和沼渣。

（2）HDPE 黑膜（高密度聚乙烯膜）覆盖产沼技术　在 HDPE 黑膜沼气池内，畜禽粪便在微生物作用下厌氧发酵 50～90 天，生成沼气、沼液。HDPE 黑膜沼气池具有建设成本低、施工简单、建设周期短、运行安全性高、工艺流程短和维护方便等特点。

2. 施肥措施

（1）"沼液管道还田＋配方肥"技术　配方肥作为基肥施用。小麦或油菜收获后，在秸秆粉碎还田、精整地的同时，亩施用养分含量 45%（25-8-12）或 48%（26-10-12）的配方肥 30～40 千克，通过旋耕机翻耕入土。在有沼液管道或田边有储液池的地区，水稻种植过程中可结合灌溉进行沼液施用。在试验示范获得沼液施用参数的基础上，水稻分蘖肥和穗肥可全部用沼液替代化肥。一般在水稻分蘖期、晒田前、灌浆期各施用沼液 1 次，为确保安全施用浓度，可根据沼液养分含量状况进行兑水稀释（一般 1～5 倍），全生育期可替代化肥 30%。

（2）"沼液机械还田＋腐熟粪肥"技术　在每亩基施配方肥 30～40 千克的同时，可配合施用腐熟粪肥，一般农田每亩施用量 200～500 千克，有机种植的田块可增加到 800～1 000 千克。施肥后 24 小时内翻耕入土。水稻分蘖肥和穗肥可应用沼液部分替代或全部替代化肥。在水稻分蘖期、搁田前、灌浆期各施用沼液 1 次，根据沼液养分浓度状况兑水稀释（一般 1～5 倍），并酌情减少化肥用量。

（3）"沼液机械还田＋缓释肥"技术　基肥亩施用与水稻氮素吸收最大需求相匹配的缓释肥，例如 46%（30-4-12）、42%（24-6-12）的缓释肥 35～40 千克，在 24 小时内翻耕入土。分蘖肥和穗肥可应用沼液部分替代化肥。在水稻分蘖期、搁田前、灌浆期各施用沼液 1 次，根据沼液养分浓度兑水稀释（一般 1～5 倍）。水稻孕穗期再亩追施尿素 6～10 千克。

3. 施用方式

主要有机械喷施还田和管道还田两种。机械喷施主要采用运输车与沼液洒肥机械结合，

对稻田进行泼施。

4. 其他配套农艺措施

（1）培育适龄壮秧　壮秧是获得高产稳产的基础。根据稻田沼液施用特点，培育健壮适龄壮秧，打牢苗期基础。

（2）建立"前促稳中强后"的肥料运筹技术　将氮肥施用量前移，基施氮肥总量控制在50％左右，分蘖肥保持在20％～30％，穗肥控制在20％～30％，以减少贪青迟熟，提高稻米品质。

（3）稻田水浆管理技术　沼液还田条件下，改水层机插为花斑水机插，提高栽插质量；改栽后浅水活棵为露田增氧解毒增根促立苗；改够苗搁田为80％够苗早搁轻搁田，促进中期健壮生长；改孕穗至抽穗结实期水层灌溉为土壤保持板状的干湿交替灌溉，增强根系活力与植株抗倒力。

（4）科学确定沼液施用浓度　沼液施用时要根据水稻生长发育特点和不同生育时期吸肥量特征，因时因苗确定适宜的沼液浓度，做到兑水稀释，防止烧苗。

（三）注意事项

1. 沼液应避免在暴雨前施用，防止沼液漫出田埂造成径流流失；沼液施用时应检查稻田所有排水口，防止沼液流入河道造成污染；夏季施用沼液宜在早上或傍晚施用，避开高温时段，防止烧苗；沼液产出后，需要在储粪池中存放一周以上，防止与水稻争夺氧气。

2. 建立田间沼液储存池　种植面积500亩以上的大户需自建200米^{3}以上的沼液储存池，以便随时使用，同时避免旺季需肥拥挤现象，还能解决企业沼液淡季储存问题。

（四）应用效果

沼液营养齐全，将沼液与其他肥料配合使用，能达到高产稳产效果。为土壤微生物创造良好的生长环境，提高土壤有机质含量，改善土壤结构。施用沼液肥的稻米品质较好，可提高市场竞争力，增加种植主体收入。

（五）适用范围

适用于长江中下游稻区，沼液运输适宜范围半径不超过15千米。其中管道还田稻田主要围绕沼液发酵站（场）附近，半径不超过5千米。

第二节　小麦粪肥还田技术模式

一、华北西北灌区小麦堆肥还田技术模式

（一）概述

以畜禽粪便为主要原料，通过条垛式、槽式、纳米膜堆沤等方式，对畜禽粪便进行发酵腐熟并还田利用。

（二）技术要点

1. 前期处理　发酵原料含水率不应超过65％，适宜在45％～65％，如超过65％则应添加辅料，低于45％应向粪便原料中添加粪水、沼液、清水或含水量在80％以上的粪便原料。以手紧握物料能成团，有水迹出现，但水不滴出，松手即散为宜。

（1）条垛堆肥　将准备好的原料在堆肥场地内调节好水分与碳氮比，添加微生物菌剂并

混拌均匀，堆成条垛状进行发酵。条垛的高度和宽度视翻堆机的高度和跨度而定，垛长不限。也可以堆成山形发酵堆，一般控制在高 2～3 米、宽 5～8 米、长 30～50 米。

（2）槽式堆肥　槽式好氧发酵是指发酵物料堆置于土建或其他结构形式的槽体内进行好氧发酵，堆高一般控制在 1.8～2 米，发酵过程可采用鼓风曝气、翻抛或曝气＋翻抛相结合的方式为堆体供氧，发酵周期一般在 18～24 天。槽式发酵后的物料需要进行一段时间的陈化，陈化后的物料再次进行发酵，可以采用条垛式发酵。

（3）纳米膜堆肥　用纳米膜对堆肥原料进行覆盖，在水泥地面上安装一些固定式通风管路，与鼓风机连接。堆肥过程中不是通过物料的翻堆而是通过鼓风机强制通风供氧。

（4）翻堆方式　对标准条垛形堆肥，用翻堆机进行翻堆作业；对不规则或堆型较小的发酵堆用装载机、铲车等机具进行翻堆作业，槽式发酵堆采用自走式翻抛机定期翻抛。

（5）粪肥形成　畜禽粪便经过堆沤发酵后，外观呈茶褐色或黑色，结构疏松，无恶臭，含水率下降到 50％以下，手握柔软有弹性，松散不成团，这样的堆肥可确认为已经完成了发酵过程。完成发酵的粪肥可转移至肥料存放处，堆放的粪肥要采取防雨措施，防止雨淋。

2. 施肥量　小麦施用粪肥量以 1～2 吨/亩为宜。第一次施用粪肥可不减少化肥用量，第二年开始以替代化学氮肥为主，替代比例 15％～30％。

小麦全生育期平均推荐施肥量 26 千克/亩，其中氮肥（N）12～14 千克/亩、磷肥（P_2O_5）8～10 千克/亩、钾肥（K_2O）2～4 千克/亩。磷钾肥全部底施，氮肥 40％～50％底施，其余在小麦返青后分 2～3 次随水追施。

3. 施用方式主要是机械撒施，撒施时期为苗前撒施和苗后撒施

（1）苗前撒施　小麦播种前作为基肥使用，方法是在播种前用有机肥撒施机或人工将粪肥均匀抛撒于土壤表面，然后用旋耕机旋耕 20 厘米深，使粪肥混入土壤。

（2）苗后撒施　主要是冬小麦在苗后作为麦苗保温和基肥使用，方法是在冬小麦越冬期间土壤完全封冻后，用有机肥撒施机或人工将粪肥均匀抛撒于麦苗间的土壤表层，主要作用是覆盖麦苗保温防寒、为小麦返青后生长提供营养物质以及提高土壤有机质含量。

（三）注意事项

1. 冬季寒冷，堆沤时要注意及时添加发酵菌剂，注意控制好水分。为了提高发酵温度应覆盖塑料膜。

2. 粪肥要进行充分发酵处理，符合《畜禽粪便堆肥技术规范》（NY/T 3442—2019）要求。

3. 在施用粪肥前进行有毒有害物质检测，合格后方可施用。

4. 应选择晴朗天气施用，不宜在雨天和下雨前一天施用。

（四）应用效果

粪肥还田利用可提高土壤肥力水平，有效改善作物品质，同时解决粪便排放所造成的污染问题，减少病虫害传染源。粪肥还田带动一系列相关产业共同发展，实现治污与致富同步、环保与创收双赢。

（五）适用范围

适用于华北西北灌区冬小麦和春小麦，养殖密集且以干清粪为主、具备较好养殖场基础的区域。粪肥运输距离 10 千米内，特别适合附近有养殖场的种植大户。

二、华北平原灌区冬小麦沼肥还田技术模式

(一) 概述

畜禽粪污经发酵原料预处理、厌氧发酵、沼气收集处理等过程,将沼渣和沼液用于冬小麦生产,实现畜禽粪污无害化、资源化利用(图8-1)。

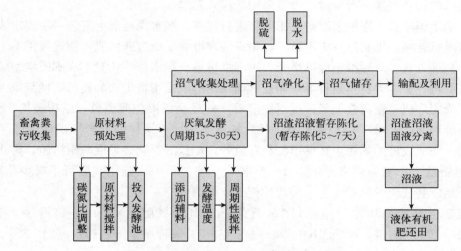

图8-1 畜禽粪污无害化、资源化利用流程

(二) 技术要点

1. 前期处理

(1) 原料预处理 养殖粪污首先经格栅筛分不产气垃圾后进入配比沉砂池,在池内进行沉砂,利用池内搅拌器对物料进行搅拌,达到浓度均匀后连续稳定地进入厌氧发酵罐。

(2) 厌氧发酵处理阶段 采取厌氧发酵工艺,厌氧反应器为 CSTR 反应器(全混式厌氧反应器)。罐内发酵温度维持在 38 ℃±0.5 ℃,搭配自主研发的低浓度物料高效产气专利技术,TS(总固体含量)1%～10%范围的物料,可以在厌氧罐内高效稳定产气。碳水类物质转化效率较常规工艺高 30%～50%,厌氧发酵周期为 15～30 天。反应器配置机械搅拌和内部增温系统,使内部物料及温度分布均匀,避免分层,增加底物和微生物接触机会,减少浮渣、结壳堵塞、气体逸出不畅和短流现象。该工艺具有操作简单、易于管理、耐冲击负荷高等优点。

(3) 陈化 经过厌氧消化罐发酵完的沼液从反应器排入沼液存储池中,陈化 5～7 天,作为液体粪肥施用。

2. 施肥措施 以冬小麦为对象、"畜—沼—粮"绿色循环技术模式为核心,针对作物需肥特性和土壤养分状况,以配方肥+沼肥还田的形式,制定冬小麦不同生长时期的施肥措施如下:

(1) 基肥 底施养分含量 40%的配方肥(16-17-7)40 千克/亩,折合氮肥(N)6.4千克/亩、磷肥(P_2O_5)6.8 千克/亩、钾肥(K_2O)2.8 千克/亩;以沼渣为原料生产的生物有机肥 150 千克/亩。

(2) 追肥 在冬小麦返青期,追施尿素 20 千克/亩,折合氮肥(N)9.2 千克/亩;沼液按照液水比 2:1 稀释,并结合灌溉设施,亩施 1 000 米^3。

(3) 叶面喷施 沼液过滤后,按照液水比 1:3 稀释后,分别在冬小麦的分蘖期、扬花

期和灌浆期叶面喷施 35 千克/亩。

3. 其他配套农艺措施

（1）土地深翻　土壤含水量为 18%～22% 时，开展土地深翻，深度 ≥15 厘米。深翻后破除较大土块等，进行土地整理，以达到疏松土壤、保墒保苗、加速土壤熟化的目的。

（2）种肥同播　选择适宜的种肥同播机，调整播种量（播种量在 35～40 千克/亩，具体因品种可适当调整）、播种深度（一般在 3 厘米左右，沙土和干旱地区应适当增加 1～2 厘米）、行距（建议为 2 米 14 行，可视具体情况调整）、施肥量（40 千克/亩）、施肥深度（在种子侧下方 5 厘米），肥料与种子之间应保持距离，实施冬小麦种肥同播。

（3）叶面喷施　为提升效率、降低人工投入，沼液叶面喷施宜采用无人机喷施等高效率方式，喷施时间不宜在晴天中午。

（三）注意事项

1. 沼肥作追肥时，要先兑水，一般兑水量为沼液的一半。

2. 忌与草木灰、石灰等碱性肥料混施。草木灰、石灰等碱性较强，与沼肥混合会造成氮肥的损失，降低肥效。

3. 忌过量施用，施用沼肥的量不能太多，若盲目大量施用，会导致作物徒长，行间荫蔽，造成减产。

4. 忌在晴天中午使用，以免造成有害气体危害。

（四）应用效果

冬小麦亩均增产幅度 5% 以上，去除增施沼渣、沼液产生的成本，可增加效益 30 元/亩以上。还可提升耕地土壤有机质含量，提高磷、钾等大量元素养分有效性，改善土壤理化性状。

（五）适用范围

适用于华北平原灌区冬小麦的高效、绿色生产，以及以"畜—沼—粮"循环农业模式为核心的农业产业体系。

三、华北雨养区冬小麦堆肥还田技术模式

（一）概述

以畜禽粪污为主料，秸秆、菇渣、蔬菜残体等农业固体有机废弃物为辅料，进行好氧发酵和无害化处理，腐熟的粪肥用于小麦等粮食作物。

（二）技术要点

1. 前期处理　将畜禽养殖场干湿分离的固体畜禽粪便运输到堆肥场区，用装载机把分散的畜禽粪便和辅料按比例匹配混合均匀。撒入堆肥物料质量 0.1%～0.2% 的有机物料腐熟菌剂，用翻抛机混合，混合后的物料含水率控制在 50%～65%，碳氮比（20～30）：1，粒径不大于 5 厘米，pH5.5～9.0。采用槽式或条垛式发酵，当温度高于 65 ℃ 时进行翻堆，翻堆次数以发酵情况递减。翻堆流程是：前期处理每隔 2 天翻料一次，共翻 2 次，生产周期为 4 天；中期处理每 3 天翻一次，翻 2 次，生产周期为 6 天；后期处理每 5 天翻一次，翻 2 次，生产周期为 10 天。操作频率按照实际温度进行调整，整个发酵周期在 30 天左右，夏天一般 15～20 天，冬天一般 25～30 天。随后进入后熟阶段，在堆肥场自然堆放，温度还会上升到 50 ℃ 左右，当堆内温度下降到 40 ℃ 以下，有机肥的颜色变为深褐色或黄褐色，堆肥内部的有机肥表面附着有大量的白色菌丝，带有轻微的氨味，即腐熟完成。发酵腐熟

的粪肥水分一般在 30％左右，干基氮、磷、钾总养分为 5％左右（图 8-2）。

2. 施肥措施 腐熟粪肥作为基肥施用，所用粪肥含水量为 25％～40％，干基养分含量为 3.5％～5.5％。宜在秋季 9 月下旬至 10 月下旬，播种前作基肥施用，具体根据前茬作物熟期调节。施用量为 300～500 千克/亩，结合小麦品种、产量水平、土壤肥力等因素适当调整用量，配施 25 - 10 - 10、26 - 12 - 10、20 - 12 - 10、18 - 12 - 15 等配方肥 25～35 千克，比常规基肥减施 8～15 千克复合肥，减少化肥养分 15％～35％。小麦追肥采用尿素，每亩用尿素 15～20 千克，在返青孕穗期一次或分两次施用，比常规追肥减施 4～5 千克尿素，减少化肥氮 16％～20％。

3. 施用方式 宜在秋冬季播种前作基肥施用，不宜作追肥。施肥方式可采用中大型有机肥专用施肥机械进行撒施，施用时避开雨季，施入后应在 24 小时内翻耕入土。

4. 其他配套农艺措施

（1）秸秆还田 前茬作物秸秆通过机械化粉碎，直接翻压在土壤里。可有效提高土壤有机质，增强土壤微生物活性，提高土壤肥力。秸秆还田时应配施适量氮肥，可加速秸秆快速腐解，避免秸秆与作物争氮。

（2）机械深施 用机械将粪肥和化肥翻入土层，施肥深度 10～25 厘米，以减少粪肥和化肥养分流失，促进根系生长和提高养分利用率。

（三）注意事项

粪肥必须充分腐熟，蛔虫卵致死率≥95％，粪大肠杆菌≤100 个/克。未经腐熟或腐熟程度达不到要求的粪肥，施用后很容易引起烧苗。

（四）应用效果

与常规施肥相比，小麦茬每亩可减少化肥施用总量 15％以上，即粪肥可替代 12～18 千克化肥。畜禽粪便腐熟还田，减少农业面源污染，有助于生态环境优化。粪肥还田可增加土壤有机质和改善土壤物理结构，促进微生物繁殖，改善土壤的养分性状和生物活性。

（五）适用范围

适合于华北雨养区冬小麦，粪肥生产地点运输半径 50 千米以内，交通较为便利，种植面积 200 亩以上田块。

四、华北雨养区冬小麦沼液还田技术模式

（一）概述

以畜禽粪污为主要原料，添加秸秆、菇渣、蔬菜残体等农业固体有机废弃物为辅料，进行沼气发酵。经厌氧无害化处理，将沼液应用于小麦等粮食作物。主要模式包括沼液＋配方肥、腐熟粪肥＋缓控释肥＋沼液追施等技术模式。

（二）技术要点

1. 前期处理 采用 CSTR 厌氧发酵技术，畜禽粪水经机械格栅拦截大的悬浮物后进入

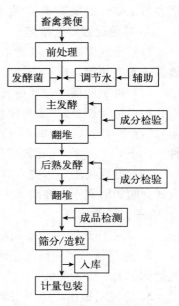

图 8-2 畜禽粪污好氧发酵
和无害化处理流程

集污池，从各个养殖小区统一收集的干清粪与废水一起进入水解调浆池内，在浆式搅拌机的作用下，粪水混合均匀，调整进料 TS 浓度至 8％～13％。调好的物料经折流沉淀池去除沙粒后自流进入调节池进行二次调节，泵入 CSTR 一体化厌氧反应罐发酵。罐内安装有搅拌装置，使发酵原料和微生物处于完全混合状态。投料方式采用恒温连续投料或半连续投料运行。新进入的原料由于搅拌作用很快与发酵器内的发酵液混合，使发酵底物浓度始终保持相对较低状态。物料反应器停留时间为中温（33～35 ℃）20～30 天，高温（53～55 ℃）10～20 天。发酵好后进行固液分离为沼渣和沼液，产生的沼气进入顶部的气柜进行储存，经过生物脱硫、化学脱硫和膜法脱碳技术将沼气提出作为生物天然气产品。沼液自流入沼液储存池，经过黑膜氧化池二次发酵 60～80 天后作为农用沼液使用。

2. 施肥措施

（1）沼液＋配方肥　沼液养分含量为 0.2％～0.6％，作为基肥和追肥施用。沼液作基肥时无须稀释，追施时需将沼液养分稀释至 0.1％。基肥宜在秋季 9 月下旬至 10 月下旬或播种前施用，具体根据前茬作物熟期调节。施用量为 4～6 米^3/亩，结合土壤墒情、土壤肥力、小麦品种、产量水平等因素适当调整用量。基肥配施 20 - 10 - 10、20 - 15 - 13、20 - 9 - 13 等配方肥 25～35 千克/亩，比常规基肥减施 8～15 千克/亩复合肥，减少化肥养分 15％～35％。翻耕前需根据墒情适当晾干地块。小麦追肥采用沼液和尿素，每亩用养分稀释至 0.1％的沼液 2.0～5.0 米^3，尿素 12～16 千克，在返青和孕穗期分两次施用。比常规追肥减施 6～8 千克尿素，减少化肥氮 20％～35％。

（2）腐熟粪肥＋缓控释肥＋沼液追施　腐熟粪肥作为基肥施用，所用粪肥含水量 25％～40％，干基养分含量 3.5％～5.5％。宜在秋季 9 月下旬至 10 月下旬或播种前施用，具体根据前茬作物熟期调节。沼液可作为追肥喷施，沼液养分含量为 0.2％～0.6％，喷施前需将沼液养分稀释至 0.1％。基肥中腐熟粪肥施用量为 300～500 千克/亩，结合土壤肥力、小麦品种、产量水平等因素适当调整用量。同时基肥配施 27 - 6 - 12、28 - 15 - 8 等缓控释肥 25～35 千克/亩，比常规基肥减施 8～15 千克/亩复合肥，减少化肥养分 15％～35％。小麦追肥采用沼液和尿素，每亩用 0.1％养分沼液 2.0～5.0 米^3、尿素 12～16 千克，在返青和孕穗期分两次施用。比常规追肥减施 6～8 千克/亩尿素，减少化肥氮 20％～35％。

3. 施用方式　小麦季需水量低于水稻，管道沼液还田容易导致小麦烂根，因此，推荐机械化喷施。秋季施底肥耕地前，用运输车将沼液输送到农田地头，利用管道和压力泵，将沼液均匀喷洒至农田土壤表面。或用吸粪车装载沼液到田里直接进行喷洒。沼液施用完后翻耕，使沼液与土壤结合，养分吸附在土壤上，防止损失。苗期时沼液可通过喷洒方式作为叶面肥施用。

4. 其他配套农艺措施　前茬作物秸秆通过机械化粉碎，结合耕地直接翻压在土壤里。配施适量氮肥，加速秸秆腐解，避免秸秆与作物争氮。施用基肥时用机械将粪肥和化肥施入地表以下 10～25 厘米，减少粪肥和化肥养分流失，促进根系生长和提高养分利用率。

（三）注意事项

1. 畜禽粪污原液必须充分腐熟，未经腐熟或腐熟程度达不到要求的沼液，施用后很容易引起烧苗和烧根。

2. 小麦追施沼液时要注意施用量，防止施肥量过大引起烧苗。早播麦、蘖多苗足时不施或少施，冬季雨水多时不建议施用。

（四）应用效果

相比于常规施肥，小麦茬每亩可减少化肥施用总量 18％以上，即沼液可替代 12～16 千克化肥，施用沼液每亩可以节本增收 30 元以上。施用沼液在一定程度上能减少灌溉水用量，在冬季干旱时可以缓解旱情。

（五）适用范围

适合于华北雨养区冬小麦，种植面积 50 亩以上田块；交通较为便利，距沼液生产地点运输半径 20 千米以内；若采用管道运输方式，管道适用范围不超 5 千米。

五、沿淮淮北小麦轮作区堆肥还田技术模式

（一）概述

畜禽粪污采用干清粪后，进行堆肥发酵，采用种肥同播与配方肥配合施用，部分替代化肥。粪肥施用可促进小麦化肥减量增效、提质增效，是黄淮海平原砂姜黑土区优质高产强筋小麦重要的施肥技术。

（二）技术要点

1. 前期处理

（1）干清粪　要求粪便日产日清，可采用人工清粪或机械清粪。清出的粪便及时运至储粪棚。场区做到雨污分流，净污道分开，防止粪便运输过程中污染场区环境。

（2）尿液或污水收集　每栋畜舍设 1 个尿液或污水收集池，上部密封，容积 1～2 米³。畜舍内的尿液或污水先流入收集池，再汇集至储存池。粪尿沟应设在舍内，舍外部分要加盖盖板，防止雨水流入。

（3）粪便处理　粪便在储粪棚内堆肥发酵 5～6 个月。粪便过稀不便于堆肥时，可以与秸秆混合堆肥，秸秆的添加比例一般为 10％～20％。储粪棚应通风良好，防雨、防渗、防溢出。储粪棚所需容积：每 10 头猪（出栏）1 米³；每 1 头肉牛（出栏）或每 2 头奶牛（存栏）1 米³；每 2 000 只肉鸡（出栏）或每 500 只蛋鸡（存栏）1 米³。

（4）尿液或污水储存　储存池要防雨、防渗，周围高于地面，防止雨水倒流。尿液在储存池存放 5～6 个月后才能使用。储存池所需容积：猪（出栏）不少于 0.1 头/米³，肉牛和奶牛可以按照相应关系换算，1 头肉牛或 2 头奶牛相当于 10 头猪。

2. 施肥措施　根据地力特点和目标产量，采用粪肥与化肥结合，氮、磷、钾配施的方式。粪肥施用量为 250 千克/亩左右。化肥使用当地推荐的配方肥料，不足的氮肥以尿素补足。

在麦玉轮作区，旱茬小麦亩施纯氮 15～17 千克、五氧化二磷 6～8 千克、氧化钾 8～10 千克、硫酸锌 1～1.5 千克。粪肥有机肥与磷、钾、锌肥全部基施，氮素化肥的 60％～70％ 底施、30％～40％在拔节期追施。在稻麦轮作区，稻茬小麦亩施纯氮 12～13 千克、五氧化二磷 5～6 千克、氧化钾 8～10 千克、锌肥 1～1.5 千克。粪肥、磷肥、钾肥全部作基肥，氮肥 70％作基肥、30％留作拔节肥追施。后期可结合防治病虫害于扬花期喷施 1％～2％的尿素和 0.5％～1％的磷酸二氢钾溶液。

3. 施用方式　11 月初至 11 月下旬，避开雨季，结合整地以撒施方式进行。采用专用有机肥施肥机械将粪肥撒施至地表，施入后 24 小时内深翻 25～30 厘米，并旋耕、整平。配方肥和尿素采用种肥同播机械施入土壤。

4. 其他配套农艺措施

（1）播种　采用机械条播，行距 20～23 厘米，播种深度 3～5 厘米。播种要匀，不重

播，不漏播，深浅一致，覆土严密，地头整齐。播种后适当镇压。

（2）苗期管理 小麦出苗后及时查苗、补苗、疏苗。因播种机故障原因造成的个别缺苗断垄或漏播，及时浸种带水补种，杜绝 10 厘米以上的缺苗和断垄现象。

（3）中后期管理 追施返青肥和拔节肥。对分蘖少、有脱肥现象的麦田，于 2 月上中旬趁雨雪每亩追施尿素 3.5～4.5 千克，促进麦苗均衡生长。对苗情正常的田块，应重施拔节肥，于 3 月中下旬每亩追施尿素 7～9 千克，确保穗大粒多，拔节肥不迟于 4 月 10 日。

（三）注意事项

1. 满足畜禽粪便无害化处理要求，确保发酵腐熟，保证安全施用。堆肥中期高温维持50～60 ℃，条垛式不少于 15 天，槽式不少于 7 天。腐熟后堆体呈黑褐色，一般呈弱碱性，不再产生臭味，不吸引蚊蝇。

2. 强化粪肥施用指导，施用前检测堆肥是否腐熟完全，有毒有害物质限量指标应符合《有机肥料》（NY/T 525—2021）要求。合理确定用量，优化施肥方式，提高应用效果。

（四）应用效果

与单施化肥相比，小麦氮、磷、钾和锌吸收量及籽粒蛋白质含量提高 5% 以上，增产近10%。化肥用量减少 10%，节本增效大约 60 元/亩。

（五）适用范围

沿淮淮北麦玉轮作区及稻麦轮作区。

第三节 玉米粪肥还田技术模式

一、东北春玉米粪水还田技术模式

（一）概述

收集规模化养殖场、养殖大户、集中养殖村的畜禽粪污，运输至蓄水池沉淀后抽入氧化塘内集中储存，进行厌氧发酵，再将液体粪污抽送至露天储液池内进行好氧发酵，生产液体粪肥并还田利用，实现畜禽粪污资源化利用。

（二）技术要点

1. 前期处理 收集生猪养殖场长期收储在氧化塘、已经达到 6 个月以上腐熟发酵周期的粪污，经过二次处理及稀释，经检测符合液体沼肥还田标准后才能还田（图 8-3）。粪肥中砷、汞、铅、镉、铬、粪大肠菌群数、蛔虫卵死亡率等限量指标符合《有机肥料》（NY/T 525—2021）要求。

图 8-3 玉米粪肥还田技术模式前期处理流程

2. 施肥措施 粪水施用中推荐以氮计量替代化肥进行，最大替代用量不超出 30%，严格控制总量，其余养分仍以化肥进行补充。粪水施用中基肥与追肥比例建议为 1:2，其中基肥在玉米播种前一周左右施用，追肥可选择玉米的大喇叭口期进行追施。一般每亩施用粪水 3～5 米^3。

3. 施用方式 采用喷洒还田，将发酵完好、经检测合格的液体粪肥，由储液池泵送至中转车内，拉运至指定还田地点，再将液体粪肥泵入液体喷洒车内，由拖拉机机头牵引，进行喷洒还田。

液体粪肥喷洒还田时需做监管记录，留存 GPS 定位及喷洒轨迹数据，同时配备流量检测。村屯及村民代表对于按标准完成还田任务的，签署还田确认单。

4. 其他配套农艺措施 秋季玉米收获同时粉碎秸秆，抛洒、灭茬后，用施肥机将粪水作为基肥喷洒地表，采用五铧翻转犁将秸秆及有机肥翻至深度 25～30 厘米，实施秋起垄作业，起垄后及时镇压。春整地地块，可采取灭茬旋耕整地，灭茬 7～8 厘米，旋耕 10～15 厘米，灭茬旋耕后粪水洒施起垄、镇压连续作业。

（三）注意事项

在液体粪肥转运过程中，需做好防遗洒措施，转运车厢需遮盖，车辆拐弯时需减速慢行，并注意行车安全，减少对道路及周围环境的不良影响。

（四）应用效果

液体粪肥可以改变土壤营养物质组成，提高土壤有机质、碱解氮、有效磷、速效钾等含量，改变土壤中微生物结构，降低重金属活性。液体粪肥还可改善土壤的理化性质，培肥土壤，减少化肥施用量。

（五）适用范围

适用于东北地区玉米种植区。

二、东北春玉米堆肥全程机械化还田技术模式

（一）概述

以固体粪肥秋季基肥施用为主要方式，采取固体粪污条垛堆肥、接种微生物菌剂、全程检验监测、科学制定还田方案、全程机械均施还田、深松深翻秋整地 6 种技术措施，集成了固体粪肥全程机械化玉米茬秋季均施技术模式（图 8-4）。

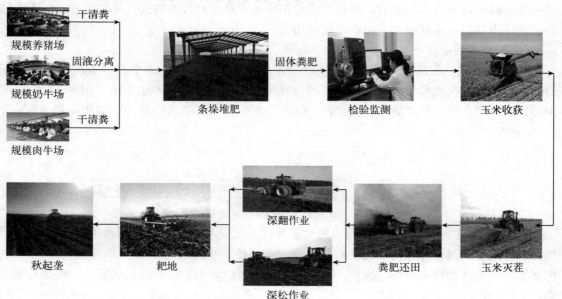

图 8-4　固体粪肥全程机械化玉米茬秋季均施技术模式

（二）技术要点

1. 前期处理 将规模化奶牛养殖场粪污收集到粪污处理车间，采用固液分离工艺处理，固体粪便运输至"三防"堆肥场地。采用粉碎设备将农作物秸秆粉碎至 0.5～1 厘米，与固体粪便充分搅拌混合，将混合物料碳氮比调整到（20～40）∶1，水分调整到 50%～60%。使用小型铲车等进行堆垛，堆垛高度 1.5 米左右。将微生物菌剂用水稀释后均匀喷洒于堆垛表面。采用小型翻堆机械对堆体进行 4～8 次翻搅，增加堆体的通透性，保证有足够的氧气参与发酵过程。堆肥中期高温维持在 50～60 ℃，堆体高温维持时间一般为 5～10 天，当堆体温度下降到 35 ℃以下或趋于环境温度且不再升温时，说明堆肥已经基本腐熟。腐熟的粪肥经多点取混合样品，送具有资质的检测机构，按照《有机肥料》（NY/T 525—2021）标准对其限定指标进行检测，符合标准方可还田利用。此外，还应检测粪肥中的养分含量等指标，并由检测机构出具检测报告。

2. 施肥措施 根据固体粪肥检测报告中的养分含量，结合下季作物的养分需求，依据《畜禽粪便还田技术规范》（GB/T 25246—2010），科学计算粪肥还田量，在保证产量和品质的前提下替代部分化学肥料，同时还田方案必须符合土地承载力的要求。

固体粪肥平均氮含量为 1.5%，每亩施用固体粪肥 1 吨，即 1 吨固体粪肥中含氮 15 千克。实际可利用的氮为 4.5 千克左右。由于施用粪肥后，采取深松深翻作业，粪肥被翻埋至 20～30 厘米耕层。

玉米收获之后至秋整地之前进行还田利用。秋季玉米机械收获后，用秸秆还田机进一步打碎秸秆、根茬，使秸秆粉碎长度在 5～10 厘米，均匀覆盖在耕地表面，满足粪肥机械还田作业要求。

3. 施用方式 固体粪肥还田采用专业机械抛撒施用。例如，采用 14 米³ 固体粪肥抛撒车还田，配套拖拉机动力为 160 马力 *，每小时可抛撒粪肥 42 米³，每天工作 8 小时，每天可抛撒粪肥 336 米³，有效作业幅宽 12 米。

4. 其他配套农艺措施

（1）深松深翻秋整地 在固体粪肥还田作业后，立即开展秋整地作业。深翻作业，采用螺旋式犁壁犁将玉米秸秆和液体粪肥深混于 0～30 厘米土层中，然后用重耙耙地两遍，使土壤平整细碎，整形起垄，最后用镇压器镇压，达到待播状态。深松采用深松式联合整地机，进行整地作业，到达待播状态。春季正常播种，正常田间管理。

（2）推广中早熟玉米品种，适度密植，尽量提前玉米成熟收获日期，为粪肥还田和整地作业争取更多时间。

（三）注意事项

选择具备"三防"设施的场地，减少大风、雨雪、光照等天气因素对堆肥过程的影响。

（四）应用效果

施用粪肥和秸秆还田可以改变土壤理化性状、培肥地力、提高土壤中的有机质含量，起到构建肥沃耕层的作用。

（五）适用范围

适用于东北春玉米种植区，采用固液分离工艺的规模奶牛养殖场，干清粪工艺的肉牛和

---

* 马力为非法定计量单位，1 马力≈0.735 千瓦。——编者注

生猪养殖场，适宜于大面积土地平整的耕地。

三、黄淮海夏玉米沼液还田技术模式

(一)概述

将猪粪尿等畜禽粪污进行固液分离，液体粪污经充分厌氧发酵和密闭储存后，在作物需水需肥季节作为水肥供农田施用，实现粪污的资源化利用。农田产出的粮食经收购加工成为饲料，实现种养循环，形成"田养猪、猪养田"的种养循环全产业链模式。

(二)技术要点

1. 前期处理　采用"固液分离＋厌氧发酵"工艺，将规模化养殖企业产生的畜禽粪污通过密闭泵送系统送至固粪处理区进行固液分离，分离出粪渣和粪水，粪渣腐熟后作为有机肥。粪水输送到黑膜沼气池进行深度厌氧发酵，杀灭有毒有害病菌和寄生虫卵，密封发酵35天，然后溢流到黑膜沼液池再密封存储180天以上。沼液通过管网输送到田间还田利用，实现种养循环经济模式（图8-5）。

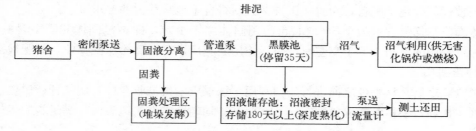

图8-5　夏玉米沼液还田技术模式前期处理流程

2. 施肥措施

（1）基肥　每年小麦收获期为5月底至6月初。小麦收获完成后、玉米播种前，进行第一次肥水施用，时间一般在6月上旬。沼液作基肥施用不需要稀释，直接田间施用。推荐以氮计量替代化肥30％进行，最大替代用量不超出50％，严格控制总用量，其余养分仍以化肥进行补充。用量依据玉米目标产量需肥量和底肥占比计算。玉米播种时，采用种肥同播形式，即种子与化肥同时播到田间土壤中。用播种施肥镇压一体机一次性完成播种和施肥，化肥在种子的斜下方8～10厘米处。不足氮肥部分用化肥补充。

（2）追肥　7月下旬至8月上旬进行玉米追肥。沼液作追肥还田前需要进行稀释，通过压力罐将沼肥输送到配比池中，同时输入清水将其稀释1～2倍后形成混合液进行还田。玉米追肥需避免高温阶段及降雨。

3. 施用方法

（1）基肥　首先对双吸泵及压力罐进行调试，待压力稳定之后，通过田间可移动喷灌带连接施肥管网出水口，进行喷施沼肥，保证沼肥对土壤供给充分但不过量。待墒情合适，一般2～3天后可进行旋耕播种。墒情合适指土壤相对含水量70％～75％，判断方法：土壤颜色深暗，手握成团，1米高自然落下，落地松散。

（2）追肥　采用喷灌带喷孔朝下的方式，直接将肥水喷入土壤中。喷孔朝下的原因：追肥时避免直接接触玉米叶片，以免造成不良影响；玉米植株行距一般为40厘米左右，肥水喷入土壤中，可以渗透至相近玉米根系附近。

（三）注意事项

1. 还田应避开沟渠、低洼易存水等敏感点；低洼地块要重点关注，一旦形成积水，立刻停止此管线的浇灌工作，及时处理积水。

2. 严格根据流量、辐射面积、还田标准把控时间。

3. 必须不定时检查管道，发现跑冒滴漏现象立即处理，对还田地块周围的沟路渠进行风险排查，确保沼液不进入沟路渠造成环保隐患。

4. 还田前及时关注一周以内天气，避免降雨量过大造成积水，加大风险。

5. 巡田排查还田地块墒情，避免田间渍水、存水，排查作物长势，记录风险地块，持续追踪。

（四）应用效果

沼肥中不仅仅含有氮、磷、钾等营养元素，还含有氨基酸等多种活性物质，施入地块之后，可以改善土壤团粒结构，提高土壤有机质含量，减少化肥投入，增加种植收益。

（五）适用范围

适用于黄淮海夏播玉米，畜禽粪污收集处理设备、配套管网建设较好区域。

四、西北玉米沼液还田技术模式

（一）概述

将施用沼肥、测土配方施肥、深松整地等技术组装配套应用，能够改善土壤理化性状和水肥气热调节能力，增强土壤肥力和保墒能力，提高肥料利用率。

（二）技术要点

1. 前期处理　收集养殖场畜禽粪污，与秸秆按一定比例投入沼气池，接入沼气发酵菌种，调节碳氮比（20～30）∶1，发酵浓度为 6%～10%，进行密闭厌氧发酵，发酵温度保持在 8℃以上。将经厌氧发酵 45 天以上的沼液从沼气池抽出，经三级过滤（一级筛网规格 3 毫米，二级筛网规格 1 毫米，三级筛网规格 100 目）后，静置 2～3 天后，即可还田施用。

2. 施肥措施　沼液质量应符合《沼肥》（NY/T 2596—2022）标准，有毒有害物质指标符合《有机肥料》（NY/T 525—2021）标准要求。经检测合格后，由服务组织将沼液用沼肥专用车或液态有机肥施肥槽车运送到田间地头，利用机械设备将沼液条施或沟施作基肥。基施时，沼肥施用量为 4 米³/亩以上。也可通过水肥一体化设备直接施用到田，施用时按 1∶2 肥水比例施用，每次施用量不超过 200 千克。沼肥也可作叶面肥喷施，叶面喷施时，将沼液兑水稀释 10～20 倍，每隔 7～10 天喷施一次，每亩总施用量 40～50 千克。

3. 施用方式　机械还田设备采用液态有机肥施肥槽车，利用空气正负压力差原理，可实现液体有机肥的吸入和排出，以拖拉机后输出轴为动力，驱动真空泵将各种液体、浆体类物质自动吸取到罐体中，并通过液压控制的分施器充分均匀地喷洒到土壤中。根据施肥方式可分别配置：悬臂喷洒施肥桁架（基施或喷施）、自流管式施肥装置（基施或追施）、梳状刀片式施肥装置（基施）、圆盘耙片式施肥犁头（基施）、注入深松式施肥犁头（基施）。以 12 米³ 液态有机肥施肥槽车为例，需配套 150～210 马力拖拉机，配置悬臂喷洒施肥桁架分施器，每小时可施肥 20～40 亩。

4. 其他配套农艺措施

（1）及时间苗和定苗，严格去杂去劣　出苗后 3～4 叶期间苗，5～6 叶期定苗。每穴留单苗。

按照"五取一留",即拔除弱苗、病苗、异形苗、旺长苗和其他杂苗,留整齐一致的典型苗。

(2)适时适量节水灌溉 要根据"苗期需水少,拔节期逐渐增多,抽雄扬花期需水量最多,乳熟期逐渐减少的规律"进行灌水。头水不宜过早,一般在5月底或6月初苗高20~30厘米时进行开沟灌头水较好。膜下滴灌一般灌10次水,灌水量240~300米³/亩。

(3)适期收获,及时晾晒 9月20日至10月1日早霜冻前是玉米收获的最佳时期,采收后集中晾晒。此外,也可鲜穗采收,机械集中烘干脱粒。种子水分应达到15%以下。

(三)注意事项

1. 沼液出池后不要马上施用,应先在储粪池中堆沤5~7天再施用。

2. 沼液应灌水施用或者兑水进行施用,施用后应进行翻耕或覆土。

3. 沼液不能与碱性肥料混施,避免造成氮肥损失,降低肥效。

4. 要注意控制施用量。具体使用的量要根据作物品质、生长期等不同进行确定。

(四)应用效果

较农民习惯种植模式,每亩增加收益200元,利用畜禽粪便和秸秆制备肥,改善了村民居住环境,推动了农业绿色发展。

(五)适用范围

适用于西北玉米区,有大中型沼气设备、设施,有机肥资源丰富的地区。地力等级越低增施粪肥的效果越明显。

五、西南玉米堆肥还田技术模式

(一)概述

以畜禽粪便和作物秸秆等种养有机废弃物为原料,采用智能供氧的条垛式好氧高温堆肥,通过温度、氧气和水分等传感器监测,实时通过物联网系统调整堆体的氧气供应状况,保持堆肥中高温持续时间,实现种养废弃物充分腐熟。堆肥科学合理还田,促进绿色种养循环和固碳减排。

(二)技术要点

1. 前期处理 技术要点包括废弃物收集、物料预处理、地膜/曝气管道铺设、建堆发酵、数据采集与智能分析、成品与场地恢复等环节。

(1)废弃物收集 选用的畜禽粪便含水量不宜过高,猪粪和牛粪应先进行干湿分离后再收集。选用农作物秸秆作辅料,收集应符合《农作物秸秆综合利用技术通则》(NY/T 3020—2016)要求。

(2)物料预处理 收集的畜禽粪便和秸秆等物料应充分混合均匀,且须将粗物料进行粉碎。根据物料类型及比例、堆料量调整物料碳氮比(20~40):1,含水量宜为55%~65%,添加生物菌剂1.0%~3.0%。

(3)地膜和曝气管道铺设 地膜平铺于场地内,地膜上居中铺设曝气管道。选用的地膜应具有良好防渗和耐酸碱性能,以高密度聚乙烯HDPE黑色地膜为宜,厚度应不低于1.5毫米。曝气管道应选用直径为7.5厘米的耐酸碱聚氯乙烯PVC软性管道。

(4)建堆发酵 根据场地大小和废弃物量将混合均匀的物料堆于地膜和曝气管道上,建堆尺寸宜为长8~10米、宽3~5米、高1.5~2米。建堆完成后用防水透气篷布覆盖。覆盖篷布应选用具有良好防水透气和耐酸碱性能的材料。在堆体上布置相应传感器,采集温度、曝气时间等数据，并远程传输至服务器或终端设备。传感器位置应按照以下方法布置（图8-6）。将堆体自顶层到底层分成4段，自上而下在每一段中心位置布置传感器。在整个堆体上至少选择3个位置，在每个部位布置传感器，传感器布置分布示意图如图8-7所示。

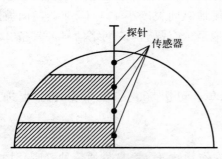

图8-6 堆体传感器布置剖面

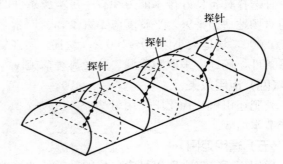

图8-7 堆体传感器布置分布

发酵设备主机主要包括曝气装置和物联网设备，其重量以不超过50千克为宜，具备防盗、防雨、防漏电装置，工作环境温度在−10～50 ℃范围内，发酵设备主机具备4G远程传输能力，采集温度、曝气时间等数据。

（5）数据采集与智能分析　计算机、手机、平板电脑等均可作为数据接收、远程监控、数据分析统计的终端设备。终端设备应具备专用软件运行能力。传感器通过物联网实时采集数据，可通过终端设备调控采集频次和监测指标。通过监测的数据分析，自动拟合腐熟曲线，判断堆肥成熟度及堆肥时间。

（6）成品与场地恢复　堆肥成品质量应符合《畜禽粪便堆肥技术规范》（NY/T 3442—2019）中的规定，堆肥成品可直接还田施用。

2. 施肥措施

（1）施肥数量　玉米目标产量500千克/亩，大田需施氮（N）16～18千克、磷（P_2O_5）5.0～6.0千克、钾（K_2O）5.0～6.0千克。氮、磷、钾比例为1∶0.35∶0.35。

（2）施肥原则　遵循用养结合、就地消纳、缓速相济、循环利用的原则，增施有机肥，做到有机肥和无机肥配合、大量元素和中微量元素相结合、基肥与追肥协同，采取"稳氮、增磷、补钾"的施肥方法，提高肥料利用率，确保玉米全生育期正常生长。稳定基肥用量，轻施苗肥，重施攻苞肥。氮肥一般分基肥、提苗肥和攻苞肥，按3∶2∶5的比例施用，磷肥作基肥一次施入，钾肥基肥和提苗肥各50%。

（3）基肥　根据微生物好氧发酵堆肥养分含量以及玉米需肥规律，大田每亩施腐熟堆肥200～300千克，配施5千克尿素和8～10千克磷酸二铵。

（4）提苗肥　在玉米定苗后至拔节期施用，每亩追施6～8千克尿素和5千克氯化钾作提苗肥。

（5）攻苞肥　玉米抽雄穗前10～15天，每亩施16～18千克尿素作攻苞肥。

3. 施用方式　玉米每亩施腐熟堆肥200～300千克作为基肥。耕地前将肥料均匀撒于地表，结合耕地把肥料翻入土中，使肥土相融。采用中沟施肥则将堆肥施用于中沟底部再覆土，玉米移栽或直播于肥料沟两侧。

(三) 注意事项

堆肥过程中需短期存储的干物料（秸秆）注意防火、防水等；粉碎设备系统应由专业人员操作维护。应熟练掌握清灰、清渣、保养维修及故障排除等操作方法。

宜选择具备良好排水能力和有一定水源条件的场地，地形无明显坡度，周围无遮蔽。堆肥前对场地适当平整，平整度应不大于 2.5 厘米，场地纵向坡度小于 1/1 500、横向坡度小于 1/2 000，场地大小以 50～100 米² 为宜。所在场地至少应覆盖 4G 网络信号，具备 220 伏电源条件，场地应采取防渗漏、防径流等措施。

(四) 应用效果

粪肥还田可替代化肥使用量 20%～40%，玉米单产可达 500～550 千克/亩，促进玉米生产节本增效。

(五) 适用范围

适用于西南玉米区以村为单位的就近就地处理农作物秸秆、畜禽粪便等种养废弃物的区域，具备相应的场地、供电等条件。

第四节　蔬菜粪肥还田技术模式

一、茄果类蔬菜堆肥还田技术模式

(一) 概述

以测土配方施肥为基础，根据作物养分需求，施用以畜禽粪污为原料堆沤形成的粪肥，替代部分化肥，在实现畜禽粪污资源化利用的同时，推动化肥减量增效，促进农业绿色低碳发展。

(二) 技术要点

1. 前期处理　粪肥原料为牛粪、鸡粪、猪粪、羊粪，在集中处理场、田边地头和粪污处理中心发酵车间进行腐熟处理。

(1) 原料准备　发酵原料含水率不应超过 65%，适宜为 45%～65%，如超过 65% 则应添加辅料，低于 45% 应向粪便原料中添加粪水、沼液、清水或含水量在 80% 以上的粪便原料。

(2) 堆腐方法

① 条垛堆腐。将准备好的原料在堆腐场地内调节好水分与碳氮比，冬季添加微生物菌剂混拌均匀，堆腐成条垛状，在厌氧或好氧条件下发酵，条垛的高度和宽度视翻堆机的高度和跨度而定，垛长不限。还可以堆成山形发酵堆，一般控制在高 2～3 米、宽 5～8 米、长 30～50 米。

② 槽式堆腐。槽式好氧发酵是指发酵物料堆置于土建或其他结构形式的槽体内进行好氧发酵，堆高一般控制在 1.8～2 米，发酵过程可采用鼓风曝气、翻抛、曝气＋翻抛相结合的方式为堆体进行供氧，发酵周期一般在 18～24 天。槽式发酵后的物料需要进行一段时间的陈化，陈化后的物料再次进行发酵，可以采用条垛式发酵。

③ 纳米膜堆腐。在水泥地面上安装一些固定式通风管路，与鼓风机连接。堆肥过程中不是通过物料的翻堆而是通过鼓风机强制通风供氧。

(3) 粪肥形成　畜禽粪便经过堆沤发酵后，外观呈茶褐色或黑色，结构疏松，无恶臭，含水率下降到 50% 以下，手握柔软有弹性，松散不成团。完成发酵的粪肥可转移至肥料存放处，堆放的粪肥要采取防雨措施，防止雨淋。

2. 施肥措施

（1）堆肥施用量　畜禽粪便堆肥推荐用量 2～3 吨/亩。替代化学氮肥 15%～30%，替代磷肥 30%～60%。

（2）茄果类蔬菜化肥用量　氮肥推荐主要以土壤有机质含量水平和茄果类蔬菜目标产量为依据（表 8-1）。

表 8-1　茄果类蔬菜氮肥推荐量（千克/亩）

土壤有机质 （克/千克）	目标产量（千克/亩）				
	4 000	4 000～6 000	6 000～8 000	8 000～10 000	10 000～12 000
<20（低）	16～20	20～25	25～30	30～35	—
20～30（中）	14～16	17～20	20～25	25～30	30～35
30～40（较高）	12～14	14～17	17～20	20～25	25～30
>40（高）	—	12～14	14～17	17～20	20～25

依据土壤有效磷含量和茄果类蔬菜目标产量推荐磷肥施用量（表 8-2）。

表 8-2　茄果类蔬菜磷肥推荐量（千克/亩）

土壤有效磷 （毫克/千克）	目标产量（千克/亩）				
	4 000	4 000～6 000	6 000～8 000	8 000～10 000	10 000～12 000
<50（低）	10～12	12～14	14～17	17～20	—
50～100（中）	8～10	10～12	12～14	14～17	17～20
100～150（较高）	6～8	8～10	10～12	12～14	14～17
>150（高）	4～6	6～8	8～10	10～12	12～14

依据土壤速效钾含量和茄果类蔬菜目标产量推荐钾肥施用量（表 8-3）。

表 8-3　茄果类蔬菜钾肥推荐量（千克/亩）

土壤速效钾 （毫克/千克）	目标产量（千克/亩）				
	4 000	4 000～6 000	6 000～8 000	8 000～10 000	10 000～12 000
<100（低）	22～25	25～30	30～36	35～40	—
100～150（中）	19～22	22～25	25～30	30～35	35～40
150～200（较高）	16～19	19～22	22～25	25～30	30～35
>200（高）	14～16	16～19	19～22	22～25	25～30

① 基肥。堆肥 2～3 吨/亩，10%～30% 的氮肥、40%～80% 的磷肥、20%～40% 的钾肥在作物定植前施入土壤。

② 追肥。茄果类蔬菜按照每穗果膨大到乒乓球大小时追肥，秋冬茬、冬春茬全生育期追肥 6～8 次，越冬茬追肥 9～11 次。

3. 施用方式

（1）基肥　播种前利用粪肥抛撒机或人工将全部堆肥、基施化肥均匀撒施于地表，利用旋耕机均匀旋耕于表层土壤中（10～15 厘米）。

（2）追肥　采用水肥一体化或膜下畦灌等方式。

（三）注意事项

1. 冬季寒冷，堆沤时要注意及时添加发酵菌剂，注意控制好水分。为了提高发酵温度必须覆盖塑料膜。粪肥要进行充分好氧处理，保证符合《畜禽粪便堆肥技术规范》（NY/T 3442—2019）要求。

2. 在施用粪肥前进行有毒有害物质检测，合格后方可施用。有机肥养分替代比例在土壤肥力较低的区域可适当降低，土壤肥力较高的区域可适当提高比例。

3. 蔬菜施肥要做到"少量勤施"，按一定比例配合使用，不仅可满足蔬菜作物喜硝态氮的嗜好，充分发挥其肥效，同时还可起到改善蔬菜品质、提高蔬菜产量的作用。蔬菜忌用氯基复混肥，以免影响蔬菜品质。尽量不用磷酸一铵、磷酸二铵作追肥，因为这两种肥料属中氮高磷型复合肥，一方面不符合蔬菜作物的需肥规律，另一方面磷在土壤中移动性小，不能及时下移到蔬菜根系层供作物吸收利用。

（四）应用效果

粪肥还田利用能够有效解决粪便排放所造成的污染问题，减少病虫害传染源；粪肥还田后提高了土壤肥力水平，化学氮肥可以减量 15％～30％，磷肥减量 40％～60％，蔬菜产量提高 5％～10％，蔬菜品质明显改善，土壤有机质提升，土壤结构及综合肥力明显提高。

（五）适用范围

适用于畜禽养殖集中、茄果类蔬菜生产规模较大的区域。

二、蔬菜沼肥还田技术模式

（一）概述

通过沼气发酵处理畜禽粪污，生产的沼渣和沼液全量还田利用，解决养殖场区畜禽粪污资源化利用和高成本污水处理问题，促进绿色种养、循环农业高质量发展。

（二）技术要点

1. 前期处理　通过沼气发酵技术，实现粪污全量处理并还田利用。规模养殖场猪粪尿通过全漏缝式地板全部直接浸泡于下面收集池中，无须固液分离，通过场区排污管道收集到提升井，再通过提升泵提升至沼气池。粪污在沼气池厌氧发酵 35～45 天后产生沼气、沼液、沼渣。沼气用于发电，沼液依次自动流到曝气池和暂存池，沼渣抽到集渣池和调配池（图 8-8）。一般沼渣占比约 10％，作基肥用于农作物种植；沼液占比 90％，主要作追肥用于农作物种植。

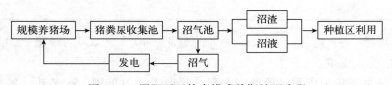

图 8-8　沼肥还田技术模式前期处理流程

2. 施肥措施　根据蔬菜作物种类、季节、土壤肥力和田间配套设施等因素合理确定沼渣沼液施用量和施肥时期。

（1）叶菜　以一季蔬菜种植为例，蔬菜种植沼肥主要用作底肥或基肥。种植前需对土地进行耕翻，整理过程中伴随着基肥的施入。基肥施用标准为每亩 4～5 吨沼渣有机肥，通过罐车运输配套施肥机深施在土壤中。随后通过施肥机犁头将沼渣有机肥深翻至土壤混匀，方便作物根部吸收营养，配合使用适量钾肥。

（2）茄子

① 基肥。以 9 月中旬秋植茄子为例，种植前需对土地进行整理，整理过程中伴随着基肥的施入，基肥施用标准为每亩 8～10 吨沼渣，通过罐车运输配套施肥机深施在土壤之中，随后通过施肥机犁头将沼渣有机肥深翻至土壤混匀。

② 追肥。作物生长 2 个月后，采用"水溶肥＋水"与"沼液＋3 倍水"交替滴灌，根据天气情况，每隔 7～10 天滴灌一次，每次每亩滴灌沼液 2～3 吨，直到第二年 4—5 月收获结束。

3. 施用方式

（1）沼渣一般用于农作物种植作为底肥/基肥使用，通过罐车运输到种植基地，然后通过施肥犁地一体机等机械设备还田。

（2）沼液与水按照 1∶3 稀释后，直接通过滴灌等水肥一体化设施作为追肥使用。

（三）注意事项

沼肥还田过程中要兼顾果树等作物对特殊养分的需求，满足作物平衡施肥、优质高产的要求。长期施用沼液的种植地，通过营养诊断监测土壤或植物营养含量丰缺状况，指导补施缺乏元素，调减过量元素，避免出现营养元素丰缺失衡引起的生理病害，从而满足作物平衡施肥的要求。同时，注意不同作物和季节沼肥的还田用量、次数和浓度。

（四）应用效果

较常规施肥相比，平均增产 10%～15%，减少化肥使用量 20%～30%，有效地提高了作物的抗逆性，提升农产品的品质。土壤有机质显著提高，土壤养分及理化性质得到显著改善。沼液沼渣分别通过管道输送、罐车运输、滴灌等水肥一体化和施肥犁地一体机等设施设备实现全程自动化输送及还田，显著节约劳动力成本。

（五）适用范围

适用于猪舍为全漏缝式地板的规模养殖场以及具备沼气池、沼液田间运输和水肥一体化灌溉等设施设备的地区。沼液还田适用于猪场周边 1～2 千米范围内，具有管道输送覆盖地区，沼渣还田需要转运罐车运输，一般运输距离在 5～20 千米范围内，并具有沼渣暂存池，避免长距离运输增加成本。

三、蔬菜"沼肥＋水肥一体化"还田利用模式

（一）概述

在蔬菜生产中可用沼液替减化肥，采取喷灌、滴灌等水肥一体化方式进行施用，建立沼肥＋水肥一体化的循环农业生产模式，变废为宝，改善蔬菜的品质，为蔬菜安全生产提供有效途径，是一项节本增效、简单易行的增产措施。

（二）技术要点

1. 前期处理　将畜禽粪便（主要是牛粪、猪粪）运至预处理池，按 1 吨畜禽粪便加水或猪尿 2～3 吨的比例混匀，预处理 3～4 天，转入厌氧发酵罐发酵 25～30 天。发酵好的沼肥颜色为棕褐色或黑色，然后用泵将发酵好的沼液沼渣混合液泵入沼液储存池 7 天以上还田

使用。主要有两种方式：第一种是沼液沼渣不分离，直接将储存池中沼液沼渣混合液用沼液转运车辆拉运还田或用预埋的地下管道直接输送还田；第二种是将混合液用干湿分离器进行过滤，沼渣和沼液分开使用，分离的沼液可应用于膜下滴灌水肥一体化。

2. 施肥措施　发酵好的沼肥水分含量 96%～99%，沼肥 pH 为 6.8～8.0，沼渣干基样的总养分含量≥3.0%，有机质含量≥30%，重金属指标符合 NY/T 525—2021 规定，卫生指标符合 GB 7959—2012 规定。蔬菜"沼肥＋水肥一体化"还田利用模式中，通过增施沼肥，化学肥料施用量较常规施肥量减少 20%～50%。沼肥施用量随沼肥输送方式及沼肥种类确定。施用沼液沼渣混合肥时，为避免沼液沼渣混合肥中的不溶物在地表板结，影响土壤透气透水性，同时考虑目前沼肥还田输送方式以车辆转运输送为主，为节省运费及人工支出，一年两茬作物每一茬施用次数以 2 次为宜，设施蔬菜大茬作物施用次数不超过 3 次，每次每亩施用量 3 000～4 000 千克；沼肥通过管道输送方式随水冲施时，可少量多次，每次每亩施用量以 1 000 千克为宜，施用次数以灌水次数为限，可一水一肥；沼液应用滴灌技术时，亩用量以不超过 1 000 千克为宜，施用次数可一水一肥。沼肥随水冲施间接实现了水肥一体化，既为蔬菜生长提供了营养物质，同时还起到了改善土壤理化性状的作用。沼肥叶面喷施在作物全生育期均可进行。一种方法是抽取 40 千克沼液按 1∶1 的体积兑清水搅拌均匀，静置 10 小时左右澄清，然后将清液用喷雾器喷洒植株叶面，有利于作物快速吸收；另一种方法用纱布或滤网直接过滤沼液，稀释 2～3 倍喷施。喷施时也可加入磷酸二氢钾，浓度以 0.3% 为宜，以不堵塞喷雾器内出水滤网为宜，亩用量 80～100 千克。

沼肥在灌冬水时随水冲施或生育期随水追施均可，以蔬菜盛花期至盛果期为施肥高峰期，如输送条件允许可每 10～15 天随水追施 1 次，亩用量 1 000 千克；如运送不方便，可每隔 40～45 天冲施 1 次，亩用量 3 000～4 000 千克。蔬菜作物收获前 1 周不宜追施沼肥。沼液叶面喷施全生育期均可进行，每隔 10 天喷 1 次，喷洒时间在 8∶00～10∶00 进行或 15∶00 以后进行，不宜在中午高温时进行，以防灼烧叶片。

3. 施用方式　蔬菜"沼肥＋水肥一体化"还田利用模式中，沼肥利用方式以随水冲施、水肥一体化与叶面喷施为主。沼肥随水冲施时，在水渠口将沼肥均匀地随水冲到灌溉水中，使沼肥中的养分与水分结合在一起施入土壤，达到水肥耦合。

4. 其他配套农艺农机措施

（1）配套喷滴灌工程　现代农业中喷滴灌设施比较普及，是提高沼液资源化利用的有效手段。喷滴灌设施应安装筛网式、叠片式过滤器或组合使用，尽可能选用大流量灌水器，最大限度降低堵塞影响。施肥结束后用清水对系统进行冲洗，防止管道中剩余的肥料沉淀。喷滴灌系统如发生肥料等堵塞，必要时可进行酸液清洗，达到消毒、抑制和消灭水中藻类和微生物的效果。

（2）完善沼液储存输送配套设施　充分利用项目建设及农机购置补贴等政策，配套建设田间（山顶）储液池、主干输送管道、田间浇灌设施等，购置沼液运输车，强化设施农业和喷滴灌技术相配套，确保设施设备正常运行。

（三）注意事项

（1）应用的沼液必须是正常产气 1 个月以上的沼气池内的沼液，废池、死池的沼液不能应用。喷施的沼液应先澄清，可用纱布或滤网过滤，以防堵塞喷雾器，在滴灌水肥一体化使用时，沼液中水不溶物必须小于 0.2%，以防堵塞滴头。

（2）所用沼液的 pH 应在 6.8～7.5，否则不能使用。

（3）尽可能将沼液喷施于叶片背面，以利于农作物和果树的快速吸收。

（4）沼液喷施时间：春、秋、冬季在上午露水干后喷施，夏季在傍晚喷施。中午高温时不宜喷施，以防灼伤叶片；下雨前不要喷施，因为雨水会冲走沼液。

（5）沼肥一般先在储存池中存放 5~7 d 后施用，不应出池后立即施用。

（6）沼肥不应与草木灰等碱性肥料混施，以免氨挥发而降低肥效。

（7）打开沼气池水压间盖时，注意人、畜的安全。

（四）应用效果

通过使用沼肥，蔬菜全生育期生长旺盛，病虫害少，化肥和农药用量减少，作物产量提高，应用沼液产出的农产品色泽好、口感佳、商品性好。

（五）适用范围

适用于具有沼气发酵工程和沼肥输送设施设备的蔬菜主产区。

第五节 果树粪肥还田技术模式

一、苹果固体粪肥还田技术模式

（一）概述

将畜禽粪污收集在一定的场所进行集中发酵腐熟，形成固体粪肥，由第三方社会化服务组织配送到田、到户还田施用，实现畜禽粪污资源化利用，促进农业绿色低碳发展。

（二）技术要点

1. 前期处理 粪肥以畜禽粪便为原料，根据堆肥场地条件、生产规模需求等采用条垛、槽式等方式堆肥。控制含水量 45%~65%、碳氮比（20~40）∶1、pH 为 5.5~9.0，按堆肥物料质量的 0.1%~0.2%接种有机物料腐熟剂。按照《畜禽粪便堆肥技术规范》（NY/T 3442—2019）要求，堆肥中期维持高温，温度较低区域适当延长维持时间，实现充分腐熟。

2. 施肥措施 粪肥作为基肥，一般在苹果采收后（或带果施肥）进行秋施肥，在树行间用小型开沟机开宽 40~50 厘米、深 20~30 厘米的沟进行深施，施肥量 1 000~2 000 千克/亩，幼树减量。

秋施粪肥的同时施入平衡型复合肥 50~80 千克/亩，6 月追施高磷水溶肥 10~20 千克/亩，9 月追施高钾型水溶肥 10~20 千克/亩。

3. 施用方式 采用沟施、撒施、条施、穴施等方式施入果园。

4. 其他配套农艺措施 果园树盘下采用地膜覆盖或防草布进行覆盖，也可采用玉米整秆、小麦秸秆覆盖技术，起到保墒、增温、防草、提高土壤有机质的作用；果园套种绿肥技术，绿肥以冬油菜、箭筈豌豆为主，冬季种一茬冬油菜，5—6 月种一茬箭筈豌豆，盛花期翻压还田；秋施肥前取土化验，采用果园测土配方施肥技术。

（三）注意事项

1. 粪肥还田前必须按照《畜禽粪便无害化处理技术规范》（GB/T 36195—2018）进行无害化处理和腐熟堆沤，还田施用时的砷、汞、铅、镉、铬、粪大肠菌群数、蛔虫卵死亡率等限量指标符合《有机肥料》（NY/T 525—2021）要求。

2. 技术推广部门对每一批出厂到田的粪肥都要抽检，社会化服务组织承担粪肥还田的责任，与种植户或合作社签订质量协议书，提供畜禽粪污的养殖企业或合作社出具无害化承诺书，并保障畜禽粪污的质量。

（四）应用效果

种养结合解决了畜禽粪污对环境的影响，进一步促进了种植业和养殖业的协同发展，实现了耕地质量提升、农产品品质提高和化肥使用量减少的"两提一减"目标。土壤有机质含量逐年提高，推动农业绿色循环发展，保护生态环境。

（五）适用范围

适用于甘肃、陕西、山东等地大部分果园，粪肥方便运输、地块面积大、集中连片集约化程度高的果园。

二、柑橘固体粪肥还田技术模式

（一）概述

畜禽粪污进行堆沤发酵腐熟，将固体粪肥撒施后覆土，替代部分化肥，实现化肥减量增效，提升柑橘品质，促进柑橘生产向绿色高质量方向发展。

（二）技术要点

1. 前期处理

（1）畜禽粪便（干粪、鲜粪）发酵处理　以生猪固体粪便为主要对象，利用自然环境中的好氧微生物对固体粪便进行发酵，经好氧堆肥处理后，就地就近农田利用。畜禽粪污直接或间接排到发酵床垫料上，垫料铺设有秸秆、锯末、谷壳等，利用发酵床垫料中的微生物对粪污进行降解。畜禽粪污收集后进行堆肥发酵后还田。

（2）沼渣还田利用模式　粪便与粪水完全混合后进入厌氧发酵装置（地下厌氧发酵池或大中型沼气工程），经过一定水力停留时间厌氧发酵后生产出沼气、沼渣和沼液。沼渣直接施用于自有或周边作物种植，或作为有机肥原料或混合秸秆、谷壳等腐熟后还田。

2. 施肥措施　一般丰产橘园，每年每亩施氮（N）25～30千克、磷（P_2O_5）13～15千克、钾（K_2O）25～35千克，相当于尿素55～65千克、普通过磷酸钙80～90千克、硫酸钾50～70千克。

（1）基肥　柑橘基肥在11月上旬至下旬果子采后施用，一般随采随施。这次施肥以达到恢复树势、提高抗寒力、防止落叶、促进花芽分化的作用，也是克服柑橘大小年的一项重要措施。主要施有机肥，配以化学肥料；每亩施用优质腐熟固体粪肥500～1 000千克或商品有机肥500～800千克，化肥施用量氮占全年施用量的20%（相当于每亩施尿素11～13千克）、磷占全年施用量的45%（相当于普通过磷酸钙36～40千克）、钾占全年施用量的20%（相当于硫酸钾10～14千克）。视土壤情况施入硼砂和硫酸锌各3～5千克。将各种肥料混匀后，最好结合冬耕深翻，沿树冠下环状沟施或穴施；如果施肥时间延迟，则可用部分速效性肥料作根外追肥。

（2）追肥　追肥一般3～4次，每次追肥都应结合中耕除草，沿树冠下挖环状沟浇施。

① 第一次是花前肥。在开花前一个月，在2月中旬施入。施氮占全年施用量的20%、磷占20%、钾占10%，相当于每亩施尿素11～13千克、普通过磷酸钙16～18千克、硫酸钾5～7千克；花蕾期（未开花前）喷施0.2%的硼砂和0.2%的硫酸镁两次，每隔7～10天喷一次。

② 第二次是幼果肥。柑橘的幼果在5—6月形成，在此期间养分消耗多，如肥料供应不

足，容易引起落花落果，这次施肥能达到保果的目的。因此，施肥时间应在 4 月中旬前完成。如延迟到 6 月，会使 6 月梢大量抽生，造成大量落果，严重影响产量。化肥施用量占全年施用量的 20%，相当于每亩施尿素 11~13 千克、普通过磷酸钙 16~18 千克、硫酸钾 10~14 千克。

③ 第三次是 6 月，看树冠情况进行叶面喷施。5—6 月幼果开始长大，如养分不足，容易落果，应视情况采用全面根外追肥。从 5 月下旬开始，可喷施 0.1%~0.2% 的硝酸铵钙、0.3% 的硝酸钾混合水溶液，每隔 10 天喷施一次，连续 3 次。这次施肥有利于果实膨大，但容易大量抽生 6 月梢而造成落果。本地早熟品种应避免施这次肥，只对结果多、树势生长势弱及 6 月梢抽生少的情况下，才可以施用。

④ 第四次是壮果肥。一般在 7—8 月追施，这时正是果实迅速膨大和秋梢抽生时期，梢、果争夺营养的矛盾较为突出。秋梢也是翌年的主要结果母枝，合理施用壮果肥可促进果实发育、提高秋梢的质量。这次施肥以氮、钾肥为主，配以磷肥，施氮量占全年施用量的 40%、施磷量占 15%、施钾量占 50%，相当于每亩施尿素 22~26 千克、普通过磷酸钙 12~14 千克、硫酸钾 25~35 千克。同时，结合喷 2~3 次叶面肥。

3. 施用方式　结合冬耕深翻，将腐熟固体粪肥及一定量的化学肥料作基肥沿树冠下环状沟施或穴施，其余化学肥料根据不同需肥时期用微喷或滴灌实施水肥一体化追肥浇水。

4. 其他配套农艺措施　施肥后加强树势管理，及时清除田间杂草，及时防治柑橘木虱、红蜘蛛等病虫害，根据不同时期做好树势修剪、疏果等农艺措施。

（三）注意事项

1. 把好堆肥质量关　规范养殖环节，严格饲料添加剂标准，降低重金属、抗生素等投入，从源头控制粪肥利用风险。规范处理环节，加强堆肥积造过程质量控制，注意清除塑料、玻璃、金属、石块等杂物，定期监测堆肥、沼液发酵程度。施用前定期抽样检测，确保安全。

2. 强化合理施用　以《畜禽粪便还田技术规范》（GB/T 25246—2010）、《肥料合理使用准则　有机肥料》（NY/T 1868—2021）为指引，科学合理确定粪肥施用的数量、时间和方法，避免过量和过于集中施用。在施用腐熟度较低的粪肥时，避开作物根系，配合施用化肥和石灰，避免发生烧苗烧根、病虫草害等现象。

3. 粪肥施用后及时翻土深埋，避免裸露挥发及影响环境卫生。

（四）应用效果

粪肥还田减少了养殖场畜禽粪污对环境的污染，粪肥替代化肥可以减少化肥使用量 15% 以上，培肥地力增加土壤有机质，加上水肥一体化的应用，总体提高化肥利用率达 40% 以上。

（五）适用范围

适用于周边有养殖场户、粪肥处理设施的柑橘种植区。

三、梨树/桃树固体粪肥还田技术模式

（一）概述

在果树栽培过程中合理施用固体粪肥，不仅能够减少化肥用量，提升土壤肥力、改良土

壤环境，增加果树的成活率和产量，还能够提高果树果实的质量和口感，实现提质增效，促进绿色发展。

（二）技术要点

1. 前期处理 把新鲜畜禽粪便等有机废弃物疏松堆积约 1 米高，不压紧，以便发酵；一般在 2～3 天后肥堆内温度可达 60～70 ℃，以后还可继续堆积新鲜有机肥，这样一层层地堆积，直到高度 2～2.5 米为止。用泥土把肥堆封好，保持温度，阻碍空气进入，防止肥分损失和水分大量蒸发，经过 4～6 个月完全腐熟才可使用。

2. 施肥措施 在施用粪肥时，应选择在果树秋梢停止生长以后和农田土壤封冻前的时间，一般 9 月底到 11 月初，宜早不宜晚。

（1）亩产 4 000 千克以上的果园 亩施有机肥 3～4 米³；氮肥 20～25 千克（每亩折纯，下同），磷肥 8～10 千克，钾肥 20～25 千克。

（2）亩产 2 000～4 000 千克的果园 亩施有机肥 2～3 米³；氮肥 15～20 千克，磷肥 8～10 千克，钾肥 15～20 千克。

（3）亩产 2 000 千克以下的果园 亩施有机肥 2～3 米³；氮肥 10～15 千克，磷肥 8～10 千克，钾肥 15～20 千克。

3. 施用方式 秋施基肥的时间以 9 月下旬至 10 月中旬为宜。秋施基肥后，土温还较高，肥料分解快，秋季又是果树根系第 3 次生长高峰期，吸收根数量多，且伤根容易愈合，肥料施用后很快就被根系吸收利用，从而提高秋季叶片的光合效能，制造更多的有机物储藏于树体内，对翌年果树生长及开花结果十分有利。肥料种类以粪肥为主，配合部分化肥（全年化肥用量的 1/3）。粪肥条沟法施入，在行间或株间开沟，沟深度与宽度各 40～50 厘米，长度根据肥料数量确定。需要注意的是，粪肥一定要腐熟好，并且在施用时和表土混匀后再回填。

4. 其他配套农艺措施 如果是在秋季施用粪肥，施肥后果园一定要及时灌水一次。春季施用粪肥，施肥后要铺上地膜，提高地面温度及防止果树附近生长杂草。

（三）注意事项

1. 开挖施肥坑 在挖掘施肥坑时，坑和果树树干的距离要根据果树的实际情况来确定，无论是大龄果树还是幼龄果树，由于其吸收系统是在树冠以内，所以施肥坑都要在树冠范围内。施肥坑的深度要根据种植果树吸收根系的深浅来决定，深度要和果树吸收系统保持在统一水平线。

2. 粪肥应充分腐熟 在使用前，需要注意对畜禽粪污进行发酵腐熟，如果腐熟不充分，将对土壤造成巨大的伤害。因为有机肥腐熟过程会产生很大的热量，热度甚至可以对果树的根部形成灼伤。施加未腐熟有机肥料，肥料的养分不能很快释放让果树吸收，直接影响果树来年的生长。

（四）应用效果

粪肥施用可以大幅提升果园产量，改善农产品的质量。有机养分对果树的生长发育十分重要，施用同等有机肥料的农产品比施用同等普通复合肥料的产量提高了 20%，果实的酸度有明显下降，固形物含量有显著提高。

（五）适用范围

适用于具备堆肥场地等条件的梨树、桃树种植区。

第六节　茶园粪肥还田技术模式

一、赣北茶园堆肥还田技术模式

(一) 概述

畜禽粪污经高温好氧腐熟处理达到还田要求后施用于茶园。茶园采用测土配方施肥技术推荐施用化肥，实现土壤培肥和化肥减量增效。

(二) 技术要点

1. 前期处理　畜禽粪污还田前必须进行无害化处理，以确保还田时不会对茶叶和土壤环境产生危害，实现畜牧业和生态环境和谐发展。

(1) 原料预处理　畜禽粪污从养殖企业运来后先要进行原料预处理，调节水分和碳氮比，适宜的发酵相对湿度为 45%～60%，C/N 为 (25～35)∶1，最好同时添加菌种以促进发酵过程快速进行。

(2) 一次发酵　堆肥的目的是使废弃物中的挥发性物质降低、臭气减少，杀灭寄生虫卵和病原微生物，达到无害化目的。另外，通过堆肥发酵处理使有机物料含水率降低，有机物得到分解和矿化释放 N、P、K 等养分，同时使有机物料的性质变得疏松、分散，便于储存和使用。发酵一般采用条垛式，将预处理后的物料堆成 2 米宽、1～1.5 米高，长度根据场地确定。发酵过程中控制好温度，适宜温度为 55～65 ℃，利用机械翻堆机调节温度。发酵时间夏天一般 20～25 天、冬天 35～40 天。

(3) 陈化　堆肥阶段后期大部分有机物已被降解，由于有机物的减少及代谢产物的累积，微生物的生长及有机物的分解速度减缓，发酵温度开始降低，此时将一次发酵后的物料移至陈化区间进行二次发酵。二次堆肥垛堆至 2 米高，堆体宽度和长度按车间情况确定，时间在 5～7 天。定时在垛堆底部鼓风通气，必要时用长木棒定期在堆体上扎孔透气即可。二次堆肥完成机物完全降解工作，堆肥的温度逐渐下降，物料成分逐渐稳定，形成腐殖质，堆肥腐熟完成。

2. 施肥措施

(1) 成林茶园　第一次冬肥亩施 500～1 000 千克堆肥＋高氮硫基复合肥 (20 - 10 - 15) 40～50 千克，宜在 10—12 月作基肥施用；第二次在茶叶采摘完成修剪后 (4 月)，亩施高氮硫基复合肥 (20 - 10 - 15) 30 千克。

(2) 幼龄茶园　冬肥亩施 500～1 000 千克堆肥＋30 千克高氮硫基复合肥 (20 - 10 - 15)；追肥应少量多次，结合中耕除草亩施 20 千克高氮硫基复合肥 (20 - 10 - 15)，一般在 10 月前分 2～3 次施下去。

3. 施用方式　一般采用沟施方式。冬肥宜采取开沟深施，4 月追肥可结合中耕除草沟施。

4. 其他配套农业措施　注意防治病虫害，遇干旱天气开启喷灌设施抗旱。

(三) 注意事项

1. 发酵原料方面　发酵原料最好未经自然堆沤，物料较为新鲜。

2. 辅料方面　发酵辅料 (如秸秆、稻糠、菌菇渣等) 含水量要适中，吸水性强，颗粒或者长度适宜，不宜过大，添加量要根据发酵原料水分情况而确定。

3. 菌种的使用方面 菌种在添加的时候必须要撒均匀，发酵一吨原料最少需要 50 克有机肥发酵菌种，考虑到没法均匀撒在发酵物料上，所以在使用时，要先将 50 克菌种拌入 500 克麦麸、木屑、油枯、米糠等任意一种原料中搅拌均匀，然后再撒到发酵物料中，然后搅拌均匀堆放发酵。

4. 发酵水分调节方面 原、辅料的水分调节是最重要的，关系到发酵的成败。水分要求：在原、辅料混合好后，手握成团，摔在地上分两瓣。一般辅料（如秸秆、稻糠等）的添加比例为 10%～30%（与原料的重量百分比）。若按两者体积比算，一般是原料 2 份、辅料 1 份。

5. 发酵堆垛规格方面 发酵堆垛的宽、高必须达标，要求发酵物料宽度不小于 1.5 米，高度不小于 1 米，长度不限。

6. 测定发酵温度方面 物料发酵过程中发酵温度一般在离地面 30～60 厘米的高度范围内，水平插入传感式温度计，插入深度 30～50 厘米，10 分钟之内直接显示度数，通常此处温度比较高。读取温度数值时不要将温度计拔出，因为在寒冷的冬季，拔出温度计便会导致温度计数值下降，由此测试的温度便不可取了。

（四）应用效果

堆肥还田模式产生的固态有机肥包含多种有机酸，有益菌使土壤更加肥沃、养分全面、肥效持久、成本低，同时还有改良土壤的作用，可增加有机物的营养元素。

（五）适用范围

适用于赣北茶园。

二、浙江茶园沼液还田技术模式

（一）概述

在建有沼液储液池，配套滴灌设施的茶园可运用"茶—沼—畜"技术模式，促进沼液还田利用。

（二）技术要点

1. 前期处理 采用吸污车收集周边养殖场粪污，粪污收集后在收集池进行固液分离，固体粪污进入发酵棚堆积发酵；液体粪污输送到沼气池，厌氧发酵 45～60 天。产生的沼气用于养殖场内饲料消毒锅炉使用，剩余沼气燃烧。每月沼气池底部排泥管将固体部分排出，送至固液分离区，固体粪污进入发酵棚。沼液进入覆膜的沼液储存池。沼液储存时间一般不低于 180 天，根据作物生长规律进行还田。在还田时，通过滴灌设施，将沼液与水稀释后喷。

2. 施肥措施

（1）养分含量 含水量 96.3%、pH8.0、氨氮 5.03 克/升、总氮 6.31 克/升、总磷 1.30 克/升、总钾 2.5 克/升。

（2）喷施浓度 沼液、水 1:1 稀释，最后喷水，防堵塞。

（3）喷施部位 茶叶基、根部，喷施范围比滴灌大。管道埋在茶园水平带外侧，喷施方向朝向上坡，喷头离地 10 厘米左右。

（4）喷施次数 全年 10 次左右，年亩用沼液 5 吨以上；4—5 月雨水多的季节和 8—9 月干旱季节少喷或不喷；实时监测发现有地表径流即停止，沼液喷施两次间隔至少半个月。

（5）喷施时间　早晚喷施。

（6）喷水抗旱　全年保持一定的土壤含水量，防止旱情发生。

（7）沼液追肥　每次每亩施 500～1 000 千克沼液，按沼水比 1∶1 稀释，掺入 60～75 千克尿素，浇于茶树根部。浇灌时间分别为春茶开采前 30～40 天、开采前 10～20 天、春茶结束、6 月上旬、7 月上旬、10 月上旬。

（8）树冠修剪　每次机采后进行修剪，减去采摘面上突出枝叶；连续 1～2 年后留养一季，连续机采 4～5 年后，进行重修剪更新茶叶，重新培养机采蓬面。

3. 施用方式　依托水肥一体化工程进行沼液施用，系统主要分为 3 个环节，分别为储肥池、首部系统和管道设施，实现沼液水肥一体化喷施。通过沼液运输车经管道、还田管网、灌溉渠道等将沼液输送到农田地头。通过沼液运输车喷带喷施沼液，根据施肥速度及时挪动喷带，保证液体粪肥对土壤供给充分均匀。

（三）注意事项

1. 刚出池的沼液肥不宜立即施用，沼肥还原性强，影响根系发展，导致茶叶发黄、凋萎。沼肥宜在储粪池中存放 7 天以上，期间搅动料液使毒气挥发，氧化还原后再根灌；沼液不宜直接施用，使用前将沼液与水以 1∶1 的比例稀释后根灌。

2. 沼液不宜过量施用，一次性过量根灌容易产生径流和渗漏，造成对环境的二次污染。

3. 沼液宜与水按比例稀释，施在作物根部，否则会使作物出现灼伤现象。

4. 沼肥不能与草木灰等碱性肥料混施。

5. 在炎热天气中午或下雨前，不宜进行沼液叶面喷施。

（四）应用效果

1. 经济效益　沼液可以为茶叶的生长提供丰富的营养物质，沼液提供的营养十分利于茶叶的吸收，非常符合农业可持续发展的要求。茶园水肥一体化喷施沼液较常规化肥节肥 16%以上，增产 6%以上，增值 5%以上。

2. 生态效益　依托水肥一体化工程，通过"茶—沼—畜"液体粪肥还田技术模式，种植户每亩每年可减少化肥 30～50 千克。同时，沼肥还能够改善使用农药后土壤出现的问题。茶叶生长喜欢偏酸性的土壤，沼肥的中和作用能满足茶叶的生长需求，还能改善土壤肥力不足的问题。

3. 社会效益　促进农户增收，同时拉动周边经营主体、基层组织、村民参与，促进养殖、种植、加工及相关行业发展。

（五）适用范围

适用于浙江有基础设施的规模种植的茶园，有配套滴灌设施。

三、皖南茶园沼液还田模式

（一）概述

沼液含有氮、磷、钾等多种营养元素和多种氨基酸、维生素、蛋白质、赤霉素、生长素、糖类、核酸以及抗生素等物质，具有速缓兼备的肥效特点，对促进农作物生长有显著作用，且化学有害物质含量低、施用安全高效，同时还可以减少化肥和农药等对环境和生态系统的破坏，提高土壤有机质含量，既适合作基肥也适合作追肥施入土壤中。

（二）技术要点

1. 前期处理 粪肥还田前必须严格按照《畜禽粪便无害化处理技术规范》（GB/T 36195—2018）进行无害化处理和腐熟堆沤，同时施用前按照规范及时抽检。

具体操作：液态畜禽粪便宜采用氧化塘储存后进行农田利用，或采用固液分离、厌氧发酵、好氧或其他生物处理等单一或组合技术进行无害化处理。厌氧发酵，可采用常温、中温或高温处理工艺，常温厌氧发酵处理水力停留时间不应少于 30 天，中温厌氧发酵不应少于7 天，高温厌氧发酵温度维持（53±2）℃时间应不少于 2 天，厌氧发酵工艺设计应符合《沼气工程技术规范第 1 部分：工程设计》（NY/T 1220.1—2019）的规定，工艺设计应符合《规模化畜禽养殖场沼气工程设计规范》（NY/T 1222—2006）的规定。

同时，前期需要对茶园配套水肥一体化设备。

2. 施肥措施

（1）基肥 每年 10 月至 11 月上旬施用，海拔 500 米以上的高山茶园可适当提前。腐熟沼液 1 500 千克/亩和 40 千克/亩茶叶专用肥（氮、磷、钾总含量≥25％，其中氮含量≥11％，不含氯）全部作基肥施用，只采春茶名优茶的茶园可少施，采夏秋大宗茶茶园可适量多施。

（2）追肥 在春茶开采前 30～40 天（每年 2 月上中旬）、夏茶前（5 月初）和秋茶前（7 月中下旬）分三次施用，茶园每亩每次施用尿素 8 千克，同时配施 500 千克/亩的沼液。

3. 施用方式 沼液与水按照 1∶1 的水肥比例进行稀释后，同时在基肥或追肥时期溶解相应量的水溶性专用肥或尿素，进行水肥一体化根灌。每次施肥后，用清水冲洗管道 15 分钟。

4. 其他配套农艺措施

（1）茶园除草技术 茶园禁用化学除草剂，实施人工除草、割草机切割，行间中耕除草，行间使用作物秸秆、茶树修剪物等进行土壤覆盖除草。

（2）茶园病虫害防治技术 运用农业防治、物理防治和生物防治方法综合防控茶园病虫害。采用杀虫灯、粘虫板、性诱剂诱杀小绿叶蝉、茶毛虫、茶尺蠖等害虫，用苦参碱、石硫合剂和硫悬浮剂、BT 制剂等生物农药防控病虫害。

（3）茶园的定形修剪技术 对于成龄茶树要选择轻修剪或深修剪。

① 轻修剪。轻修剪的程度，以剪去蓬面上 3～5 厘米的枝叶为度，也可以剪去上年的秋梢，留下夏梢。中小叶种茶树轻修剪的形式，蓬面以剪成弧形为宜，这样可以增加采摘幅的宽度，对提高单产有利。青、壮年期的茶树，轻修剪可每年或隔年进行一次，每次在原剪口上提高 2～3 厘米。

② 深修剪。茶树经多年采摘和轻修剪后，采摘面上会形成密集而细弱的分枝，茶叶产量和品质逐渐下降。深修剪宜剪去冠面 15 厘米的枝梢，过浅不能达到更新采摘面的目的。经深修剪后的茶树，以后仍用每年或隔年轻修剪，适当多留新叶，重新养采摘面。

（三）注意事项

沼液还田施用时的砷、汞、铅、镉、铬、粪大肠杆菌群数、蛔虫卵死亡率等限量指标须符合《有机肥料》（NY/T 525—2021）等要求；沼液还田后沼液可能会通过地表径流或地下渗透等方式进行迁移，对周边的地表水和地下水都有潜在的污染风险；长期过量沼液灌溉可能导致土壤次生盐渍化风险。

（四）应用效果

沼液还田利用，有效地解决了规模畜禽养殖场废水污染问题，实现了废弃物的资源化利用，改善了水环境和空气质量，优化农村环境、提高农村文明程度，又为生态茶叶和有机茶生产提供了肥源，减少了化肥的污染，改良茶园土壤，提高茶叶的产量和品质，促进高效生态农业发展，形成了科学有效的生态循环产业链，促进茶叶生产的持续健康发展。

（五）适用范围

适用于皖南山区茶龄在 3 年以上的成龄茶园。

四、湖北茶园沼肥还田技术模式

（一）概述

茶叶属多年生经济作物，水肥管理方面与一种一收作物区别较大，且不同树龄的茶园水肥管理不同，一般 1～2 年茶园施肥深度 7～10 厘米，3～4 年茶园施肥深度 10～18 厘米，成园的茶园施肥深度 15～30 厘米，高产茶园 10 月中旬至 12 月上旬以施用有机物肥料为主，施用量为堆肥 300～500 千克/亩，开 15～30 厘米深沟条施，3—7 月以施用不含氯、高氮高钾复合肥为主，分 3 月上旬、4 月下旬、8 月上旬三次开沟深施，每次 15～20 千克/亩为宜。

（二）技术要点

1. 前期处理　从养殖场收集到畜禽粪污，进行固液分离后，得到干物质的粪渣和液体粪水，液体粪污汇入粪水储存池，向液体粪污中添加微生物发酵菌剂和除臭菌剂，按照 1 千克菌剂处理 100 米^3 左右使用量，辅以曝气装置，5～7 天即可完成发酵，臭味明显降低，取样检测无害化指标达标后，即可作为液体肥料进行还田（图 8-9）。

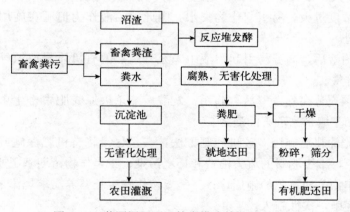

图 8-9　茶园沼肥还田技术模式前期处理流程

粪肥还田前必须按照《畜禽粪便无害化处理技术规范》（GB/T 36195—2018）进行无害化处理和腐熟堆沤，还田施用时的砷、汞、铅、镉、铬、粪大肠菌群数、蛔虫卵死亡率等限量指标符合《有机肥料》（NY/T 525—2021）要求。经过固液分离后收集的固体粪肥转运至发酵基地，根据物料情况调节 C/N 和水分，按 2‰ 比例添加复合发酵菌剂，通过农业废弃物反应堆发酵处理，使其在反应堆内充分发酵 7 天左右，再转运至陈化车间，经过陈化处理后形成有机肥料，取样检测无害化指标达标后，即可作为固体肥料进行还田。同时对发酵产生的臭气进行回收处理，发酵渗滤液收集回流至粪水储存池，进行再利用。

2. 施肥措施 根据《畜禽粪便还田技术规范》(GB/T 25246—2010) 国家标准、茶树的需肥特性、土壤地力状况、还田畜禽粪肥类型及养分含量等确定粪肥还田施用量和施用时期，因地制宜制定施肥方案，确保每亩粪肥还田养分 3～5 千克（N、P_2O_5、K_2O 总量），替代当年化肥施用量≥15％以上。沼渣还田 10 月中旬至 12 月上旬，成园茶园沼渣还田模式拟按沼渣中氮含量 1‰ 进行计算，沼渣还田量 300～500 千克/亩，收集地里杂草，作基肥开沟条施后覆土。沼液就近处理＋槽罐车运输＋管道施用还田模式沼液、液态粪肥还田量以沼液、液粪中 N、P_2O_5、K_2O 养分还田总量不低于 3 千克/亩为标准确定亩还田量，稀释后的电导率在 0.12～0.23 毫西/厘米范围后通过管道或滴灌施入，每次沼液施入量不超过 1 吨，施用时间为 3—8 月，茶叶采摘期施用三次。3—7 月配以施用不含氯的高氮高钾复合肥在 3 月上旬、4 月下旬、8 月上旬分次开沟深施，每次 15～20 千克/亩。

3. 施用方式 沼渣作基肥一般是在 10 月底开 15～30 厘米深沟条施后及时盖土，沼液可采用液罐车直接喷洒，或进入地下管网结合水肥一体化方式，稀释后的使电导率保持在 0.12～0.23 毫西/厘米范围，通过管道或滴灌管施入。

4. 其他配套农艺措施 沼渣可结合茶园清园、冬季修剪除草时一起开沟深施，沼液可结合浇水时施用。

（三）注意事项

1. 沼液施用前将沼液和水按电导率在 0.12～0.23 毫西/厘米范围内兑水施用，防止浓度过高，容易烧苗。

2. 因畜禽粪肥中的氯离子含量比较高，是土壤的 10～15 倍。茶树是特别忌氯的作物，沼液施用量不宜过大，最大用量每亩不超过 3 吨，防止茶树氯中毒。

3. 地表沼液浓度过大，易引起作物失水。因此，沼液作为追肥在施用中不易过量。不同作物施用量不同。

4. 随水冲施沼液后，高温易引起沼液中未充分腐熟的有机质释放氨气，造成氨害或烧根，要注意通风排气。

5. 固体粪肥须充分腐熟发酵后再施用，发酵后能杀灭原粪肥中寄生虫卵、有害生物病菌等直接给作物和土壤带来危害的病菌。

6. 尽量作底肥深耕后施用 改进施肥方法，一是尽量将有机肥深施或盖入土里，避免地表撒施肥料现象，减少肥料的流失浪费和环境污染；二是作物苗期基肥要深施或早施，尤其是要严格控制作物苗期氮肥的施用量；三是要按作物生长营养需求规律来施肥，一般生长期短的作物可作底肥一次性施入。

7. 配合生物有机菌肥施用 土壤中有机质的贫乏就易使作物发生病害、产量低。多施有机肥，不仅能提高作物产量和品质，而且还能使作物有抗旱、抗早衰和抗病虫害能力。尤其是有机肥与生物菌肥的结合应用，能使土壤具有较好的固氮、解磷、解钾功能，起到改良土壤、提高肥料利用率和节本、增产、增收的效果。

（四）应用效果

在茶园实施粪肥还田，消纳畜禽粪便，作物产量、品质明显提高，每亩可节约化肥投入成本 50 元以上，产量可提高 20％以上，品质更优，价格平均高出 10％，亩均可节本增效 500 元以上。

（五）适用范围

适用于 8 年以上的成园茶园。

第九章

典型案例

>>

典型案例一

"畜—沼—肥—粮—饲"全循环模式

——河北省安平县绿色种养循环农业试点典型案例

一、基本情况

河北省安平县猪、牛、羊、鸡存栏分别为 46.5 万头、0.178 万头、2.45 万只和 108 万只，出栏量分别为 75.37 万头、0.243 万头、2.34 万只和 89.65 万只。全县畜牧业年粪污总量 104.14 万吨，猪粪占粪污总量的 91.5%。2021 年以来，安平县借助绿色种养循环农业试点项目实施，充分发挥粪污集中处理中心作用，推进粪污集中处理和粪肥合理还田（图 9 - 1）。

二、主要做法

1. 加强组织领导 成立安平县绿色种养循环农业试点项目领导小组，县长任组长，主管副县长任副组长，县农业农村局、执法局、交警队、生态环境局、市场监督管理局单位主要负责人和八个乡镇政府乡镇长为成员。协调、解决试点县创建过程中出现的各类问题、推进项目建设和规范实施。

2. 严格奖惩机制 实行严格的工作考核制度，各相关部门按照责任分工做好协调配合，农业农村局做好项目总体协调，指导实施单位做好项目组织、技术方案制定及项目实施；生态环境局做好项目实施生态评估，加强养殖企业环保监管；市场监督管理局做好有机肥标准宣传推广和质量检验检测；各乡镇严格落实地块，做好农户宣传发动，确保项目顺利实施。县政府将此项工作纳入年度考核，严格奖惩，对完成任务好的乡镇优先安排涉农支持项目。

3. 科学推进试点实施 安平县对全县粪污进行整县集中收集，通过沼气厌氧发酵处理，形成沼渣沼液后再进行无害化、肥料化加工，形成沼肥。购置 20 余台罐车，根据农户需要通过罐车进行沼液喷洒作业。在县域内建立 58 座液体粪肥加肥站，将沼液处理后送至加肥罐，通过水肥一体化系统施用到地，完成粪肥到农田的"最后一公里"。采用"物联网＋"的技术，实现高效、便捷、实时监管。

三、主要经验

安平县依托京安能源科技有限公司大型沼气设施，建成了粪污集中处理中心。利用厌氧发酵工艺，对全县畜禽粪污、厕所粪污和秸秆进行处理，产生的沼气部分用于并网发电，部分提纯生物天然气用于农村居民取暖及生活消费。处理中心采取企业运营、政府购买服务和财政补贴方式，对粪污、秸秆收运环节进行补贴。建立了监督管理制度，确保中心持续、规范运营，年产沼气 657 万米^3，年发电 1 500 万千瓦·时。

通过建立粪污资源化利用机制、市场运营模式和政策支持体系，形成了"畜、沼、粮、热、气、电、肥"循环农业，实现了全县养殖粪污和农林废弃物资源化利用。通过专门的运输合作社，将县内规模养殖场的粪污，收到粪污集中处理中心进行发酵处理。沼气发电项目产生的沼渣、沼液，通过管网输送到园区有机肥厂进行固液分离，沼渣加工成固体有机肥，沼液加工成液体有机肥，整个园区废水废物零排放，实现了"畜禽粪污—沼气—电—热—有机肥—农作物—饲料—养殖"绿色种养循环农业发展模式。

四、主要成效

1. 社会效益 项目以绿色发展、种养循环理念为引领，以减量化、再利用、资源化为途径，依托大型沼气工程，链接养殖、有机肥厂、种植等种养循环关键环节，通过粪肥还田增加了土壤有机质含量，减少化肥施用，推动了农业绿色高质量发展。同时，通过宣传和鼓励农民走生态、绿色可持续发展道路，带动影响周边农户发展绿色、有机蔬菜种植，改善农村的生活环境，社会效益显著。

2. 生态效益 安平县 90％的种植、养殖业废弃物变成新型能源和绿色有机肥料，农村环境得到有效治理。传统用肥习惯和观念正在发生改变，有机肥用量增加，化肥用量减少，减轻农业面源污染，为生态环境保护、美丽乡村建设提供有力支撑。

3. 经济效益 通过粪肥集中还田作业，培育了一批新型经营主体和服务组织，加快全县土地流转，带动全县绿色农产品规模化生产，向社会提供大量绿色农产品，满足广大居民生活需要，进一步增加农民收入，经济效益明显。

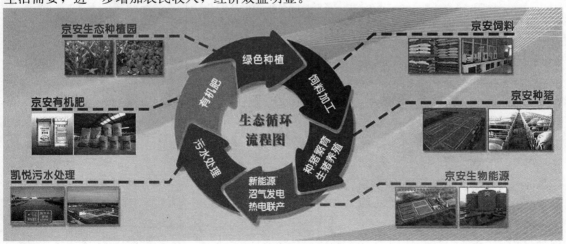

循环模式

技术培训

粪污集中处理中心　　　　　　　　　　沼液还田现场

图 9-1　安平县绿色种养循环农业试点

典型案例二

"种养结合—农牧循环—生态发展"模式

——河北省张北县绿色种养循环农业试点典型案例

一、基本情况

张北县是全国畜牧业生产大县，全县奶牛存栏量 3.88 万头、肉牛存栏量 9.2 万头、生猪存栏量 28.6 万头、羊存栏量 30 万只。全县畜禽粪污年均产生 132 万余吨，粪污资源化利用率达到 90% 以上，通过实施绿色种养循环农业试点，加快粪肥还田，有效提升了当地蔬菜、马铃薯等作物有机肥使用（图9-2）。

粪肥还田示范区

粪肥抛撒现场

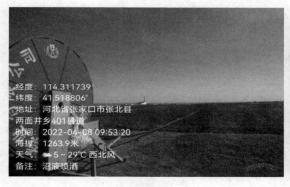

沼液喷洒

现场观摩

图9-2　张北县绿色种养循环农业试点

二、主要做法

1. 制定实施方案　按照农业农村部和省农业农村厅的文件要求，结合张北县实际情况，编制了《张北县2022年绿色种养循环试点县实施方案》，明确了工作要求、目标任务、时间节点、推进措施等具体内容。

2. 落实实施区域　2022年张北县实施绿色种养循环农业试点项目，推广粪肥还田面积10万亩。建设地点选择张北镇、馒头营等乡镇的蔬菜、马铃薯、甜菜和莜麦等种植区，优先选择现代农业示范园区和绿色有机种植基地。确定核心示范区，进行示范展示。建立台账实现粪肥去向有据可查。

3. 确定还田模式　在大棚蔬菜上采取"商品有机肥撒施还田"的技术模式；在莜麦和甜菜上采取"沼液＋管道/罐车喷施"的技术模式；在马铃薯和蔬菜上采取"堆肥撒施还田"的技术模式。因地制宜完成10万亩示范基地，消纳粪肥5.95万吨。

三、主要经验

按照"畜禽粪便—堆肥/有机肥/沼液—种植基地"的生态循环体系模式，结合物料信息化追溯、测土配方施肥等技术手段，构建种养平衡、养分循环格局，实现农牧结合区域畜禽粪污零排放。主要有三大模式：一是利用运营成熟的全环节服务企业，收集规模养殖场畜禽粪污，年收集处理畜禽粪污 52 万吨，每年生产堆肥 25 万吨、商品有机肥 15 万吨、沼液肥 12 万吨；二是中小养殖散户就近就地堆肥还田 35 万吨，中小养殖散户 95％以上均自有种植基地，养殖产生的废弃物自行堆积后就近就地还田；三是全县规模养殖场自建的沼气工程有 6 处，年处理畜禽粪污 39 万吨，年产沼渣 6 万吨，沼液 30 万吨。粪肥还田前委托第三方对腐熟粪肥、商品有机肥等进行抽样质量检测，实现安全使用。

四、主要成效

1. 经济效益　项目实施堆肥＋配方肥模式，可以提高马铃薯、蔬菜等优势特色产业规模，在马铃薯、蔬菜上增产率达到 5％，每亩效益增加 100 元以上，实施面积 6 万亩，增加经济效益 600 万元；减少化肥用量 5％以上，减少化肥投入 20 元/亩以上，节省投入 120 万元，增收节支 720 万元。

2. 社会效益　通过向种植养殖农户提供包括作物、有机肥施用，种植养殖技术指导服务，促进农户增施有机肥，使其减少农资投入，提高农产品质量，实现农民增收、企业增效双赢。通过对农民进行科学施肥技术培训，强化项目示范带动，促进新品种、新技术和新模式的推广应用，提高当地农业技术水平。

3. 生态效益　通过项目示范带动，促进当地从高化肥、高农药的传统种植方式向低耗肥、低污染种植方式转变，进一步减少农业面源污染。粪肥、商品有机肥施入耕地后形成团粒结构，增强土壤的保肥保水能力，取得以肥调水、以肥蓄水和以肥节水的良好效果。

典型案例三

创机制　强管理——让"黑臭水体"变废为肥

——黑龙江省梅里斯区绿色种养循环农业试点典型案例

梅里斯区养殖主体规模呈大、小两极：既有百万头生猪规模的超大型集约化养殖企业，也有近千个几十、几百头的村屯散养殖户，村屯粪污处理难度及对环境影响很大。2021 年梅里斯区大中小型养殖主体粪污产生量约 30 万吨。通过实施绿色种养循环农业试点项目，实现液体粪肥还田约 7 万吨，固体粪肥还田约 10 万吨。

梅里斯区村屯散户生猪养殖非常普遍，在项目实施之前，养殖户们对易于收集和运输的固体粪肥进行了初步还田利用，但对于猪尿等液体粪污，多数都排到村边坑或是树带里，形成很多"黑臭水体"，对村屯环境造成很大影响。在梅里斯试点项目中，区农业农村局对液体粪肥还田与固体粪肥的利用同样重视，研究制定了"村集体收集、乡治理、第三方企业闭环服务"的工作方针。

一、设立村屯粪肥加工置换中心，解决粪污乱排乱倒问题

梅里斯区农业农村局对液体粪肥还田与固体粪肥的利用同样重视，对于村屯粪污通过村集体进行村屯液体粪肥或固体粪肥的收集。由于液体粪肥"没人要"，其需要的收集工具、

沤制原料等较固体粪肥需要更高的成本。

梅里斯有十几个发展养猪、养鸡、养牛的特色村，多数养殖户没有集中储存设施。北京丹青诺和技术有限公司（以下简称丹青诺和公司）为解决储存问题，提出"配比粉碎秸秆、混合菌剂、堆沤制肥"的方案。由村集体提供场地，由丹青诺和公司从当地收集废旧秸秆剩料，加入菌剂，提供来料加工制肥服务。

为了鼓励散养户收集液体粪污并自行送到加工场地，项目企业提出"送 1 取 2"的置换措施。在雅尔塞镇东风村开设的粪肥置换中心已有 4 家养殖户自行送粪到场，日送粪量约 2～4 米³，月制肥量约 300 米³。

二、村集体收集制肥，第三方企业服务，由用户补偿收集成本，打通种养循环和乡村人居环境治理堵点

为从源头治理村屯周边的"黑色水体"污染，由村集体出资入户收集液体粪污。邀请丹青诺和公司在其村提供粪肥加工服务；经过加工中心的处理成肥后，由丹青诺和公司"连工带料"供给当地蔬菜种植者，该土地经营者向村集体支付少量费用以补偿村集体的收集成本。

梅里斯镇哈力村一户种植马铃薯的土地经营者说，他去年 500 多亩地使用了这样的粪肥服务"连工带料"，省心省力，即使有点成本也乐意接受。

三、按质收费，解决超大型养殖的消纳用地问题

梅里斯有一家超大型养殖企业，年产粪污量少则 10 万米³，多达几十万米³ 以上。丹青诺和公司就超大型企业的还田服务，建立了"环境友好、养分循环、成本经济"3 个服务标准。即：还田符合土地承载力标准；为养殖企业提供养分检测及粪水储存技术指导；通过提高设备还田效率实现成本规模优势。以上述标准为指导，区农业农村局协助服务企业与超大型养殖场协商确立"按质收费"服务模式。在养殖企业满足粪肥无害化要求的前提下，确定基础还田服务费，同时根据粪肥中的养分含量抵免部分还田服务费。

同时，丹青诺和公司与养殖场周边村屯的村委会、种植合作社合作，以控量施用机械为保障，确定一定规模的连片还田面积作为养殖场的消纳土地，力争通过长期稳定施用粪肥，实现土地改良效果。

四、"带工、带料、带数据"，全要素服务榜样大户

为支持、鼓励有"绿标认证"需求的种植大户科学用肥，实现化肥减施目标，丹青诺和公司设立 1 万亩"测土、测粪、配方施肥"高标准服务示范区。一方面为种植大户提供检测合格、有养分保障的粪肥，通过 3～5 年的转化，使土壤性状得到显著改善，农产品品质得到提升；另一方面提供长期定点监测和技术服务，累积检测数据，为经营者提供基地化肥数据及影像。这种"带工、带料、带数据"的服务模式是区政府、项目主体企业为构建种养结合长效机制进行的一项探索。

五、提供粪肥含量奖励升级粪肥技术

在鼓励村屯散养户或村集体收集液体粪肥的同时，针对需改进粪肥储存设施的养殖场，

丹青诺和公司制定了按质论价给予粪肥养分量奖励措施，促进其技术升级，即通过酸化后的粪浆含氮量达到每吨 4 千克以下，不仅免费为其提供粪肥消纳服务，而且每吨给予 2～5 元奖励。堆肥与粪肥还田现场如图 9-3 所示。

堆肥现场　　　　　　　　　　　　　　　粪肥还田现场

堆肥现场　　　　　　　　　　　　　　　粪肥还田现场

图 9-3　梅里斯区堆肥与粪肥还田现场

典型案例四

抓好"三大机制"，推进绿色种养循环

——黑龙江省依安县绿色种养循环农业试点典型案例

一、基本情况

依安县面积 3 678 千米²，辖 6 镇 9 乡 149 个行政村和 7 个农林牧场，人口 46.1 万人，耕地面积 442.2 万亩，是国家重要商品粮基地县、全国生猪调出大县和全省畜牧大县。2021 年以来，依安县统筹推进绿色种养循环农业试点、黑土地保护利用项目，以"生态县、有机

粮、建设高端食材供应大厨房"为目标，立足供应链、服务产业链、创造价值链，依托丰富的有机农产品资源，引进投资百亿元的北纬47绿色有机食品产业集群项目，打造全国最大有机食品加工基地，为破解有机肥销售难问题找到了一把"金钥匙"。

二、主要做法

1. 加强领导，落实责任，健全坚强过硬的组织机制　依安县委、县政府主要领导亲自组织研究，县委副书记和政府主管领导召开协调会议专门部署，成立由县长任组长，分管农业副县长任副组长的领导小组，扎实推进绿色种养循环农业试点工作。制定了项目实施方案，明确了工作目标，落实了工作措施，保证项目科学有序推进。

2. 政策扶持，突出服务，健全多位一体的管理机制　在县农业科技示范园设立了3个田间试验区，探索不同区域、不同作物的有机无机配施技术模式；在新发乡建了2 100亩的示范区，推进绿色种养循环农业示范；落实20个肥效监测点，进行粪肥还田效果跟踪调查（图9-4）。召开专项推进会议3次，开展沤肥、抛肥技术培训、现场交流学习3次。聘请第三方检测机构对粪肥进行检测，完成样本检测60个，全部合格。培育服务主体13家，落实完成试点面积10万亩，共抛肥175 886吨，促进全县畜禽粪污综合利用率达到91.5%。

粪肥采样　　　　　　　　　　　现场指导

粪肥生产　　　　　　　　　服务主体液体粪肥抛洒作业

图9-4　依安县绿色种养循环农业试点

三、主要经验

1. 抓好组织、收储和运营"三大机制",整县推进,循环发展,全力做好畜禽粪污资源化利用 依安县突出抓好组织、收储和运营"三大机制",采取"全量收集、三级储运、专业生产、循环利用"模式,打通了粪污利用的关键环节,构建了前端链接养殖户、后端链接还田利用的完整产业链,促进了农业绿色种养循环发展。

2. 结合实际,探索创新,推进"牛玉种养一体化循环"模式 依安县以鲜食玉米、肉牛养殖产业为主导,积极探索"肉牛养殖＋玉米种植"农牧一体生态循环农业模式。黑龙江北纬四十七绿色有机食品有限公司在依安县种植鲜食玉米 7.4 万亩;所产生的玉米秸秆由黑龙江国牛牧业有限公司收储,加工饲料,发展现代高效生态肉牛养殖;肉牛养殖产生的粪污由信得依安县生物科技有限公司收储利用,生产有机肥还田,推进有机玉米种植。这一模式融合了青贮玉米高效种植、青贮高效加工、TMR 全混合日粮配方优化、牛粪高效发酵、肥沃耕层构建等科技成果的运用,构建了符合本地特色的种养循环模式,提升了黑土耕地质量和粮食产能,促进了区域畜牧业与种植业的协调发展。

四、主要成效

1. 经济效益 绿色种养循环农业试点的实施,推动 10 万亩耕地应用有机肥(粪肥、肥水、商品有机肥),实现全县畜禽粪污资源的高值利用,年新增生产有机肥(粪肥、肥水、商品有机肥)5 万吨,实现年新增产值 3 000 万元以上。

2. 社会效益 绿色种养循环农业试点的实施,进一步优化农业产业结构,种养业布局更加合理,农业可持续发展能力明显提升。带动周边农民参与畜禽粪污收集处理、还田利用,进一步解决本地劳动力的就业问题,新增工作岗位 500 个,带动农民增收 500 万元以上。

3. 生态效益 通过绿色种养循环试点的实施,畜禽粪污综合处理利用率达到 90% 以上,秸秆综合利用率达到 90% 以上,农业生态环境明显改善,实现"种养结合、废物循环再生、资源高效利用、生产清洁可控、区域种养业废弃物零排放和全消纳"的目标,改善土壤结构,形成良性生态循环系统,改善农村面貌,减少空气污染,提高居民生活质量。提升农产品品质,增强农产品的市场竞争力,加快推进依安县实现"生态县、有机粮,建设高端食材供应大厨房"的目标进程。

典型案例五

实行"五位一体" 提升质量效益

——黑龙江省海伦市绿色种养循环农业试点典型案例

海伦市畜禽养殖属于"小规模,大群体",粪污收集难度较大,种植业面积大,规模化经营比例大。针对这一实际,海伦市推行从养殖户粪污基础设施建设、收集、处理、还田、效果检测"五位一体"的模式,培养了一批绿色种养循环实施主体,提升了绿色种养循环质量和效益。

一、基本情况

海伦市目前畜禽存栏总量 309.77 万头（只），其中生猪 29.34 万头、肉牛 5.34 万头、羊 7.83 万只、禽 267.26 万只，粪污年均产生量 100 万吨左右。共有耕地 504.03 万亩，其中玉米种植面积 131.79 万亩、大豆 280.87 万亩、水稻 67.06 万亩、其他杂粮类面积 24.31 万亩。

二、主要做法

一是加强组织领导。成立了海伦市绿色种养循环农业试点县项目工作领导小组，由市长任组长，分管副市长任副组长，相关部门和乡镇为成员。领导小组在海伦市农业农村局下设办公室，制定了《海伦市 2022 年绿色种养循环农业试点实施方案》。二是严格遴选实施主体。通过在媒体公开发布消息、企业自主申请、专家组评审、媒体公示、主体认定等环节，保证实施主体的确定公开、公平、公正。三是加强培训与宣传。举办面向基层技术推广人员、养殖专业户、种植专业户、家庭农场、群众等不同层面的绿色种养循环培训班，积极利用各种方式，宣传开展绿色种养循环农业试点的重要意义和作用。四是进行试验示范。2021 年建立实施绿色种养循环农业试点面积 10 万亩，设立监测点 20 个，落实田间试验 3 个、连片 2 000 亩面积的示范区 1 个。

三、主要经验

1. 加强粪污基础设施建设　利用上级政策和第三方企业，建设了"市、乡、村、屯、户"五级收集处理网络。建设市级生物有机肥、碳基有机肥生产加工厂 2 处，设计年处理粪污能力 100 万吨；乡级粪污收集处理中心 17 处，年预处理粪污 4 万吨；村级集中收集处理池 130 多处，年收集粪污能力 12 万吨；屯级临时收储池 140 多处，年收集粪污能力 8 万吨；户级收集池 110 多处，年收集能力 6 万吨。

2. 建立完善收集体系
粪污收集处理流程如图 9-5 所示。

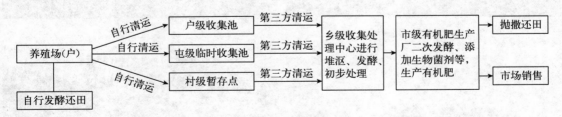

图 9-5　粪污收集处理流程

3. 主推了两种处理技术　一是固体粪便生产有机肥料技术。应用微生物发酵处理技术，规模化养殖企业将畜禽粪便等原料按照一定的比例进行混合，从而满足水分、碳氮比等发酵条件，添加微生物功能菌剂，实现由"粪污"到"粪肥"的转化。二是寒区粪污＋秸秆轻简化造肥技术发酵腐熟还田技术。对零散养殖户、村集中暂存点收集后，就近就地处理畜禽粪污，采用微生物好氧发酵技术，将农作物秸秆、畜禽粪便按 1：3 比例，添加低温固氮菌和秸秆腐熟剂，达到无害化处理标准。

4. 遴选了三类还田利用主体　一是种养一体化还田模式主体。黑龙江原野食品有限公司是海伦市鲜食玉米种植加工龙头企业，同时拥有海伦市原野肉牛养殖农民专业合作社。该公司对合作社肉牛产生的粪污进堆沤发酵处理，达标后用于自种鲜食玉米土地还田。二是全环节社会化服务还田模式主体。海伦市农时土地托管有限公司是海伦市一家全程土地托管公司，该公司利用托管土地，对检测合格的固液粪肥进行抛撒（洒）还田处理。三是第三方粪污集中收集处理企业还田模式主体。黑龙江壮富有机肥有限公司是用畜禽粪污生产加工有机肥的大型企业，年生产加工有机肥能力 60 余万吨。

5. 坚持服务指导和检测监督并重　成立专家组，与第三方监测检测公司一起深入项目实施地块，定期开展服务指导和监测工作，对土、肥、苗情况采集实时数据、分析研判。

四、主要成效

一是减少了畜禽粪污对环境的污染，水生态环境明显改善；二是第三方畜禽粪污收集处理企业的引进，降低了养殖场户自行处理粪污的生产成本；三是有机肥的施用减少了化肥的使用量，2021 年海伦市绿色种养循环农业试点面积 10 万亩，其中固体有机肥还田面积 8 万亩、9.2 万吨，液体有机肥还田面积 2 万亩、4 万吨，亩均减少化肥施用量 5％以上（图 9 - 6）。

畜禽粪污资源化利用现场会

粪肥运输

粪肥还田现场会

堆肥温度监测

图 9 - 6　海伦市绿色种养循环农业试点

典型案例六

"种养十农业服务"全产业链绿色生态循环发展模式

——江苏省张家港市绿色种养循环农业试点典型案例

张家港市现有耕地面积 39.29 万亩，粮食播种面积 45.01 万亩，2021 年实现粮食总产 21.47 万吨；生猪出栏 15 336 头，年末存栏 30 069 头；奶牛存栏 3 332 头；羊出栏 3 160 只，年末存栏 4 598 只；家禽上市 40.07 万羽，年末存栏 20.37 万羽；年粪污量 19.59 万吨，农林牧渔业总产值 55.04 亿元。全市累计建设省级粮食绿色优质农产品基地 22.41 万亩，认证粮油类绿色有机农产品 3.31 万亩，粮食生产耕种收机械化水平达 99.38%，稻米产业化开发占比达 20.74%。

一、重管理，全面落实项目任务

1. 成立工作领导小组，建立健全组织保障机制　成立了由市人民政府副市长为组长、市农业农村局主要领导为副组长的绿色种养循环农业试点工作领导小组；成立了由省耕环站主要领导为组长，各相关科研院所专家为成员的绿色种养循环农业试点工作专家指导组；成立了由市农业农村局局长为组长的项目实施推进组，确保高标准、高要求、高质量完成项目各项任务。

2. 精心组织遴选工作，全力培育社会服务主体　通过公开遴选、专家评审，确定了 3 家社会化服务主体为绿色种养循环农业试点项目的服务主体，对接全市主要的规模化养殖场，参与粪污的收集、处理、配送和施用全环节服务。

3. 全力做好粪肥还田，促进畜禽粪污综合利用　2021 年共完成粪肥施用面积 10.17 万亩，其中固态粪肥施用面积 2.52 万亩、施用量 1.86 万吨，沼液施用面积 1.6 万亩、施用量 14.95 万米^3，商品有机肥施用面积 6.05 万亩、施用量 0.75 万吨，畜禽粪污资源化利用率达 99.75%。

4. 开展田间监测试验，提供安全还田技术支撑　组织 5 个粪肥（沼液）还田试验，在水稻、小麦、花菜、水蜜桃、猕猴桃上进行了粪肥（沼液）试验；在全市范围内布置蔬菜监测点 3 个，果树监测点 6 个，稻麦监测点 11 个。

5. 做好项目宣传报道，宣传展示项目成果成效　通过举办现场会和在各类媒体发布信息报道，宣传展示试点项目成果成效。共发布信息简报 5 期、农业农村局公众号信息 10 篇、电视新闻报道 1 篇、融媒体新闻报道 2 篇，向社会发放宣传环保袋 3 000 只、宣传手册 3 000 余份，同时结合全国肥料双交会、中国农民丰收节等重大活动积极宣传项目实施情况。

6. 加强粪肥质量检测，确保粪肥沼液安全还田　委托第三方检测机构，随机对粪肥和沼液的质量进行抽检，共检测 18 个批次 66 个样品。同时，受服务主体委托加工的有机肥厂，对粪肥和沼液进行自检，确保粪肥和沼液质量安全。

二、抓创新，注重探索路径模式

1. 创新建立"一条"产业链 "种养＋农业服务"全产业链绿色循环发展新模式始终围绕低碳零排放这一生态理念。项目实施过程中，食品厂副产品（残渣、废水）、奶牛场副产品（粪污）、生态农产副产品（作物秸秆和农业径流）等废弃物，通过有机肥厂、沼气中心和净化湿地处理后，实现循环模式内能量和物质的高效利用，同时对周围环境无不良影响。

2. "四项举措"创新服务主体运营机制 社会化服务主体完全实行社会化运作，主动开拓粪肥还田市场和对接养殖场收集粪污，真正实现了"政府搭台、企业唱戏、自主运营、积极开拓"的发展模式。

（1）**组织架构** 为做好绿色种养循环农业试点工作，社会化服务主体张家港市梁丰农业服务有限公司优化人员配置、健全组织架构，成立了由公司主要领导为组长、销售部门负责人和有机肥生产部门负责人为副组长的项目工作组。

（2）**市场开拓** 由社会化服务主体主动与农户、合作社、家庭农场或农业企业对接，确定还田的粪肥（沼液）价格和施用价格，政府不作任何干预，完全市场化运作。

（3）**配套投入** 为做好粪肥（沼液）还田工作，社会化服务主体张家港市梁丰农业服务有限公司自行投入 350 多万元，用于粪肥还田的设备购置和改装，为项目的实施推进打好了基础。

（4）**创造岗位** 为更好地完成试点项目，社会化服务主体就地招募工作人员，为当地创造就业岗位 22 个，农忙时期再聘请社会工作人员 10 人以上，实现了较好的社会效益。

3. 创新建立了粪肥还田的"五种"技术模式 包括"粪肥＋机械深施"有机稻米种植技术模式、"粪肥＋配方肥＋机械深施"绿色稻米种植技术模式、"沼液＋配方肥＋管道还田"稻麦绿色优质种植技术模式、"商品有机肥＋配方肥＋机械深施"稻麦绿色优质种植技术模式、"商品有机肥＋复合肥＋机械深施"稻麦绿色优质种植技术模式。

三、做总结，绿色种养效果逐步显现

1. 经济效益 2021 年张家港"种养＋农业服务"全产业绿色循环发展新模式下，及时消纳江苏梁丰集团奶牛场的畜禽粪污，使奶牛场得以正常运转。江苏梁丰集团有限公司销售 14.62 亿，利税 1.1 亿，利润达 5 860 余万元。

2. 生态效益 张家港市永茂有机肥源有限公司、张家港市丰盛生物有机肥有限公司和粪肥还田社会化服务主体作为全产业绿色循环发展新模式的重要支点，2021 年共生产粪肥 2.61 万吨、有机肥 0.75 万吨、沼液 15 万米^3，100％完成粪肥、有机肥和沼液施肥，累计完成实施面积达 10 万亩以上。通过"种养＋农业服务"全产业链绿色生态循环模式，2021 年张家港整县粪污治理达标，畜禽粪污综合利用率达 99.75％，实现了绿色生态循环的目标（图 9-7）。

3. 社会效益 社会化服务主体在实施粪肥还田过程中，就地招募工作人员，为当地创造一批就业岗位，辐射带动周边农业绿色发展，提高农民绿色种养循环生产意识，扩大区域内绿色优质农产品生产，促进产业升级。

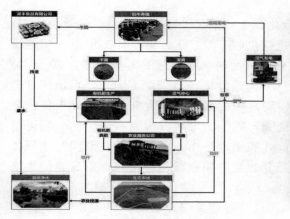

"种养＋农业服务"循环模式

粪肥田间试验专家技术指导

管道沼液灌溉

粪肥还田现场

图9-7　张家港市绿色种养循环农业试点

典型案例七

畅通种养循环堵点　推进农业绿色发展

——江苏省新沂市绿色种养循环农业试点典型案例

新沂市耕地面积121万亩，是全国产粮大县、生猪调出大县，主要农作物包括水稻、小麦、玉米、大豆、花生、薯类等，特色作物水蜜桃和葡萄被认证为国家地理标志产品，种植面积分别为7.8万亩、3万亩。全市规模化养殖企业386家，产生畜禽粪污约66万吨。

一、加强项目管理，规范项目实施

一是规范实施主体。按照农业农村部关于绿色种养循环农业试点的相关要求，通过自愿报名、专家组评比、挂网公示等遴选出应用主体 56 家、服务主体 3 家，为项目顺利实施奠定基础。二是确定奖补标准。制定社会化服务环节奖补标准，并及时向社会发布，接受社会监督。根据测算，对社会化服务组织提供收、堆、运、施全环节服务，每吨腐熟粪肥补助标准为 250 元/吨，对沼液无害化处理、运输、施用到田奖补标准为 50 元/吨（米³）。三是构建粪肥流向追溯系统。委托第三方构建维护运行粪肥流向全程可追溯管理机制，建立粪肥还田数据平台。分类别采样检测，利用移动智能数据采集工具上传信息至"云端"数据库，掌握粪污最终去向，实现粪污收集、堆腐、检测和应用的全程可追溯。四是开展试验示范研究。与技术支撑单位开展技术合作，联合开展腐熟粪肥还田优化等试验 5 个，不断优化技术模式参数。五是开展肥料质量检测。按照《畜禽粪便无害化处理技术规范》（GB/T 36195）和《有机肥料》（NY/T 525）标准，抽样检测腐熟粪肥 20 个、沼液取样 15 个，确保粪肥下地质量。六是开展效果跟踪监测。建立 20 个腐熟粪肥还田和沼液无害化还田效果跟踪监测点，设立示范对比田，取样测试土壤质量指标，科学评估项目实施前后环境因子、土壤理化性质、产量与品质和经济指标等影响。七是开展技术培训及现场观摩。组织多方参与主体开展现场观摩培训，解读腐熟粪肥还田技术方案和技术规范，指导相关主体掌握各项关键技术。八是开展第三方核查。委托第三方全程参与粪污收集、堆沤、还田过程，开展粪污收集、堆沤数量以及农户粪肥还田数量或面积等全程核查，并出具核查报告，农业农村局组织复核核查小组对核查报告再次进行复核，确保核查结果真实可靠。

二、创新运行新机制，服务种养循环

一是社会化服务组织粪污收集、处理、运输、施肥全程作业服务运行模式。遴选粪污收集、运输、堆肥、施用社会化服务组织，与畜禽养殖场签订协议，明确粪污收集数量、时间、相关职责与义务；根据作物类型、种植面积等明确粪肥施用强度、还田数量、还田时间，并与应用主体签订协议，确保完成粪肥收集、堆腐发酵、施用到田。二是社会化服务组织施用腐熟粪肥到田运行模式。遴选具备有机肥施用机械、沼液运输车辆的社会化服务组织，与沼气企业、有机肥厂等签订协议，明确腐熟粪肥和沼液等产生量、处理运输时间、运送地点等内容，同时对接应用主体，明确腐熟粪肥和沼液还田数量、还田时间等。三是"社会化服务组织＋种植大户"参与粪肥还田运行模式。部分社会化服务组织具备粪污收集设施、相关技术和服务人员资源，部分合作社、家庭农场、种植户等具备堆腐场地和有机肥施用机械，组织两者对接后签订协议，由合作社、家庭农场、种植大户等提供场地，社会化服务组织对粪污收集、堆腐发酵、运送至种植主体指定地块，适时将腐熟粪肥施用到田服务。四是"村集体组织＋社会化服务组织＋种植主体"运行模式。充分发挥村集体优势，组织引导辖区内种植大户开展粪肥还田，宣传培训还田技术，由社会化服务组织邀请相关农业专家解决农业生产中存在问题，大力宣传培训粪肥还田技术优势（图 9-8）。

三、集成技术模式，推进循环利用

一是在水蜜桃、葡萄上主要推广"腐熟粪肥＋配方肥＋水肥一体化＋机械施肥"模式。根据土壤供肥性能、作物需肥规律和目标产量，科学确定施肥方案，在果树上作为基肥亩施粪肥 2～3 吨、配方肥 30～40 千克，机械深施 15 厘米以上，再根据果树土壤特性、果蔬类型、树龄、地力水平等情况，通过水肥一体化追施 20～35 千克水溶肥料。二是在水稻、玉米、小麦上推广"沼液无害化还田＋配方肥"技术模式。第一次施用沼液肥在小麦收割完成后，水稻栽插、玉米播种前，时间一般在 6 月上旬至中旬，作为水稻、玉米底肥施用，玉米每亩配施复合肥（20－10－15）30 千克，水稻每亩配施复合肥（10－10－20）30 千克。第二次施用沼液在每年小麦施用腐熟粪肥的时间为 9 月下旬至 10 月中旬，一般作底肥施用，施肥方式为机械撒施、条施、沟施等方式，每亩施用腐熟粪肥 2～3 米^3，结合外界环境因素调整用量。

沼液还田

粪肥运输

堆肥厂

服务组织运肥

图 9-8　新沂市绿色种养循环农业试点

四、聚焦优势作物，突出提质增效

自实施绿色种养循环农业试点项目以来，新沂市共实施粪肥还田 10.1 万吨，还田面积 10 万亩，其中稻麦 4 万亩、水蜜桃 5 万亩、葡萄 1 万亩。项目区减少实施化学肥料 815 吨（折纯），节本增效 5 000 多万元，全市畜禽粪污资源化利用率达到 96.82%。全市紧紧牵住"绿色种养循环农业试点工作"的牛鼻子，以水蜜桃、葡萄产业为主导，根据土壤肥力水平和果菜茶需肥特点，加快集成一批类型多样、可复制可推广的粪肥还田新模式。其中，新沂市开智农业公司、徐伟蜜桃家庭农场、老魏葡萄采摘园等主体应用该技术模式，打造出"小青山水蜜桃""老人头水蜜桃""阿湖葡萄""老魏葡萄"等一批农产品品牌。目前，水蜜桃单果250克重批发价高达18元/千克，比去年同期价格高出4元/千克，仅此一项，项目区将增加经济收入5 000多万元。

典型案例八

加快粪肥还田 促进化肥减量

——江苏省如皋市绿色种养循环农业试点典型案例

如皋市明卫畜禽粪污处理服务部与江苏省农业科学院联合，积极探索畜禽粪污还田利用模式。该公司从业人员16名，粪污运输喷粪车辆7辆，现对接养殖户数10户，对接服务面积8 617亩，自2021年8月起，在如皋开展为期1年的粪肥科学还田试验示范，利用畜禽粪肥还田种植水稻试验，初步建立了如皋水稻主产区畜禽粪污资源化利用模式（图9-9）。

沼液喷洒车

沼液管网施用

插 秧

沼液追肥

图9-9 如皋市绿色种养循环农业试点

一、基本情况

江苏省如皋市受太阳辐射和季风环流的影响，具有冬季低温少雨、夏季高温多雨、四季分明的气候特点。由于距海较近，受海洋调节较明显，气温的日较差和年较差都较小。土壤主要有潮土、水稻土两大土类，耕层厚度为 15～20 厘米。主要大田作物是水稻，水源来自长江，种植时间为每年的 6—11 月。种植品种主要为南粳米 46、南粳米 5055、南粳米 9108。现有生猪养殖数量 33 000 头。

二、粪污处理技术——粪污专业化能源利用模式

以专业生产可再生能源为主要目的，依托专门的畜禽粪污处理企业，收集周边养殖场粪便和污水，投资建设大型沼气工程，进行高浓度厌氧发酵，沼气发电上网或提纯生物天然气，沼渣生产有机肥农田利用，沼液农田利用或深度处理达标排放。

三、沼液还田技术

养殖场年产沼液约 1 万米^3，场界与待还田地块的直线距离为 1 万米，沼液通过各级泵站输送至地头的暂存池，再利用水渠和软水带喷至还田地块，或利用沼液喷洒车喷施至地块。

1. 配套土地面积测算　养殖场委托江苏省农业科学院研究团队，对畜禽养殖沼液、施肥管网覆盖区的土壤养分进行检测。根据检测结果和当地水稻每 100 千克产量所需氮、磷、钾量，按照《畜禽粪污土地承载力测算技术指南》，以沼液中的总氮、总磷浓度测算畜禽液体粪污还田量和化肥减施量，50% 替代化肥理论需求还田面积 8 617 亩。

2. 还田方式

（1）施肥管网　养殖场粪肥通过场区内的双吸泵打入施肥管网，再经过各级泵站输送到田边地头的蓄粪水池，输送距离达 10 千米，然后再利用泵和消防管带进行喷施，保障均匀喷施。

（2）沼液喷洒车　利用沼液喷洒车，进行远距离或无管道地块的沼液喷施。每车次可还田沼液 18 米^3。

3. 施肥措施　每年在水稻种植整地前沼液作基肥施用，通过水管喷施，保障施肥均匀，然后翻耕入土，每亩用量为 1.5 米^3。每年水稻拔节期的 7—8 月沼液作追肥，每亩用量 1.5 米^3。配合施用复合肥 40 千克，分蘖期追施尿素 7.3 千克/亩。

四、技术效果

1. 经济效益　与常规施肥相比，沼液替代追肥氮的 50% 处理减少施肥成本 15.7 元。不考虑其他成本，沼液替代追肥 50% 处理能够稳定水稻产量，增加收入 15.7 元。

2. 生态效益　猪粪沼液追肥的施用使土壤有机质含量由 23.5 克/千克提高到 24.1 克/千克，提高 2.6%。同时提高了速效养分含量，有效磷增加了 23%，速效钾增加了 33.6%，改善了土壤质量。

3. 提高肥料利用率　有机肥含有的养分多，但含量相对较低、释放缓慢，而化肥养分含量高、成分少、释放快。两者合理配合施用，起到相互补充的作用，有机质分解

产生的有机酸还能促进土壤和化肥中矿质养分的溶解，有利于作物吸收，提高肥料的利用率。

典型案例九

种养循环网格化　粪肥还田联万家

——安徽省庐江县绿色种养循环农业试点典型案例

一、基本情况

庐江县地处皖中，全县耕地面积 151 万亩。作为传统的粮食生产大县，连续多年获得全国粮食生产先进县称号，全县常年粮食播种面积 200 万亩左右，其中水田面积占 80% 以上，以种植双季稻和稻麦连作为主。水稻作为该县第一大作物，常年种植面积约 160 万亩，其中双季稻种植面积、总产均位居安徽省前列，约占全省的 1/6。

全县现有 262 个规模以上养殖场、562 个规模以下养殖专业户，形成了生猪、蛋禽、肉禽、肉羊四个养殖板块。2020 年畜禽粪污产生总量 145 万吨，秸秆 80 万吨，秸秆还田面积 120 万亩，其余秸秆部分作为养殖用饲料，部分作为发电原料处理。

二、主要做法

1. 上下联动抓实施　庐江县委、县政府对绿色种养循环农业试点高度重视，成立项目领导小组和技术指导小组，整合畜禽资源化利用等项目资源，制定实施方案，县镇两级政府部门联动，齐抓共管高质量推动项目实施。

2. 全环节服务促还田　通过各镇（园区）推荐，遴选 14 家畜禽粪污收集处理社会化服务组织，与 153 家各类养殖主体、383 个种植主体进行对接，建立种养结合机制，粪肥还田服务面积（播种面积）17.4 万亩。通过财政奖补，扶持社会化服务组织不断发展，为种养两端提供全环节粪肥处理与还田服务。

3. 产学研结合优模式　建设 30 个粪肥还田监测点，跟踪评价粪肥施用效果，持续优化调整粪肥施用技术；依托科研教学单位，开展绿色种养循环技术攻关研究试验 9 项次，总结提炼适宜的粪肥还田技术模式。

4. 科学指导助生产　组织农技推广部门，分类指导服务组织和种养主体，对各类经营主体开展技术培训 9 场次，在主流媒体开展技术宣传 5 次。

三、主要经验

1. 网格化管理　庐江县根据粪污资源分布和农作物需肥特征，将资源与需求进行整合，划分片区，实行绿色种养循环网格化管理。在各网格片区内，引导成立粪污处理社会化服务主体，并以粪污处理社会化服务为桥梁，高效对接片区内粪污资源与种植业主体，推进粪污资源就近科学还田利用。

2. 信息化监督　为强化项目管理，提升管理效率，在 2021 年"3＋3"过程性证明材料系统基础上，接入绿色种养循环监管平台。结合《粪污处理社会化服务项目过程性材料填报指南》，实现对粪肥还田应用社会化服务全流程进行全程记录、量化考核和可溯源化监管。

四、主要成效

1. 节本增收效果好　据调查，示范区亩均减少化肥用量 10％以上，亩均节约化肥投入 20 元。通过粪肥施用，粮食产量稳中有增，蔬果品质明显提升，农产品增值 20％以上，最高的可达 2～3 倍。

2. 减排固氮成效显　庐江县在巢湖流域一级保护区建设绿色种养循环示范区 1.2 万亩，通过采用有机无机配施、有机肥替代化肥等技术模式，减少化肥用量，降低农业生产碳排放，提高固氮增汇能力，为巢湖流域面源污染治理交出满意答卷。

3. 种养循环氛围足　在示范区的示范带动下，更多的农业新型经营主体参与到绿色种养循环试点中，更多的农户接受专业的科学施肥技术培训，只施化肥、过量施肥的习惯逐步转变。通过开展宣传培训，营造良好的社会氛围，绿色种养循环农业试点工作得到社会各界广泛认可（图 9 - 10）。

粪肥还田技术观摩会粪肥还田现场

粪肥还田示范区

粪肥还田沼液运输照片

堆肥运输照片

图 9 - 10　庐江县绿色种养循环农业试点

典型案例十

压实责任，齐抓共管，促进增产增收

——江西省上高县绿色种养循环农业试点典型案例

一、基本情况

　　上高县位于江西省西北部，2021 年全县粮食作物播种面积 65.5 万亩，果业种植面积 3.4 万余亩、蔬菜播种面积 14 万亩。2021 年全县生猪出栏 73 万头，存栏 48.75 万头；肉牛出栏 2.3 万头，存栏 4.06 万头；家禽出笼 437 万羽，存笼 369.84 万羽。全县有机肥资源丰富，畜牧养殖业年提供堆沤有机肥资源在 40 万吨以上；建有户用沼气池 6 373 个，大中型沼气设施 440 个，可供有机肥（沼液、沼渣）资源 82 万吨；秸秆产生量 38.8 万吨，秸秆可收集量 29.7 万吨，综合利用量 28.2 万吨。近年来，上高县深入推进化肥减量增效和绿色种养循环农业试点工作（图 9-11），加快转变施肥方式，大力推进科学施肥，增加有机肥资源利用，减少不合理化肥投入，走上高质量、绿色可持续发展之路，促进增产增收和生态环境安全。

粪肥还田监测点

粪肥还田试验

沼液还田现场

遴选实施主体

图 9-11　上高县绿色种养循环农业试点

二、主要做法

1. 加强组织领导　成立领导小组和专家技术组。成立上高县绿色种养循环试点工作领导小组，领导小组办公室设在县农业农村局，具体落实各项工作；成立上高县绿色种养循环农业试点项目专家技术组，确保技术措施落实到位。压实工作责任。将任务面积分配到各乡镇，把责任压实到乡镇，乡镇把责任压实到村组，同时县农业农村局领导分片包乡包村，确保乡乡有人抓，村村有人管。

2. 做好主体遴选　专家审定遴选方案，要求实施主体有符合环保要求的堆沤场地，与上高县种粮大户、种植业专业合作社、蔬菜种植基地和果业种植基地等有施肥服务协议，畜禽粪便来源稳定，具有成熟的堆肥生产技术，具有相应的堆肥运输、生产和施用设备，能提供粪肥收集处理施用全程服务等。方案在上高县人民政府网站上公示，邀请省、市、县有关专家，根据该方案打分，遴选出 3 家实施主体。

3. 加强项目监管　一是县农业农村局成立项目监管小组，由分管粮油、经作和果业的领导分别对接三个企业，对粪肥质量、施用和进度进行监督；二是开发绿色种养循环软件，对粪肥收集、施用全程监管和数据入库，建立电子台账；三是聘请监理公司对粪肥撒施进行现场监理，并开展勾图作业；四是要求实施主体粪肥撒施要有施工日志、出库单、种植户、所在行政村、所在乡镇认可。

4. 开展宣传培训　编制和发放上高县绿色种养循环施肥指导技术手册，对实施区域开展粪肥施用和化肥减量增效技术指导。充分利用广播电视、宣传手册、微信、会议等线上和线下的方式进行广泛宣传。已印发上高县绿色种养循环农业试点项目宣传资料 1 500 多份，将项目有关要求、技术要领和惠农政策及时传达到村、农户、种粮大户及农业专业合作社。撰写宣传报道多篇，营造了良好的工作氛围。

5. 发动群众广泛参与　调动乡村干部积极性。通过现场会议、宣传培训、入户指导等方式充分调动乡村干部参与绿色种养循环农业项目积极性。调动种粮大户积极性。种粮大户积极申报并要求田块撒施粪肥，对粪肥撒施后早稻长势非常认可。调动其他特色种植户积极性。果业、蔬菜种植户积极主动找到乡镇和县农业农村局，要求对其撒施粪肥、开展监测，并购买粪肥。调动实施主体积极性。实施主体积极申报、自行堆沤粪肥，并购置粪肥撒施机械多台。

6. 做好粪肥台账　开发绿色种养循环手机 App，从粪肥收集、处理和施用着手，要求实施主体每一批粪肥原料可追溯、处理过程可查、施用过程中的时间、数量、面积有原始记录，提供地块走边程序，对粪肥施用的每一个地块进行界定。请监理机构对粪肥质量、数量和施用面积进行全程监理。对每一批粪肥进行抽样检测，确保粪肥质量。

7. 整合相关项目　一是整合高标准农田建设项目，在粪肥下地过程中注重与高标准农田建设土壤培肥相结合；二是整合上高紫皮大蒜良种繁育项目，在紫皮大蒜种植区域建立绿色种养循环示范区和监测点，为种植户免费提供粪肥和施肥技术指导；三是整合化肥减量增效项目，发布绿色种养循环示范区测土配方施肥建议，在粪肥施用区域开展化肥减量增效宣传，粪肥施用田块相应减少化肥用量、优化施肥方法。

三、主要经验

1. 粪肥收集处理施用一体化模式　要求遴选出来的实施主体能提供粪肥收集处理和施

用一体化服务。通过评审，制定了实施主体遴选方案并遴选了合格的实施主体；针对不同区域和农户个性化需要，将实施地块分配给不同的实施主体。

2. 乡镇申报与种植大户共同申报模式　在选择粪肥撒施区域时，由种粮大户或果园主作为实施主体，散户则以村组为主体向乡镇统一申报，乡镇统一调配。

3. 齐抓共管模式　一是项目领导小组办公室统一协调项目工作，在粪肥收集、处理过程中为实施主体提供信息和其他服务；二是县农业农村局成立项目监管小组，由分管粮油、经作和果业的领导分别对接三个企业，对粪肥质量、施用和进度进行监督；三是聘请了监理公司，对粪肥质量、数量和施用面积进行监管，对施用地块进行构图作业；四是压实乡镇责任，乡镇、村组干部参与日常监督工作；五是聘请技术机构，负责试验示范和监测的土壤取样、检测、肥效试验和效果监测等工作服务，保障项目实施效果；六是加强对项目数据收集、存档工作，开发了绿色种养循环农业管理平台，保存项目数据，同时要求实施主体收集相关数据存档。

四、主要成效

1. 项目区畜禽资源实现了就地消纳　项目区累计处理固体粪污 5 多万吨、液体粪污 200 多万米^3，畜禽粪污综合利用率达到 90％以上。促进粪肥施用。根据粪肥特点、作物需求和土壤状况，推进粪肥科学施用，累计施用固体粪肥 1.46 万吨、液体粪肥 104 多万米^3，促进化肥减量。据统计，示范区减少化肥用量 50 吨（折纯），其中氮 25 吨、磷 10 吨、钾 15 万吨，促进了减量增效。

2. 保障了农业绿色产业发展　建立水田、果树、蔬菜等不同作物绿色种养循环农业示范，改善了农业生态环境，促进绿色水稻、水果和蔬菜产业发展。

3. 扶持了一批社会化服务组织　采取政府购买服务方式，扶持培育了一批积造、施用粪肥的企业和专业化服务组织，开展粪肥施用全程社会化服务。

典型案例十一

"选主体　建机制　强监管　重效益"探索种养循环新路径

——河南省浚县绿色种养循环农业试点典型案例

浚县是全国畜牧大县、全国生猪调出大县，全县共有畜禽规模养殖场 618 个，畜禽存栏量 1 750 多万头（只）。畜牧业产值约 27 亿元，占农业总产值的比重突破 50％，已经成为乡村振兴的支柱产业。但全县年 150 多万吨的畜禽粪污产生量也使畜牧业成为最大的面源污染源之一。自 2021 年起，浚县参与绿色种养循环农业试点项目，涉及 6 个镇（街道）、50 个村、15 个农业合作社，通过粪肥就地就近还田利用，推进农牧结合、种养循环，减少了农业面源污染，构建了高质量绿色发展的新格局，探索出了一条"坚持源头减量、过程控制、末端利用"的畜禽粪污治理路径。

一、加强组织领导，压实任务责任

县政府成立了项目领导小组，县长任组长，常务副县长和分管副县长任副组长，畜牧、农业农村、财政各镇街道等相关单位主要领导任成员，领导小组下设办公室，具体负责项目协调，推进项目实施。建立项目管理目标责任制，进一步明确了镇政府、街道办和县直部门的任务清单，明确任务，压实责任。

二、择优遴选主体，优化任务分配

制定实施主体遴选办法，公开遴选、征集项目实施主体，优选有备案登记、基础条件好、服务能力强、土地连片面积大、运营良好的主体，综合考虑浚县种养结构特点以及环境承载能力等实际因素，最终确定遴选出包括有机肥厂、蔬菜协会、农业合作社及畜禽粪污集中处置站共40家实施主体开展试点工作，并对去年实施项目数量大、质量好的实施主体予以任务倾斜，充分调动了实施主体积极性。

三、创新运行机制，统筹协调推进

应收尽收。针对非规模养殖场户分布情况，在养殖集中区域建立专业化畜禽粪污集中处置站，对辐射范围内的养殖场粪污应收尽收。应施尽施。以机械施肥为主，推广试行以肥代工，对于有机肥料施肥确实无法实现机械施肥的，组织人工施肥，或由种植户自行施肥，实现不漏村、不漏户。对产能较多的有机肥料，首先辐射项目外周边农田，优惠提供施肥服务，或销售商品有机肥。资源整合。积极整合其他项目资金600余万元，为参与项目实施的非营利性粪肥还田利用专业化组织免费提供可使用的畜禽粪污收集处置设施设备（运粪车、铲车、翻抛机、施肥车）共计100余台，逐步建设完善畜禽粪污集中处置站，并委托设备供应企业对机械操作等技术要求进行实操培训，降低畜禽粪污收处成本。

四、严把关键环节，确保任务落地

严把制度关。先后制定了《实施主体任务职责》《粪肥入地监督管理办法》《资金管理与拨付办法》，建立属地责任制。严把制肥关。开展堆肥现场检查，对畜禽粪便收集、处理，安全生产责任落实、台账记录等进行检查。定期开展粪肥质量检测，做到不处理的不下田，不达标的不进地，农民不接受的不下地。严把施肥关。各镇政府、街道办履行属地责任，组织村委、农户配合做好粪肥还田施用，畜牧兽医站人员对还田粪肥量、施用面积进行核对验收，多部门协同，同向发力，形成"共下一盘棋，同炒一盘菜"的工作格局。严把资金关。落实施肥情况村公示，乡审核、县确认，通过县政府网站公示无异议后，履行资金拨付手续，确保资金安全使用。

五、粪肥下地，经济生态效益双丰收

通过粪肥就地就近还田利用，实现了作物增产增收。据测算，小麦、玉米等作物增产率为3%左右。按照小麦产量400千克计算，可实现增产12千克/亩，每千克收购价格按2元计，亩均增收24元，项目区4.5万亩小麦可增加收入108万元；玉米产量500千克计算，可实现增产15千克/亩，每千克收购价格按2.5元计，亩均增收37.5元，项目区4万亩玉米，可增收150万元，累计增收258万元。项目实施提高了农民对粪肥的认知水平，解决了群众想办又办不到的事，解决了有机肥料不敢用、不愿用、用不起三大难题，形成了相信粪肥、接受粪肥的良好社会氛围（图 9-12）。

粪肥还田现场

堆肥发酵

粪肥还田现场

粪肥还田现场

图 9-12　浚县绿色种养循环农业试点

典型案例十二

推行绿色种养循环信息化运行"新模式"

——河南省武陟县绿色种养循环农业试点典型案例

为贯彻落实习近平总书记黄河流域生态保护和高质量发展战略新思想，推动农业绿色低碳发展，河南省武陟县作为全国重要的粮食生产基地和畜牧大县，拥有粮食生产功能区面积 60.4 万亩、重要农产品生产保护区面积 2.3 万亩，全畜种折合猪当量 174.48 万头，根据政策引领，结合自身优势，创新绿色种养循环"武陟模式"，将养殖粪污变废为宝。

武陟县建立了"一张网把六关"运行机制，扎实推进试点工作，确保粪肥就地就近还田利用，实现畜禽粪污资源化利用，有效推动种养循环、农业绿色发展（图 9-13）。

试点现场观摩会　　　　　　　　　　　　粪肥调度平台

堆肥发酵　　　　　　　　　　　　粪肥机械抛撒

图 9-13　武陟县绿色种养循环农业试点

一、"一张网"

即种养循环信息化运行平台。主体全覆盖。平台通过网络涵盖养殖户、运输组织、粪肥生产企业、农机合作社、种植户及基层网格人员等全链条各类主体。环节全链接。各环节用户通过手机 App 与平台连接，基层网格人员承担起全县畜禽粪污资源化利用的宣传员、协调员、指导员职责，架起养殖户与畜禽粪污处理企业的合作桥梁。需求及时匹配。养殖户通过手机终端给平台发送需求信息（包括粪污状态、数量、位置等信息），平台根据需求信息匹配适合运输车辆（包括车型、运载量、位置等），实时发送指令给运输车辆，并把运输车辆到达时间反馈给养殖户，运输车辆装载后给配套中心发送粪污指标信息，中心平台根据粪污指标信息指定粪污卸载具体位置（处理企业沼气入口、有机肥入口）；种植户把需求信息（包括有机肥品种、数量、位置等信息）发送至平台，平台调度运输组织和农机合作社施肥机械进行有机肥拉运还田。实时监管。服务企业确保全过程运输封闭化—装卸粪污自动化—监管调度实时化。平台设置指挥调度系统，通过光缆或无线传输与处理中心各个车间重要部位、运输车辆、运输司机、养殖户手机终端链接，中心平台大型显示屏显示处理中心各车间运行情况和运输车辆动态。

二、"把六关"

严把宣传培训关、饲料兽药投入品关、粪肥生产质量关、运输环保关、施肥技术关、实施效果关，覆盖绿色循环农业各环节。项目实施以来已组织召开项目推进会 8 场，专家培训课程 12 期，发放资料 2 万余份，培训人次超过 1 000 人次，组织进行机械施肥现场教学，教学效果显著。布设三个试验田、21 个监测点，监测施肥质量和有机肥施用成效。开展粪肥集造观摩 5 次、质量采集检测 60 批次，有效保障了还田粪肥质量。

三、主要经验

武陟县实行"一张网把六关"绿色种养循环信息化运行模式，通过领导重视、宣传引导、政策扶持、利益联结等措施，把养殖户、运输组织、粪肥生产企业、农机合作社、种植户及基层网格防疫员用绿色种养循环线连接起来，培育建立新的全链条绿色种养循环产业。养殖户有偿委托运输组织、粪污资源化利用企业处理粪污，种植户有偿施用粪污资源化利用企业生产的有机肥，逐步建立了受益者付费、付出者收益、社会生态和谐的新机制。

四、主要成效

项目区实现化肥替换率 10%，减少施用化肥量约 880 吨，通过宣传、示范辐射，带动全县 60.4 万亩粮食生产功能区减少施用化肥 4 000 余吨，减少化肥投入 600 万元；转化畜禽粪污 6 万余吨，为美丽乡村建设做出了积极贡献；同时促进武陟县传统农业逐步向生态农业转变，使绿色生态食品走向大众餐桌，有效保障人民群众食品安全。

典型案例十三

"五有五到位"推进绿色种养循环

——湖南省醴陵市绿色种养循环农业试点典型案例

醴陵市位于湖南东部，地处"一带一部"的交汇点、长江经济带、"湘赣边区域合作示范区"的核心区，耕地面积 78.9 万亩，农作物播种面积 169 万亩，有规模养殖场 383 个，年末有存栏生猪 45.5 万头，粪污资源总量 142 万吨左右。一直以来，畜禽养殖带来的环境污染是困扰全市多年的难题。2021 年以来，醴陵市承担了绿色种养循环农业试点项目，在船湾镇等 12 个镇开展了"粪肥就地处理，就近还田奖补"全环节服务试点（图 9-14）。通过近两年努力，全市绿色种养循环农业快速发展，畜禽粪污综合利用率由实施前的 90% 提升到 95%。通过建立"五有五到位"运行机制，有效促进了畜禽粪污资源化利用，打通了种养循环堵点，推进了农业绿色高质量发展。

粪肥还田示范区　　　　　　　　　　　粪肥还田试验

沼液专用车　　　　　　　　　　　　　粪肥还田现场

图 9-14　醴陵市绿色种养循环农业试点

一、有规划，组织领导到位

项目得到市委、市政府高度重视，成立了由政府主要领导任组长的试点工作领导小组；市人民政府制定了实施方案，细化实化奖补政策；制定了项目考核、调度、督查、奖惩办法；成立工作专班，明确责任，加强协作；高位推动试点工作，开展了声势浩大的"畜禽养殖污染百日攻坚整治行动"，形成了"一盘棋"，拧成一股绳、劲往一处使，齐抓共管的良好局面。

二、有机制，保障措施到位

1. 建立市场化运作机制　公开遴选了湖南阳东生物洁能科技有限公司等 7 家第三方服务组织承担实施本项目任务，以粪肥还田面积按亩均标准打包进行奖补。第三方服务组织与养殖户签订粪污处理合同，向养殖户收取粪污处理费用。以第三方服务组织醴陵宜帆公司为例，每月向养殖方（扬翔农牧公司）收取 1.1 万头猪的粪污处理费用 3 万元，同时，与种植户签定粪肥还田合同，每吨堆肥向种植户收取 300 元、每方沼肥收取 30 元的服务费，不仅能帮助养殖场解决畜禽粪污处理难题，而且把"污染源"变成了"营养源"，形成了养殖户、种植户和第三方服务组织多方共赢的市场化运作机制，有利于长效推广。

2. 建立项目保障机制　组织有保障。成立以市人民政府主要领导任组长的项目领导小组，从领导层级和政策层面高位推动项目，形成了主要领导亲自抓、分管领导具体抓、部门联合抓的工作格局。人员有保障。成立工作专班，组织精干力量，组建技术小组，明确责任分工，加强协作。资金有保障。项目资金专款专用，在地方配套 50 万元的基础上，追加 900 万元用于奖补"绿色种养与资源化利用"，撬动社会资本超 1 000 万元，购置吸粪车 25 台，建设堆肥场 18 个、沼液存储池 47 个。

3. 建立全程可核查机制 组建项目监管小组，堵塞项目监管漏洞。在第三方监理单位全程监理的同时，成立了由市农业农村局、镇村干部、农户代表、技术指导单位和第三方监理单位组成的"项目监管小组"，负责调查核实项目实施面积、作业秩序与进度、作业质量与实施效果，核查有关台账。

4. 建立考核淘汰机制 制定了《醴陵市绿色种养循环农业试点项目考核验收办法》，对各试点服务组织每月组织一次考核评分，年底组织一次综合评分，对不按要求实施、出现工作失误、运行模式不畅、还田质量不高、目标没有完成、群众口碑不好的服务组织进行剔除。

三、有氛围，宣传发动到位

广泛利用多种渠道，全方位、多角度宣传，采取科技讲座、进村入户、蹲点包片、现场观摩等形式，指导参与的实施主体、种植户提高技术水平。近两年来，全市已累计举办技术培训班 23 期、现场观摩会 21 次，发放技术资料 4 200 份，培训人员 1 650 人次，悬挂横幅 430 条，电视、网络媒体等宣传报道 33 次。学习强国、红网等以《醴陵绿色种养循环农业：把臭东西变成香饽饽》为题宣传推介醴陵做法；湖南省人民政府网、《湖南日报》以《醴陵：种养效益同步共增》为题报道醴陵试点工作；《潇湘晨报》以《醴陵泗汾镇引入第三方企业打通粪污消纳最后一公里》报道醴陵试点工作；学习强国以《湖南醴陵绿色种养循环油菜增产 10%》为题宣传报道试点工作；湖南频道以《醴陵洪源村绿色种养循环，桃来梅好日子》为题宣传报道试点工作；《株洲日报》以《醴陵绿色种养循环农业试点初见成效油菜亩均增产一成以上》为题宣传报道试点工作。

四、有标准，质量控制到位

全市主推"微生物菌剂发酵技术"处理模式和"堆肥＋配方肥""沼肥＋配方肥""商品有机肥＋配方肥"还田模式，替代化肥用量 20%～30%。粪肥还田前严格按照《畜禽粪便无害化处理技术规范》等有关标准进行无害化处理和腐熟堆沤，还田施用时严格按照《畜禽粪便还田技术规范》进行科学还田。其中，堆肥用量控制在 500～1 000 千克/亩，沼肥用量控制在 1 200～2 000 千克/亩，商品有机肥控制在 300～800 千克/亩。在开展自检的同时，遴选第三方检测机构，每年抽检 7 家试点单位的粪肥生产原料与粪肥成品 150 批次以上，重点检测重金属、养分和有机质等多项技术指标，确保"不处理的不下地，不达标的不下地，农民不接受的不下地"。

五、有成效，示范创建到位

全市打造了一批有看头、有说头、有名头的典型，2021 年在全市创建果树、蔬菜、油菜等多种作物千亩核心示范片 9 个，完成收集粪肥 9.4 万吨，投入发酵菌剂 92.5 吨，处理粪肥 9.1 万吨，粪肥还田面积 10.1 万亩，建立效果监测点 20 个，完成小区试验 3 个。据统计，项目区实现节本增收 640 万元，有效提升了耕地质量和农产品品质，减轻了面源污染，创造了就业机会，增加了农民收入，经济、生态和社会效益显著。

典型案例十四

加强沼液沼渣还田，促进种养结合

——广东省遂溪县绿色种养循环农业试点典型案例

一、基本情况

遂溪县猪场养殖规模存栏数量 14 000 头，年出栏量 30 000 头，占地面积 150 亩左右，养殖场每天产生粪水数量 150～200 米³。粪便污水处理系统统一采用的核心技术是"盖泻湖沼气池"，粪便污水经盖泻湖沼气池厌氧发酵去除大部分有机物，有效降低了水质的各项指标。县内有沼气池 1 个、有效容积 4 500 米³，集渣池 1 个、有效容积 1 320 米³，沼液熟化池 1 个、有效容积有效容积 4 500 米³，沼液暂存池 1 个 4 500 米³，发酵设备、基建总投资约 200 万元，水电费约 0.7 元/吨。种植规模 100～1 000 余亩不等，种植甘蔗、水果、薯类、南药、水稻等作物，化肥施用量 30～50 千克/亩。

二、沼液还田

猪场内各个场区的粪污通过场区的排污管道先收集至提升井，再通过提升泵提升至沼气池；粪污在沼气池内发酵 45 天，发酵后产生沼气、沼液、沼渣。

场区的部分沼液优先用于母液制作，所制作的母液供周边十几个场区所需的母液利用，具体用量根据 1 米³ 沼液消耗 2.5 千克母液来计算。剩余沼液进入混合池，加入母液和其他液态肥制作菌剂，混合 15 分钟后进入液态肥熟化池，沉淀 30 天分层，上清液作为液态肥进入储存池储存。液态肥储存池的容量为 16 800 米³，可储存全部沼液 120 天，待施肥季节用于周边农田、果园施肥；液态肥储存池的施肥管道通至场外，可采用滴灌方式用于周边农田施肥，也可输送至罐车。

甘蔗生长期内沼液喷施次数需视天气而定，总量控制约 30 吨/亩，每次喷施数量 3 吨/亩。沼液水培生菜培养池建设成本 20 万元，沼液 10～15 天更换一次，稀释倍数 5～8 倍；生菜采收周期由气温决定，一般为 30～50 天。

沼液通过罐式运输车转运，每车运输 20 米³，每天运输 5～10 次，每次运输距离 5～40 千米不等，每次运输成本（包括汽油费、车辆维修和折旧费、人员工资等）合计约 500 元/车，每次运输来回时长 30～120 分钟。

三、沼渣还田

沼气池每日的产渣量为 11 米³，沼渣通过排渣泵排至集渣池，集渣池的容积为 1 320 米³，可储存 3 个月的量。沼渣池底设排渣管通至场外集渣池，需要输送时可直接在场外输送至罐车。

沼渣可作为底肥、基肥使用，使用频率 1～2 次/年，使用量 5～12 吨/亩，施用机械为罐式运输车及施肥犁地一体机，动力 240 马力。罐车淋灌作业成本为 20 元/吨，施肥犁地一体机作业成本为 41.7 元/吨。

沼渣转运主要依靠罐式或槽式运输车，每车运输数量 20 米³（约 20 吨），每天运输 5～10 次，每次运输 5～20 千米，每次运输成本（包括汽油费、车辆维修和折旧费、人员工资等）共计约 400 元/车，来回时长 30～120 分钟。

具体如图 9-15 所示。

转运车辆运输

粪肥现场还田

沼液水培生菜模式航拍

粪肥现场还田

图 9-15　遂溪县绿色种养循环农业试点

典型案例十五

创新六结合　开辟新途径

——四川省洪雅县绿色种养循环农业试点典型案例

2021 年，洪雅县生猪出栏 24.96 万头，肉牛出栏 1.15 万头，羊出栏 4.13 万只，家禽出栏 344.62 万只，兔出栏 24.74 万只。以猪当量为计算依据，全县猪当量约为 39.5 万只，估算全县粪污产生量约 76 万吨。全县作物种植面积 80.4 万亩，主要有粮食作物、油料作物、经济作物三种。

一、种植与养殖相结合，实现布局科学化效益再提升

洪雅县按照"以种定养、以养促种、种养循环"思路，实现了畜牧业区域布局与资源环境承载力相匹配，形成"粮饲统筹、农牧结合、养防并重、种养一体"的绿色发展格局，种养业效益实现双提升，养殖业粪污得到全消纳，种植业沼肥得到有效保障（图 9-16）。

堆肥现场

沼液施用现场

粪肥还田试验

堆肥发酵

图 9-16 洪雅县绿色种养循环农业试点

二、大网与小网相结合，实现管网阶段化建设再延伸

近年来，洪雅县累计争取项目资金 6 000 余万元，铺设沼液输送管道 600 余千米，覆盖种植面积达 6 万亩，建成以现代牧业、新希望乳业、东北片区为核心的三大种养循环示范区，47 家规模以上养殖场、养殖专业户全部接入管网，规模养殖场畜禽粪污综合利用率达 98.5%，以龙头带片编织了一张"区域大网"。社会资本累计投入约 2 亿元，片区外养殖场按照就近消纳原则，实行"1+1"小循环，实现一个畜禽养殖场配套一片种植园，以点面结合形成了一批局域小网。

三、液态和固态相结合，实现粪污资源化循环再利用

大力推广畜粪干湿分离、固液分离、厌氧发酵等新技术，粪水经过收集发酵形成沼液，每年约 50 万米^3 通过管道还田利用；粪渣经过发酵腐熟，每年约 10 万吨通过加工生产形成了有机肥。

四、重力与动力相结合，实现沼液全域化输送再扩面

因地制宜在全县合理布局了沼液存储池 17 口，储存量达 6 万米^3。养殖场粪污通过重力自流和动力加压输送技术将沼液输送到田间，田间池通过管网连通，实现了沼液输送灌溉立体化全域化。

五、测土与测液相结合，实现土壤科学化改良再精准

洪雅县建立了耕地质量长期定位监测点，定期开展土壤监测，对照沼液检测数据，进行精准施肥。全县每年管网输送 50 万米^3 沼液到田间，经检测沼液含氮 0.37%、磷 0.28%、钾 0.28%，相当于输送了 2 220 吨氮、1 680 吨磷、1 680 吨钾到田间，有效增加了土壤肥力，土壤得到明显改良，耕地质量持续向好。

六、输血与造血相结合，实现模式创新化机制再提效

一是养殖户＋第三方服务机构＋种植基地的管网输送还田模式。按照"政府引导、市场运作"的方式，洪雅县成功培育第三方农业社会化服务专业组织，养殖企业与之签订粪污消纳协议，实行有偿消纳。种植户根据种植需求，与第三方组织签订用肥协议，实现养殖业和种植业的有机衔接。沼液管网和设备的管理维护落实专人负责，确保了正常运行，养殖企业粪污消纳难题和处理成本得到有效解决和降低，种植户自行开展田间灌溉，减少了化肥使用，每亩节本增收约 300 元。二是养殖户＋有机肥企业＋种植基地的商品有机肥还田模式。依托洪雅百事康农业环保科技有限公司，每年可回收利用畜禽粪便、秸秆等农业废弃物 6 万吨、生产商品有机肥 2 万吨，购买商品有机肥实物。

典型案例十六

抓关键破难点　聚力综合施策

——四川省大邑县绿色种养循环农业试点典型案例

大邑共有耕地 44.73 万亩、永久基本农田 39.62 万亩，全县粮食播种面积 37.81 万亩，油料播种面积 6.32 万亩，蔬菜播种面积 12.42 万亩。有部级标准化示范场 3 家，省级标准化示范场 16 家，市级标准化示范场 9 家。出栏生猪 43.68 万头，肉牛 0.25 万头，肉羊 2.01 万头，肉兔 132.8 万只，家禽 886.4 万只。规模养殖场处理设施装备配套率达到 100%。

一、项目编制注重"科学"

组织专家团队，提前介入项目，以专家团队为核心凝练项目具体目标任务，以项目任务安全高效实施为目的，科学制定实施方案与阶段计划，印发了《大邑县绿色种养循环农业试点项目实施方案》。

二、组织保障突出"协同"

成立由县政府主要领导任组长的项目领导小组，明确主体责任、经费使用、配合单位、实施方式等工作任务。成立以县政府分管领导任组长，农业农村局、财政局、生态环境局等相关部门以及全县各镇（街道）的分管负责人为成员的项目推进小组，形成多部门联动、紧密配合、协调高效的组织保障体系。成立了以农业农村局主要领导为组长的项目实施小组，全面负责项目的具体实施和推进。

三、模式创新围绕"持续"

打造传统还田、浓缩一体化施用还田和集中处理中心还田三种沼液还田模式，在项目实际运行中，综合评估三种模式优劣，最终形成最佳模式进行持续推广应用。统筹项目实施，配套高标准农田建设，道路保障异地运输还田，加强机耕路建设，保障运输车能到田、施用车能下田。同时先以补贴引导种植者提高对粪肥接受度，逐步培养其自觉购买，实现种养循环的可持续发展。

四、管理监督聚焦"规范"

公开遴选，提早落实项目服务主体。按照省、市要求，在全县范围内按照自愿、公开、公平、公正原则遴选了包括传统模式、集中处理模式、浓缩一体化服务模式的 10 家服务主体。创新机制鼓励集体经济组织积极参与项目管理、服务、营运，有利于不断促进集体经济组织的发展壮大。遴选第三方监督机构，负责项目全程监督，实时掌握养殖场粪肥输出、粪污服务主体粪肥转运及粪肥还田于种植基地等环节实施。

五、实验监测着眼"安全"

以施用安全为核心建立核心试验区。在项目核心区建立了 1 个包含 168 个小区的 5 年定位试验点，在其余 5 个点建立了稻（油、麦）轮作的定点试验后观察试验点，开展田间试验，制定粪肥合理科学施用技术标准。遴选第三方检测机构，对项目土壤、粪肥和农产品进行定位监测和抽样检测，及时上报监测数据，避免粪肥还田利用技术不到位对农业生产造成负面影响。大邑县农业农村局加大随机抽查力度，保障项目督查不留死角，并制定处罚制度，防微杜渐。

六、建立"1234"机制

探索形成了"一套图表、两个检测、三个培训、四支队伍"机制，有效推进了项目落地落实。制定一套图表，即制作了《种植业主调查表》《养殖业主管理表》《项目进度计划表》《项目月报表》等 10 个工作图表，建立可溯源的畜禽粪污收集、运输、施用的绿色种养循环台账，建立优胜劣汰的动态调整机制，保障项目良性运行。开展两个检测，即施前粪肥检测和还田效果检测。对目前入围的标准养殖场每季施用前检测粪肥一次；对试验小区，监测点位、观察点位等土壤和产出物开展定期和随机抽查检测。组织三个培训，即培训养殖业主、培训运输服务主体、培训种植业主。多次组织三大主体开展专题培训会，旨在让参与沼液还田的三大主体厘清在各自运行环节的具体任务和责任。建立四支队伍，即打造了管理、监管、技术、营运4支专业队伍，保障项目顺利实施。以大邑县农业农村局为本底，打造一支项目日常管理队伍；以第三方监测机构和监理机构为本底，打造一支项目全程监管和审计队伍；以成都市农林科学院为本底，打造一支技术支撑队伍；以集体经济组织和实施主体为本底，打造一支运输还田的营运队伍。

七、生产生态双丰收

通过项目实施，全县有机肥替代化肥比例和效果得到大幅提升。项目打造种养循环示范区10万亩，按照30元/（亩·年）节约施肥的直接经济效益计算，节省300余万元。同时种养循环示范区内农产品实现有效提质增效，按每千克提质后价格提高0.2元计算，亩增效达200元。全县实施绿色种养循环从源头、过程、末端等环节有效控制养殖业粪污的排放，减轻全县流域的水体污染，对打好污染防治攻坚战具有重大意义。粪肥还田，既改良土壤结构、提高土壤肥力、提升土壤有机质，又提高农作物和果树的抗病虫、抗旱和抗冻能力，实现农业绿色健康可持续发展。

具体如图9-17所示。

试点推进会

粪肥还田试验

沼液还田

堆肥发酵

图9-17 大邑县绿色种养循环农业试点

典型案例十七

沼液管网还田香葱种植模式

——云南省镇雄县绿色种养循环农业试点典型案例

镇雄县位于云南省东北、云贵高原北部斜坡地带，隶属云南省昭通市。地跨东经104°18′—105°19′、北纬27°17′—27°50′，东西长99千米，南北宽54千米。东以赤水河为界与四川叙永相邻，南连贵州毕节、赫章，西毗彝良，北抵威信。坡头镇德隆村的三岔河，地处滇、黔、川接合部，称"鸡鸣三省"。2020年末全县总人口1 686 055人，是云南省第一人口大县，也是中国百万人口大县之一。镇雄县始终专注畜牧业发展，先后被列为全国生猪生产百强县、生猪调出大县和云南省现代农业示范县。

2021年，镇雄县实施绿色种养循环农业试点，按照"全程控制、综合利用、种养结合、循环发展"的原则，坚持"因地制宜、试点示范"，围绕绿色产业基地建设，加强粪肥还田利用，建设一批绿色农产品示范点（木黑村沼液管网还田香葱基地就是整县推进典型案例），打通养殖场、粪污处理主体和产业基地的"最后一公里"（图9-18）。

发酵罐和气柜

田间施肥场景

香葱基地田间泵送设备

香葱基地田间沼液调节池

图9-18 镇雄县绿色种养循环农业试点

一、基本情况

1. 养殖概况　佑康农业科技有限公司母猪扩繁场在镇雄县林口乡木黑村，存栏母猪5 200头。

2. 作物种植　林口乡木黑村香葱基地主要种植大田作物是香葱（本地称细葱）。土地为流转土地，该区域香葱一年3季，主要通过田间管网设施根据香葱生长时期适时灌溉。

二、粪污处理

1. 猪场粪污收集处理流程　猪场粪便及冲洗污水通过污水管道收集到集污池，经过固液分离，液体部分进入1 500米³发酵罐，厌氧发酵30天，产生的沼气用于生产生活用气。沼渣就地或集中收储，沼液通过站内储存池储存45～60天后，通过管网输送到香葱种植基地，通过水肥一体化设施进行还田利用。

2. 粪污处理设备　主体设施：中温发酵罐有效容积1 500米³，湿式储气柜有效容积300米³。主要设备：固液分离机2台；潜污泵1台；调配池搅拌器1台；进料泵1台；顶搅拌器1台；回流循环泵1台；脱硫器2台，气水分离器1个；凝水器3台；沼气流量计1台；阻火器2个；正负压力保护装置1套；沼气锅炉1台；工艺管道及阀门1套，电气与控制装置1套。主要建筑物和构筑物：集污池600米³；储粪场600米²；集调配池60米³；缓冲池20米³；站内储存池有效容积500米³；锅炉房12米²；管理房与配电房36米²；净化间30米²；堆粪棚300米²；道路600米、围墙390米，及绿化、消防系统等。

三、沼液管网还田

猪场全年产液体粪污约17 600米³，猪场界与香葱基地还田地块的直线距离为3 000米。

1. 消纳土地面积测算　猪场设计存栏经产母猪5 200头，根据《畜禽粪污土地承载力测算技术指南》进行测算，猪场粪肥利用种植葱需配套消纳地不少于1 872亩。镇雄县林口乡木黑村香葱基地面积5 000亩以上，完全可消纳猪场产生的沼液。

2. 田间设施设备　通过猪场的沼液储存池铺设专用管道到种植基地，将沼液泵送至田间调节池，田间调节池安装过滤网，预防沼渣堵塞管网。沼液在调节池中经过均质搅拌后，再通过田间输送管网进行喷施。

3. 施肥技术　香葱每年种植三季，每季每亩施用沼肥2次，施用量约6米³。全年每亩施用沼肥18米³。

第一季施肥。每年第一季香葱种植期为4月初，55～60天后可上市，香葱种植耕作前施用粪肥，时间一般在3月。沼液作为基肥施入田间，可不稀释，每亩施用4米³。通过田间管网喷施，渗入土层，喷施后可适量喷清水。定植后每隔5～7天，喷施沼液（1：5兑水）5～8分钟；每隔7天施用平衡型复合肥15～20千克/亩。中后期使用高钾型复合肥20千克/亩，以水肥一体化方式施入，上市前10天停止施肥。

第二季施肥。每年第二季香葱种植期为第一季上市后开始，时间为7月初，40～45天后可上市。第二季施肥量、施用方法、施肥间隔次数等与第一季相同。

第三季施肥。每年第三季香葱种植期为第二季上市后开始，时间为8月底，40～45天后可上市。第三季施肥量、施用方法、施肥间隔次数等与第一季相同。

四、技术效果

1. 经济效益　在实施绿色种养循环农业试点之前，基地不使用沼肥，每亩需化肥等成本 540 元。施用沼液替代 30％化肥，每亩节约肥料成本 162 元，2000 亩每年可节本 32.4 万元。施用沼液，有机与无机配合，提高了香葱产量和品质，增强了市场竞争力。

2. 生态效益　养猪场畜禽养殖粪污通过沼气工程处理，得到了充分利用，大大降低了污染，切断了疾病传播的途径，改善了环境卫生。沼渣沼液是优质的有机肥料，通过在香葱生产上的施用，在改良土壤结构和节约化肥用量方面效益明显，提高了土壤有机质含量，改善了土壤团粒结构，为作物的健康生长提供了保障。

3. 社会效益　基地通过土地流转，为周边农户提供就业岗位，增加了农民收入，促进了观念的转变，为巩固拓展脱贫攻坚成果、有效衔接乡村振兴提供了强大动力。畜禽养殖、粪污处理和种植主体的有机结合，实现了种养循环，带动区域内化肥使用量持续减少，对于农业节本增效具有重要意义。

典型案例十八

"粪肥银行"促粮增产助农增收

——甘肃省广河县绿色种养循环农业试点典型案例

广河县是典型的农业县，辖 6 镇 3 乡、102 个村、1 121 个社，总面积 538 千米^2，总人口 25.94 万人。全县牛存栏达 14.3 万头、羊存栏 135 万只，年产牛羊粪污 170 万吨。全县耕地面积 42 万亩，其中旱作玉米 36 万亩，年产玉米秸秆 100 多万吨，丰富的玉米秸秆资源是全县牛羊产业发展的基础优势。近年来，通过抓种养循环和旱作农业助推牛羊产业实现高质量发展，广河县探索出了一条以旱作农业为基础，以种养循环为纽带，小群体、大规模的产业发展新路子（图 9-19）。

堆肥发酵

粪肥运输车

<table>
<tr><td align="center">粪肥还田现场</td><td align="center">粪肥还田现场</td></tr>
</table>

图 9-19　广河县绿色种养循环农业试点

一、加大政策扶持，高位推动绿色循环发展

深入贯彻落实打造"五个百亿级产业"的要求，抢抓国家支持牛羊生产发展五年行动、甘肃省牛羊产业三年倍增行动计划和广河被列为国家农业绿色发展先行区及羊产业集群发展的政策机遇，围绕强基础、补短板，抓品质、增效益，制定全县《关于加快牛羊产业高质量发展助力乡村振兴的实施意见》和牛羊产业提质增效粮改饲、品种改良品质提升、屠宰冷链及精深加工、品牌培育、科技试验示范、销售体系建设、风险防控、人才集聚等牛羊产业高质量发展的"一意见、八方案"。2021年起，广河县在落实绿色种养循环农业试点项目资金的基础上，统筹本县牛羊产业达标提升、暖棚补贴、农业机械补贴、青贮饲草收贮补助、饲草奖补等项目资金 3 350 多万元，撬动金融机构发放创业担保贷款 9.04 亿元，不断激发群众参与种养循环养殖的积极性，努力打造基础母畜繁育养殖基地、绿色牛羊肉生产供应基地和有机肥加工生产基地。

二、创建"粪肥银行"，打通粪肥流通渠道

围绕畜禽粪污资源化利用，在城关镇、祁家集镇、三甲集镇、齐家镇、庄窠集镇、水泉乡等 6 个乡镇建成日处理 4 吨型处理中心 6 个；在新庄坪易地搬迁养殖小区、齐家镇黄家坪养殖小区建成日处理 20 吨型处理中心 2 个，建立了县有有机肥厂、乡（镇）有处理中心、村有收集点的三级运行机制，实现分散收集，集中处理。探索创建"粪肥银行"，通过"以粪换肥、以牛（羊）换肥、以草换肥、以现金购肥"的"三换一购"模式，为全县种植农户提供零门槛免息粪肥借贷服务，打通有机肥流通渠道，有效解决了农户种植投入资金周转困难问题。目前，通过粪肥银行加工生产 2 万多吨有机肥，试运行免息放贷 1 200 多吨有机肥。全县年利用畜禽粪污 154 万吨以上，化肥施用量同比下降 30%，形成了传统堆肥还田利用 50%、处理中心生产半成品有机肥利用 30%、成品有机肥生产利用 20% 的"532"的利用模式，畜禽粪污综合利用率达 90.5%。

三、推广粪肥还田，推动种养循环发展

依托绿色种养循环农业试点项目，全县推广粪肥还田 20 万亩。一是腐熟堆肥还田模式。在齐家镇、水泉乡、庄窠集镇等 7 个乡（镇）42 个村建成种养循环示范区。利用牛羊粪污

资源，在示范区内就地利用基础设施堆沤腐熟粪肥，实现腐熟粪肥就近还田利用，促进绿色种养循环农业发展。二是有机肥＋配方肥模式。在广通河流域三甲集镇、城关镇、祁家集镇、买家巷镇、阿力麻土乡等 5 个乡（镇）16 个行政村划定玉米集中连片有机肥还田示范区，应用测土配方施肥技术，根据作物需肥规律和土壤养分丰缺指标，配合配方肥施用生物有机肥，实现有机无机配施，促进节肥增效。通过项目实施，广河县逐渐探索出"123456"运行机制。"1"是一亩一吨一直补（一亩地至少还田 1 吨粪肥，资金直接补贴到项目实施主体），"2"是两级组织（乡镇推动，村委会负责具体实施）、两个场所（田间地头堆肥发酵、专用场所堆肥发酵），"3"是建立三本台账（粪污收集台账、加工腐熟台账、粪肥还田台账）、做到三项监测（施肥前的土壤肥力检测、施肥后土壤肥力检测、粪肥腐熟情况检测）、实现三个目标（土壤养分明显提升，粪污资源化利用率 90％以上、改善农村人居环境，培育一批新型经营主体），"4"是四种还田模式（有机肥企业腐熟粪肥还田、就地堆肥还田、处理中心集中处理还田、种养一体化服务组织发酵还田），"5"是五个严禁（严禁在公路两旁堆积粪污、严禁在公共场所堆积粪污、严禁在房前屋后堆积粪污、严禁在村社巷道堆积粪污、严禁重复补贴），"6"是六项试验（肥料利用率试验、化肥减量增效试验、有机肥替代化肥试验、玉米增施有机肥抗旱效果试验、有机肥机械深施试验、缓控释复合肥＋生物有机肥增产试验）。

四、强化科技示范，实现增产增效双丰收

建设万亩农业绿色发展技术应用试验基地和农业绿色高标准示范园，重点开展粪肥还田、化肥减量增效等试验，加快试验成果转化。广河县建立了国家农业绿色发展观测试验站，由甘肃农业大学、甘肃省农业科学院作为技术支撑单位，开展水、土、气、作物、投入品和污染物等要素长期定位监测，为农业环境建设保护提供长期、系统、原始、连续的农业科学基础数据，支撑农业环境领域科技进步与农业绿色发展。试验结果表明，粪肥还田有效改善了土壤质量，增强了作物抗旱抗病性能，促进了作物提质增收。据测算，旱作农业玉米亩均增产 300 千克左右，果菜等经济作物亩节本增效可达 800～1 000 元，马铃薯亩节本增效可达 500 元以上，替减 15％左右化肥用量。通过种养循环模式的推动，全县牛羊养殖量逐年递增，牛存栏从 2016 年的 9.45 万头增加到 2022 年 14.3 万头，羊存栏从 110 万只增加到 135 万只，实现了"牛羊养殖—粪污收集—有机肥生产—玉米种植—秸秆利用"的农牧全产业链闭环式发展，实现增产增效双丰收。

典型案例十九

"一扶持、二提升、三模式、四坚持"

——甘肃省靖远县绿色种养循环农业试点典型案例

农业生产关乎食品安全、资源利用和生态宜居。随着农业供给侧结构性改革的推进，发展循环农业，推动资源利用高效化、农业投入减量化、废弃物利用资源化、生产过程清洁

化，成为促进农业提质增效和可持续发展的重要途径。因此，推行种养结合、绿色发展、循环农业是促进乡村振兴、变废为宝、治理环境的关键举措。

2021年，靖远县被列为甘肃省绿色种养循环农业试点县。为扎实做好该项试点工作，靖远县树立绿色种养循环农业发展理念，按照充分利用地理和自然资源优势的原则，以特色产业为主线，以企业、合作社等新型经营组织为服务主体，结合养殖场布局、特色产业规模，重点在枸杞、蔬菜、玉米等优势作物上顺利实施了绿色种养循环农业试点项目（图9-20）。通过该项目实施，全县产业结构得到了优化，农业市场竞争力得到了提升，农村生态环境得到了改善，农民产业收入得到了增加，实现了"一扶持、二提升、三模式、四坚持"的社会效应。

堆肥现场

粪肥还田现场

粪肥还田现场

粪肥还田现场

图9-20 靖远县绿色种养循环农业试点

一、扶持了一批服务主体

按照甘肃省农业农村厅指导，遴选确定了有机肥生产企业、合作社、家庭农场等新型经营组织，从粪污收集、发酵腐熟、粪肥还田等环节向农户提供"一条龙"式服务，农户以低于30%的成本价向服务主体购买腐熟粪肥，服务主体就可享受87元/吨的财政补贴，实现了互利共赢。项目通过农户购买腐熟粪肥，政府补贴服务主体的方式，扶持一批标准化、规模化、专业化的有机肥生产企业和服务组织。

二、促进了二个提升

1. 促进了耕地地力提升 施用腐熟的农家粪肥，不仅能提高土壤有机质含量、活化土壤有益菌群、增加土壤透气性、培肥地力、改良熟化土壤、促进根系生长，还能提高作物产量。项目在全县落实粪肥还田 10 万亩，施用腐熟农家粪肥 7.5 万吨以上，施用有机肥料 833.3 吨，经济作物亩均增产 50 千克以上。腐熟粪肥的施用，大大促进了耕地地力提升，实现了农业增产增效。

2. 促进了农产品品质提升　当前农产品品质偏低，优质品少、大路货多、名而不优、优而不多，有产量无批量的矛盾突出。根据全县试验示范结果显示，耕地施用腐熟的粪肥，可促使水果、蔬菜等农产品的口感、色泽、果形、外观等品质得到明显提升，增加枸杞、蔬菜、玉米附加值，为特色优势产业可持续发展提供保障。

三、推广了三种模式

1. "规模养殖场（提供粪源）＋有机肥生产服务组织（收集、处理、转运、还田）＋种植基地"模式　由社会化服务主体收集养殖场畜禽粪便，利用生物菌剂堆肥发酵技术和专业机械设备对原料进行堆沤腐熟，并将腐熟的粪肥转运到种植基地，利用还田机械进行撒施、穴施、沟施、条施等方式施肥。

2. "分散养殖户（提供粪源）＋有机肥生产企业技术托管（收集、处理）＋转运还田"模式　针对日光温室生产区农户普遍采用购买畜禽粪便在棚外自行堆沤还田的实际情况，探索由专业化服务主体在田间地头统一提供腐熟、还田等技术、机械，由农户购买腐熟还田服务的托管模式，实现粪肥还田专业化、机械化，提高粪肥质量。

3. "规模养殖场或农户（提供粪源）＋沼气生产社会化服务主体（收集、发酵）＋沼液管道（沼渣转运）还田"模式　由沼气生产社会化服务主体收集养殖场、分散养殖户粪污，通过厌氧发酵生化反应技术生产沼液沼渣，并将沼液沼渣通过管道输送和专用运输车配送到种植基地进行还田。

四、开创了四个坚持

1. 坚持粪肥质量安全　项目实施中，严格按照《畜禽粪便无害化处理技术规程》(GB/T 36195—2018) 和《畜禽粪便堆肥技术规范》(NY/T 3442—2019) 进行无害化处理和腐熟堆沤，保证每一批发酵腐熟还田的粪肥及商品有机肥中的有毒有害等限量指标均须符合《有机肥料》(NY/T 525—2021) 行业标准，确保粪肥下地质量安全。同时，服务主体完善粪污收集处理、粪肥还田等台账及合同，确保粪源来源可追溯、去向可查询、风险可控制、权责可明确。

2. 坚持还田科学标准　粪肥还田时，项目技术指导与模式创新小组参考了《甘肃省绿色种养循环农业试点项目技术指导意见》，结合当地产业实际情况，充分掌握农户购买意愿及接受能力，在综合考虑粪污产生量、粪肥还田效果、企业利益及农户常规施肥的基础上，分作物种类、粪肥类型科学指导腐熟粪肥及沼液沼渣最低还田限量、还田方法。

3. 坚持农户种养结合　通过项目实施，打破了多年来形成的"只种不养、只养不种、种养脱节"的传统农业生产习惯，形成了以种养结合、循环发展为主线，以"政府引导、市场运作、社会参与"的运行机制，构建了不同层次的循环农业模式。扶持了一批畜禽粪污收集处理、粪肥还田专业化社会服务组织，培育了一批利用粪肥还田的种植农户，形成了"养—粪—地—草—畜"环式种养循环模式。

4. 坚持项目示范带动 项目把示范带动作为整县推进的重要举措，通过服务主体专业化有机肥生产示范，项目技术指导与模式创新小组现场培训指导，规范养殖户粪污堆沤腐熟技术，推动养成粪肥还田的良好习惯，开辟了养殖户"有粪污、有技术、有能力、愿腐熟"的发展路子，带领全县分散养殖户自行发酵腐熟，形成了示范带动、典型引路、以点带面、全面开花的绿色种养循环农业发展格局，为全面推进农业绿色低碳发展、提升稳粮保供能力、助力乡村振兴添砖加瓦。

典型案例二十

加强粪肥检测，推进绿色种养循环

——北大荒农垦集团有限公司红兴隆分公司绿色种养循环农业试点典型案例

一、基本情况

红兴隆分公司辖区总面积 9 690 千米²，位于三江平原中南部东经 129°55′—134°12′、北纬 45°35′—47°17′地带，东西长 330 千米，南北宽 170 千米，海拔在 40~800 米之间。近年来，分公司坚持"绿色发展、生态富民"，推进国家农业绿色发展先行区建设，以改善生态环境和保障粮食安全为目标，实施绿色种养循环和黑土地保护工作，推进农业绿色发展水平不断提升，2022 年实现有机肥施用面积 185.1 万亩以上，每年有机肥深松还田 28 万亩。分公司畜牧业以发展"两牛一猪、两禽一驴"为主，生猪存栏 16.05 万头，累计出栏 20.98 万头；牛存栏 1.98 万头，其中奶牛存栏 0.22 万头、肉牛存栏 1.76 万头，累计出栏 0.8 万头；羊存栏 3.68 万只，累计出栏 2.46 万只；禽存栏 160.84 万羽，其中鸡存栏 132.82 万羽、鸭存栏 2.34 万羽、鹅存栏 25.67 万羽，年内累计出栏 882.5 万羽；乌驴存栏 0.59 万头，累计出栏 0.36 万头。

二、主要做法

分公司成立以总经理为组长的绿色种养循环农业试点工作领导小组，建立农业、畜牧、财务、审计等部门密切协作的配合机制，强化统筹推进。分公司农业发展部内设绿色种养循环工作专班，具体负责技术培训、指导，工作沟通会商、督促落实、协调反馈等工作，处理工作专班日常事务。

分公司委托黑龙江省农垦科学院农畜产品综合利用研究所为项目技术支撑和技术服务单位，负责对分公司绿色种养循环试点项目的效果进行科学评估，共建立 4 个示范区，21 个监测点。2021 年原始土样共采集土样 28 份，粪肥样本采样共计 30 份，其中固体粪肥 17 份、肥水检测 13 份。检测内容包括有机质、全氮、全磷、全钾、pH、水分、种子发芽指数、粪大肠菌群数、蛔虫卵死亡率、砷、汞、镉、铅、铬等，检测报告各项数据全部达标。

分公司探索构建基于粪肥流向全程可追溯的补奖发放与管理机制，做到粪肥来源有台账、处理及施用有影像资料，实现有据可查、监管不留死角，确保全程质量可控。粪肥来源、粪肥收集及区域作物还田粪肥全部建立台账。

分公司各试点农场利用各类媒体，全方位、多角度宣传绿色种养循环农业试点工作。为提高专业化服务主体、种植主体技术水平，解决试点实施过程中遇到的技术问题，共组织开展技术培训 21 次，培训人数 60 余人，累计发放技术资料 500 余份；试点农场积极开展主题宣传活动，总结推广各地的好做法、好经验，组织现场观摩 5 次；通过公众号等报道一批绿色种养循环农业试点的好典型，营造良好的舆论氛围。

三、主要经验

近年来，红兴隆分公司以项目带动区域内粪水还田利用，打通种养循环堵点，推动化肥减量，让项目试点区的 10 万亩大豆、玉米、水稻和果树用上"营养餐"，促进农业绿色高质量发展。分公司在友谊、五九七、八五二等农场建设绿色种养循环农业试点项目区 10 万亩。通过农场党委会及公开招标方式遴选了 7 家粪肥还田专业化服务主体，采取全链条服务模式，提供粪肥收集、处理、转运、施用等全环节服务。建立全链条畜禽粪污还田利用监测网络，定期对粪肥和土壤进行检测，确保利用安全。建立粪肥还田利用全链条电子化信息台账，实现粪肥还田利用信息的可监测、可报告和可追溯。强化技术规范，严格限定粪肥还田时间、施用方法和施肥量，严禁超量施用，确保粪肥还田科学合理安全调配。

四、主要成效

2021 年红兴隆分公司实施绿色种养循环农业试点以来，有效解决了养殖业产生的大量畜禽粪污去向，极大提升耕地肥力水平。由于此项工作采取畜禽粪污就近简单处理还田的方式，比有机肥的应用成本低，且服务主体用专业运输车辆将畜禽粪污到还田地块，深受种植业主体的青睐，甚至有些农场的服务主体将粪肥运送至作业现场的路边或地头分散堆成大小适中的粪堆方便作业。粪肥在经过 6 个月左右发酵成熟后，畜禽粪污中病菌、杂草种子等有害物质将被高温杀灭，成为养分丰富高质量有机肥料，经专业机构检测合格后，秋收过后直接还田利用。推进绿色种养循环农业试点工作，粪肥还田利用率达到 92% 以上，化肥施用量减少 10% 以上，形成可复制可推广的种养结合循环农业发展模式，降低化肥使用强度，提高农产品产量和品质，促进农民增收致富，助力乡村全面振兴（图 9－21）。

液体粪肥还田现场

固体粪肥还田现场

粪肥还田示范区 　　　　　　　　　　　　　　　试点工作推进会

图 9 - 21　红兴隆分公司绿色种养循环农业试点

附　录

附录一

农业农村部办公厅　财政部办公厅　文件

农办农〔2021〕10 号

农业农村部办公厅　财政部办公厅关于开展
绿色种养循环农业试点工作的通知

有关省、自治区、直辖市农业农村（农牧）厅（局、委）、财政厅（局），北大荒农垦集团有限公司：

　　为落实中央经济工作会议、中央农村工作会议和中央一号文件要求，2021 年中央财政支持开展绿色种养循环农业试点工作，加快畜禽粪污资源化利用，打通种养循环堵点，促进粪肥还田，推动农业绿色高质量发展。现将有关工作通知如下。

一、总体要求与目标

　　以习近平新时代中国特色社会主义思想为指导，坚定不移贯彻新发展理念，围绕全面推进乡村振兴，加快推动农业绿色低碳发展，助力 2030 年碳达峰、2060 年碳中和，坚持系统观念，促进绿色种养、循环农业发展，以推进粪肥就地就近还田利用为重点，以培育粪肥还田服务组织为抓手，通过财政补助奖励支持，建机制、创模式、拓市场、畅循环，力争通过 5 年试点，扶持一批粪肥还田利用专业化服务主体，形成可复制可推广的种养结合，养殖场户、服务组织和种植主体紧密衔接的绿色循环农业发展模式。

　　2021 年开始，在畜牧大省、粮食和蔬菜主产区、生态保护重点区域，选择基础条件好、地方政府积极性高的县（市、区），整县开展粪肥就地消纳、就近还田补奖试点，扶持一批企业、专业化服务组织等市场主体提供粪肥收集、处理、施用服务，以县为单位构建 1-2 种粪肥还田组织运行模式，带动县域内粪污基本还田，推动化肥减量化，促进耕地质量提升和农业绿色发展。通过 5 年的试点，形成发展绿色种养循环农业的技术模式、组织方式和补贴方式，为大面积推广应用提供经验。

二、组织实施

　　县级人民政府是绿色种养循环农业试点工作的实施主体，鼓励创新机制、培育主体、壮大市场、连接种养两端，畅通种养循环，推动粪肥还田利用。

　　（一）实施范围。2021 年，聚焦畜牧大省、粮食和蔬菜主产区、生态保护重点区域，优先在京津冀协同发展、长江经济带、粤港澳大湾区、黄河流域、东北黑土地、生物多样性保护等重点地区，选择北京、天津、河北、黑龙江、上海、江苏、浙江、山东、河南、安徽、江西、湖北、湖南、广东、四川、云南、甘肃等 17 个省份开展试点。其中，北京、天津、上海和云南开展整省份试点；其他省份在畜牧大县或畜禽粪污资源量大的县（市、区）中，选择畜禽粪污处理设施运行顺畅、工作基础好、积极性高的粮食大县或经济作物优势县，开展整县推进。相关省份要积极创新支持机制，切实加大指导和投入力度。

试点县畜禽粪污产生量高于县域种植业消纳量的，可在本县（市、区）种植业满负荷消纳后，选择同隶属地市行政区内的 1～2 个县（市、区）就近消纳。允许北京、天津、上海跨省域消纳。

（二）支持方式。 通过以奖代补等方式带动，扩大粪肥还田利用社会化服务市场规模，引导专业化服务主体加大投入，提高规模效益，降低运营成本，确保经济可行，促进增产提质，形成良性循环。中央财政对专业化服务主体粪污收集处理、粪肥施用到田等服务予以适当补奖支持，对试点县的支持原则上每年不低于 1 000 万元。试点省份要统筹资金资源加大对绿色种养循环农业试点的支持，鼓励通过 PPP 模式等方式，吸引社会资本投入，形成工作合力。同时，应当积极应用新技术、探索新方式、推广好经验，努力构建基于粪肥流向全程可追溯的补贴发放与管理机制；采取自愿申报与竞争性选择相结合的方式，按照不低于120％的比例进行差额选择确定试点县。试点县要按规定用好中央和省级相关资金，组织实施好试点工作。

（三）补奖内容。 试点县可以结合本地畜禽粪污资源化利用主推技术模式，主要对粪肥还田收集处理、施用服务等重点环节予以补奖，不得用于补助养殖主体畜禽粪污处理设施建设和运营。支持对象主要是提供粪污收集处理服务的企业（不包括养殖企业）、合作社等主体以及提供粪肥还田服务的社会化服务组织。试点补奖政策实施范围仅限耕地和园地，不含草场草地。相关省份根据粪污类型、运输距离、施用方式、还田数量等合理测算各环节补贴标准，依据专业化服务主体在不同环节的服务量予以补奖，补贴比例不超过本地区粪肥收集处理施用总成本的 30％。对提供全环节服务的专业化服务主体，可依据还田面积按亩均标准打包补奖。试点优先安排蔬菜和粮食生产，兼顾果茶等经济作物。补奖资金对商品有机肥使用补贴不超过补贴总额的 10％。粪肥还田利用机械不列入补奖范围，可通过农机购置补贴应补尽补。

（四）责任落实。 县级人民政府作为项目实施主体，要科学谋划，落实落细，确保试点效果。相关省份要严格项目县遴选，加强项目实施指导，落实监管责任。农业农村部将会同财政部适时开展绩效评价，对试点成效好、机制创新力度大的试点县，原则上持续支持 5年；对运行模式不畅、机制创新不足、财政补奖资金使用不规范的县将剔除试点范围。

三、工作要求

各有关省级农业农村部门、财政部门要建立种植、畜牧等行业紧密协作的配合机制，加强统筹实施，确保责任落实，实现整县推进地区畜禽粪污以粪肥还田利用为主应用尽用。

（一）细化实施方案。 各相关省份要及时制定省级项目实施方案，试点县要按照省级实施方案要求，细化实化县级实施方案，明确实施方式、补助对象、补助标准和监管措施等，组织相关部门共同抓好落实。各相关省份应当在对县级实施方案组织审核后，于 5 月 30 日前将省级实施方案和县级实施方案报送农业农村部种植业管理司、畜牧兽医局和财政部农业农村司备案，并同步上传至农业农村部农业转移支付项目管理系统。

（二）**强化支持保障。**各地要采取积极有效措施吸引社会资本参与粪肥还田利用，加大对专业化服务主体的引导扶持力度，加快粪肥还田利用服务市场主体培育，合理布局产业，促进种养结合。加强技术服务与指导，分区域、分作物完善还田利用技术方案，应用"物联网＋"等信息化手段，提高技术到位率。采取科技讲座、进村入户、蹲点包片等形式，指导专业化服务主体、种植主体提高技术水平。

（三）**严格技术要求。**规模养殖场应当合理负担畜禽粪污无害化处理成本，粪肥还田前必须按照《畜禽粪便无害化处理技术规范》(GB/T 36195) 进行无害化处理和腐熟堆沤，还田施用时的砷、汞、铅、镉、铬、粪大肠菌群数、蛔虫卵死亡率等限量指标符合《有机肥料》(NY 525—2012) 要求。各地要结合作物需肥特点，根据不同地力条件、不同作物、不同产量目标，科学确定粪肥还田量和替代化肥比例，确保作物养分需求，提高作物产量，提升产品质量。做好施肥调查和效果监测，用监测数据展示粪肥还田在提质增效、化肥减量、地力培肥等方面的作用。

（四）**科学监督评价。**试点县要落实《农业农村部办公厅、生态环境部办公厅关于进一步明确畜禽粪肥还田利用要求强化养殖污染监管的通知》等有关要求，做好指导服务和监督管理，实现粪肥去向有据可查，监管不留死角。要按照相关技术规程，定期开展抽检，避免因粪肥还田利用技术不到位对农业生产造成负面影响。

（五）**规范资金使用。**强化资金使用监管，加强绩效考核，保障资金规范使用，提升资金使用透明度，采用适当形式公示补贴发放情况。

（六）**强化宣传总结。**广泛利用各种渠道，全方位、多角度加强政策宣传。总结推广各地的典型做法和创新机制，讲好农业绿色发展故事，营造良好的舆论氛围。各地应于 11 月30 日前将项目总结、整县推进典型模式报送农业农村部种植业管理司、畜牧兽医局和财政部农业农村司。

附件：1. 绿色种养循环农业试点省级实施方案（格式模板）
　　　2. 绿色种养循环农业试点县实施方案（格式模板）
　　　3. 畜牧大县和畜禽粪污资源量大县（市、区）名单

附件1

绿色种养循环农业试点省级实施方案
（格式模板）

一、总体要求

推进粪肥还田利用的总体要求。

二、任务目标

重点围绕创新粪肥还田利用运行机制，促进畜禽粪污综合利用率提升和化肥减量增效，细化实化目标任务。

三、重点工作

包括项目县遴选条件、明确补助环节和标准、运行服务机制、技术要点等方面。

四、实施主体

分析县级畜禽粪污产生量及粪肥处理能力、还田能力，提出粪肥还田利用试点县以及畜禽粪肥就近消纳县名单。

五、保障措施

包括：组织领导、政策扶持、机制创新、监督管理和宣传培训等方面。

附件 2

绿色种养循环农业试点县实施方案
（格式模板）

一、基本情况

1. 县域自然条件，经济社会发展状况，区位优势和财政状况；

2. 耕地、水等资源状况，畜禽粪污、农作物秸秆等有机肥资源状况；

3. 种植业、养殖业等生产情况，现有沼气工程规模；

4. 肥料等农业投入品使用情况，包括主要农作物施肥结构、使用水平、施肥方式。

二、创建基础

包括：现有工作基础、设施条件、技术模式、资源保障等。

1. 化肥减量增效工作开展情况以及推进种养结合情况；

2. 县域内规模养殖场粪污处理设施配套及运行情况；

3. 本地粪肥还田利用主推技术模式；

4. 科学估算畜禽粪污产生量及处理量，结合种植、养殖业布局和规模，兼顾作物养分需求和资源环境承载能力，评估本县域内粪肥还田能力。本地无法全部消纳的，明确 1～2 个消纳县。

三、实施内容

包括：布局规模、创建内容、技术路径、主要目标、实施主体和方式、补助资金使用方向、进度安排等。

四、保障措施

包括：组织领导、政策扶持、机制创新、资金保障和监督管理等。

五、效益分析

包括：经济、社会、生态效益三个方面。

附件 3

畜牧大县和畜禽粪污资源量大县（市、区）名单

省份	县（市、区）
北京	顺义区、大兴区、通州区
天津	蓟县、宁河县、静海县、武清区
河北	定州市、滦南县、安平县、易县、滦县、张北县、玉田县、正定县、三河市、晋州市、涿鹿县、隆化县、唐山市丰润区、新乐市、武安市、卢龙县、石家庄市栾城区、围场县、藁城市、迁安市、定兴县、张家口市察北管理区、沽源县、丰宁县、抚宁县、辛集市、永清县、张家口市塞北管理区、宣化县、遵化市、大名县、徐水县、行唐县、宁晋县、滦平县、新河县、海兴县、沧县、肥乡县、磁县
黑龙江	望奎县、龙江县、肇州县、克东县、甘南县、巴彦县、依安县、青冈县、杜蒙县、绥化市北林区、佳木斯市郊区、兰西县、富裕县、肇东市、集贤县、宾县、讷河市、安达市、海伦市、双城市、宝清县、泰来县、林甸县、齐齐哈尔市梅里斯达斡尔族区
上海	崇明区、市属农场
江苏	阜宁县、涟水县、邳州市、射阳县、泰兴市、东台市、大丰市、泗洪县、沭阳县、海安县、铜山县、灌南县、如皋市、睢宁县、新沂市、滨海县、淮安市淮阴区、赣榆县、盐城市盐都区、如东县、东海县、灌云县、响水县
浙江	龙游县、衢州市衢江区、杭州市萧山区、江山市
安徽	霍邱县、长丰县、蒙城县、五河县、定远县、肥东县、萧县、利辛县、灵璧县、颍上县、临泉县、寿县、固镇县、太和县、阜南县、太湖县、宿州市埇桥区、泗县、怀远县、涡阳县、庐江县、歙县、舒城县、六安市裕安区、桐城市
江西	南昌县、宜春市袁州区、定南县、修水县、上高县、南昌市新建区、万年县、新余市渝水区、东乡县、余江县、信丰县、安福县、樟树市、丰城市、兴国县、万载县、高安市、赣州市南康区、泰和县、新干县、进贤县、吉安县、南城县、于都县、抚州市临川区、吉水县、萍乡市湘东区、宜丰县
山东	安丘市、梁山县、单县、齐河县、乐陵市、兖州市、东营市河口区、诸城市、汶上县、菏泽市牡丹区、寿光市、莱芜市莱城区、禹城市、阳信县、高密市、泗水县、宁阳县、平邑县、莱州市、平原县、泰安市岱岳区、莒南县、商河县、郓城县、临朐县、莱阳市、沂水县、新泰市、邹城市、临邑县、临沭县、莘县、鄄城县、曲阜市、莒县、德州市陵城区、肥城市、邹平县、曹县、高青县、巨野县、烟台市牟平区、平阴县、东营市垦利区、鱼台县、滕州市、昌乐县、五莲县、沂南县、阳谷县、无棣县、东平县、夏津县
河南	正阳县、太康县、禹州市、商水县、淮阳县、潢川县、舞阳县、柘城县、罗山县、信阳市平桥区、宝丰县、西平县、汝南县、新蔡县、襄城县、鹿邑县、夏邑县、济源市、舞钢市、扶沟县、南乐县、邓州市、叶县、长葛市、汝州市、漯河市郾城区、通许县、商丘市睢阳区、濮阳县、息县、永城市、唐河县、鄢陵县、西华县、内乡县、卫辉市、偃师市、封丘县、武陟县、郸城县、新郑市、平舆县、固始县、临颍县、尉氏县、上蔡县、沈丘县、林州市、社旗县、原阳县、项城市、孟津县、杞县、遂平县、辉县市、漯河市召陵区、确山县、浚县、睢县、泌阳县、开封市祥符区、虞城县、宜阳县、伊川县、新安县、民权县、内黄县、商城县、滑县、嵩县、光山县、兰考县

（续）

省份	县（市、区）
湖北	松滋市、宜昌市夷陵区、鄂州市、通城县、安陆市、大冶市、襄阳市襄州区、钟祥市、枝江市、天门市、公安县、麻城市、广水市、蕲春县、京山县、武汉市黄陂区、宜都市、浠水县、建始县、仙桃市、南漳县、武穴市、武汉市江夏区、随县、长阳县、潜江市、恩施市、沙洋县、老河口市、巴东县、崇阳县、当阳市、枣阳市、宜城市、监利县、利川市、咸丰县、十堰市郧阳区、谷城县、保康县、宣恩县、远安县、云梦县、荆州市荆州区
湖南	湘潭县、衡阳县、新化县、醴陵市、茶陵县、益阳市赫山区、隆回县、溆浦县、汉寿县、湘潭市雨湖区、长沙县、双峰县、耒阳市、桃源县、道县、宁远县、永州市冷水滩区、永州市零陵区、南县、绥宁县、宁乡县、武冈市、望城县、祁东县、华容县、桂阳县、新邵县、蓝山县、安化县、江永县、汨罗市、衡南县、邵东县、湘阴县、石门县、涟源市、宜章县、嘉禾县、资兴市、江华瑶族自治县、湘乡市、浏阳市、攸县、衡东县、平江县、常德市鼎城区、株洲县、衡山县、东安县、洞口县、岳阳县、祁阳县、常宁市、澧县、邵阳县、桃江县、临湘市、沅江市、双牌县、安乡县、靖州县、娄底市娄星区、新宁县、芷江侗族自治县、慈利县
广东	高州市、遂溪县、化州市、高要市、鹤山市、四会市、怀集县、廉江市、博罗县、连州市、电白县、信宜市、开平市、新兴县、阳春市、阳江市阳东区、广宁县、阳山县、罗定市、韶关市曲江区
四川	安岳县、仁寿县、资中县、苍溪县、崇州市、荣县、金堂县、绵竹市、南充市高坪区、兴文县、井研县、三台县、资阳市雁江区、遂宁市安居区、南部县、仪陇县、剑阁县、新津县、广元市昭化区、南充市嘉陵区、达州市达川区、蒲江县、中江县、武胜县、乐至县、广安市广安区、营山县、合江县、富顺县、旺苍县、蓬安县、名山区、蓬溪县、巴中市巴州区、宜宾县、射洪县、宣汉县、会理县、阆中市、泸州市纳溪区、遂宁市船山区、眉山市东坡区、西昌市、简阳市、渠县、平昌县、邻水县、大邑县、泸县、叙永县、大英县、江安县、西充县、邛崃市、岳池县、通江县、大竹县、南江县、犍为县、罗江县、威远县、长宁县、内江市东兴区、隆昌县、洪雅县、华蓥市、高县、会东县、什邡市、绵阳市游仙区
云南	宜威市、建水县、腾冲县、禄丰县、会泽县、曲靖市麒麟区、昌宁县、蒙自市、陆良县、镇雄县、弥勒县、石屏县、富源县、罗平县、泸西县、丘北县、保山市隆阳区、寻甸县、广南县、沾益县、洱源县、师宗县、施甸县、凤庆县、弥渡县、开远市、宜良县、景东彝族自治县
甘肃	武威市凉州区、玛曲县、平凉市崆峒区、张掖市甘州区、靖远县、武山县、会宁县
北大荒农垦集团有限公司	牡丹江分公司、宝泉岭分公司、红兴隆分公司、九三分公司

附录二

农业农村部种植业管理司

农农（肥水）〔2021〕20 号

关于做好 2021 年绿色种养循环农业试点有关工作的通知

有关省、自治区、直辖市农业农村（农牧）厅（局、委），北大荒农垦集团有限公司，有关专家：

按照《农业农村部办公厅财政部办公厅关于开展绿色种养循环农业试点工作的通知》（农办农〔2021〕10 号）要求，为做好 2021 年绿色种养循环农业试点，加快畜禽粪便资源化利用，推进化肥减量化，提升耕地地力，现将有关事项通知如下。

一、加强项目管理。 落实试点启动会议精神，规范补奖内容、环节和比例，抓紧完善省县两级实施方案，严格按照上报的项目实施方案执行。建立管理台账，定量化管理粪肥来源、收集处理方式、应用区域作物等，实现粪肥来源清楚、去向可查。建立项目档案，收集项目实施数据、照片、方案、台账等材料，为项目考核、检查、总结和验收等提供依据。参照绿色种养循环农业试点示范区标牌（式样）（附件 1），树立工作标牌，打造一批有"看头"的示范样板。

二、加强技术服务。 按照《2021 年绿色种养循环农业试点技术指导意见》（附件 2），各地要细化实化技术指标，因地制宜制定本地区绿色种养循环农业试点技术方案。强化技术支撑，成立专家指导组（附件 3），由全国农技中心负责专家指导组日常工作，加强技术指导。强化技术集成创新，每个试点县至少建立 1～2 套绿色种养循环技术模式。

三、加强试验监测。 按照《绿色种养循环农业试点试验方案》（附件 4）要求，选取代表性作物和适宜区域开展田间试验，规范采集土壤样品，控制分析化验质量，确保数据准确可靠。试点县开展田间试验示范原则上不低于 3 项。按照《绿色种养循环农业试点效果监测方案》（附件 5）要求，科学布置监测网点，做好项目实施前后调查监测，科学评估试点成效。监测点数量原则上每县不少于 20 个。

四、加强监督考核。 深入探索项目运行机制，以县为单位构建 1～2 种可操作性强的重点服务模式，建立责任明确、主体积极、多方参与、监管有效的工作机制。强化资金使用监管，保障资金规范使用，提升资金使用透明度。建立好项目质量监管督导机制，适时分批对试点县进行督导，查资金、查进度、查资料、查档案。加强绩效考核，确保项目实施成效。

附件：1. 绿色种养循环农业试点示范区标牌（式样）

2. 2021 年绿色种养循环农业试点技术指导意见

3. 绿色种养循环农业试点专家指导组

4. 绿色种养循环农业试点试验方案

5. 绿色种养循环农业试点效果监测方案

附件 1

绿色种养循环农业试点示范区标牌（样式）

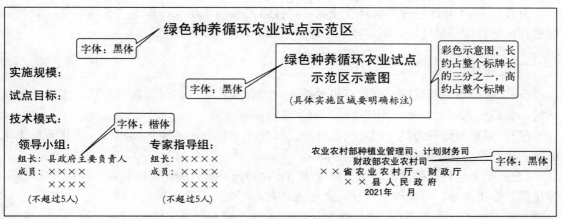

注：标牌尺寸6米×3.5米，彩喷，铁架。标牌底色、背景图案、字体大小和颜色由各地自行确定，省域范围内保持统一。

附件 2

2021 年绿色种养循环农业试点技术指导意见

为做好 2021 年绿色种养循环农业试点，打通种养循环堵点，推动"粪污"变"粪肥"，促进有机肥科学合理施用，制定技术指导意见如下。

一、基本原则

（一）生产与生态兼顾。增加有机肥投入，改善施肥结构，促进高产稳产。考虑环境承载量，就地就近施用粪肥，实现循环利用，减轻面源污染。

（二）减量与增效协同。用有机养分替代部分化学养分，减少化肥用量。强化有机无机结合，提升肥料利用效率和耕地地力水平。

（三）安全与有效并重。满足畜禽粪便无害化处理要求，确保发酵腐熟，保证安全施用。强化粪肥施用指导，合理确定用量，优化施肥方式，提高应用效果。

二、技术指标

（一）堆肥质量指标。堆肥中期高温维持 50～60 ℃，条垛式不少于 15 天，槽式不少于 7 天。腐熟后堆体呈黑褐色，一般呈弱碱性，不再产生臭味，不吸引蚊蝇。

（二）安全监测指标。堆肥过程中应进行不少于 1 次抽检，检查堆肥腐熟度；施用前应参照相关肥料抽查技术规程进行 1 次抽检，检测堆肥是否腐熟完全，相关有毒有害限量指标是否符合《有机肥料》(NY/T 525—2021) 要求。

（三）施用技术指标。结合本地实际和有机肥替代化肥相关试验成果，科学确定不同作物有机肥使用量、时间和方法。一般堆肥亩施用量 1 000～2 000 千克、沼渣 2 000～3 000 千克、商品有机肥 300～800 千克。

三、关键技术

（一）堆肥还田。以畜禽粪便为原料，根据堆肥场地条件、生产规模需求等，采用条垛、槽式等方式堆肥。控制含水量 45％～65％、碳氮比 20∶1～40∶1、pH5.5～9.0，按堆肥物料质量的 0.1％～0.2％接种有机物料腐熟剂。按照《畜禽粪便堆肥技术规范》(NY/T 3442—2019) 要求，堆肥中期高温并持续，温度较低区域适当延长维持时间，实现充分腐熟。堆肥施用量一般 1 000～2 000 千克/亩，采用撒施、条施、沟施、穴施等方式。宜在秋季或播种（移栽）前作基肥施用，避开雨季，施入后 24 小时内翻耕入土。

（二）沼渣还田。根据沼气发酵技术要求，利用畜禽粪便进行发酵和无害化处理，后经干湿分离，将沼渣用于农田。腐熟的沼渣一般作基肥，用量 2 000～3 000 千克/亩，采用撒施、条施、穴施等方式，及时翻耕覆土。水田均匀撒施后翻耕入土 10 厘米左右，旱地采用穴施、沟施，然后覆土。不宜与草木灰等碱性肥料混施。

（三）沼液还田。分离沼渣后的沼液一般作追肥，采用条施、穴施、环状施肥和喷灌、滴灌、叶面喷施等方式，及时覆土。沼液施用应根据养分含量和作物特点适当稀释，微灌施用时注意过滤，避免堵塞管道和滴头。沼液可浸种，使用前稀释，浸泡后的种子沥干后用清水洗净。

（四）**商品有机肥施用。**以畜禽粪便为原料生产商品有机肥，质量应符合《有机肥料》（NY/T 525—2021）要求。可作基肥，采用穴施、沟施、环状施肥等方式集中施用，用量一般 300～800 千克/亩，注意与化肥配合施用。施用时与植株根系保持一定距离，在两行作物中间沟施或株间穴施。作种肥时采用条施、点施和穴施等方式，可与化肥混合，随机械播种施入土壤，避免与碱性肥料或杀菌剂同时施用。

四、注意事项

（一）**把好堆肥质量关。**规范养殖环节，严格饲料添加剂标准，降低重金属、氮、抗生素等投入，让畜禽吃的安全，从源头控制粪肥利用风险。要规范处理环节，加强堆肥积造过程质量控制，注意清除塑料、玻璃、金属、石块等杂物，定期监测堆肥、沼液发酵程度。施用前定期抽样检测，确保安全。

（二）**强化合理施用。**以《畜禽粪便还田技术规范》（GB/T 25246—2010）、《肥料合理使用准则　有机肥料》（NY/T 1868—2021）为指引，科学合理确定粪肥施用的数量、时间和方法，避免过量和过于集中施用。在施用腐熟度较低的粪肥时，避开作物根系，配合施用化肥和石灰，避免烧苗烧根、病虫草害等现象。

附件 3

绿色种养循环农业试点专家指导组

姓名	职务/职称	工作单位	擅长领域
李 季	教授	中国农业大学资源与环境学院	畜禽粪便堆肥利用
李国学	教授	中国农业大学资源与环境学院	
沈玉君	研究员	农业农村部规划设计研究院农村能源与环保研究所	
王建东	研究员	中国农科院农业环境与可持续发展研究所	沼液还田利用
邹国元	研究员	北京市农林科学院植物营养与资源研究所	
陈新平	教授	西南大学资源与环境学院	有机肥科学施用
徐明岗	研究员	山西农业大学资源环境学院	
丁永祯	研究员	农业农村部环境保护科研监测所	粪肥质量检测
杨增玲	教授	中国农业大学工学院	
朱 恩	推广研究员	上海市农业技术推广服务中心	有机肥推广应用实践
贾小红	推广研究员	北京市土壤肥料工作站	
殷广德	推广研究员	江苏省耕地质量与农业环境站	
李 虎	研究员	中国农科院农业资源与农业区划研究所	种养循环规划编制
侯 勇	副教授、博士生导师	中国农业大学资源与环境学院	

附件 4

绿色种养循环农业试点试验方案

一、试验目的

通过小区试验，确定有机肥替代化肥比例，探索不同区域、不同作物的有机无机配施技术模式。

二、试验设计

试验设空白对照、常规施肥、化肥优化施肥、替代 15% 有机无机配施、替代 30% 有机无机配施 5 个处理，各地可根据实际需要增加 2 个以氮为基础的替代处理或者 2 个以磷为基础的替代处理，每个处理至少设 3 个重复。小区采用随机区组排列，区组内土壤、地形等条件保持相对一致。大田作物可增加以氮为基础的替代处理，果树、蔬菜可增加以磷为基础的替代处理。有条件的区域可增加有机肥替代氮、磷、钾肥梯度处理。

表 1　绿色种养循环农业试点试验处理

处理	试验内容	有机肥	化肥		
			氮肥	磷肥	钾肥
1	空白对照	0	0		
2	常规施肥	0	农户常规施肥（本区域施肥平均水平）		
3	化肥优化施肥	0	N	P	K
4	有机无机配施	M 替代 15%N	85%N	P－P_M	K－K_M
5		M 替代 30%N	70%N	P－P_M	K－K_M
6	氮替代试验	M 替代 15%N	85%N	P	K
7	（选做）	M 替代 30%N	70%N	P	K
8	磷替代试验	M 替代 30%P	N	70%P	K
9	（选做）	M 替代 60%P	N	40%P	K

注：1. 表中"M"代表有机肥；"N""P""K"分别代表化肥优化的氮肥、磷肥、钾肥用量；"P_M""K_M"分别代表有机肥磷和钾用量。

2. 替代比例可根据实际情况适当调整。如在土壤肥力较低的区域，处理 4～7 有机肥替代氮肥的替代比例可酌情调减（如调为 10%、20%）；处理 4～5 磷肥和钾肥的施用量可根据作物对养分的敏感性酌情增加。在低温干旱区域，如东北春玉米区、西北干旱区、南方早稻区等，处理 8～9 的磷肥替代比例可酌情调减（如调为 25%、50%）。

三、试验实施

（一）**试验地选择。**试验地应选择平坦、齐整、肥力均匀、有代表性的地块，遇坡地时应选择坡度平缓、肥力差异较小的地块。避开道路、堆肥场所或前期施用大量有机肥、秸秆集中还田和有土传病害的地块。

（二）**试验地准备。**试验前应整地、设置保护行、完成试验地区划，各小区应单灌单排，避免串灌串排。试验前测试土壤有机质、全氮、全磷、全钾、碱解氮（或硝态氮和铵态氮）、有效磷、速效钾、pH、阳离子交换量、容重等指标，并对供试肥料养分含量进行检测分析。蔬菜在小区之间采用塑料膜或塑料板隔开，埋深 50 厘米以上，避免小区间肥水相互渗透。

（三）试验小区。大田作物小区面积不低于 20 平方米，同一试验点试验年限不少于 3 年。果树选择树龄、树势和产量相对一致的植株，一般选择同行相邻不少于 6 棵植株作一个处理。果树小区以供试植株栽培规格为基础，每个处理实际株数的树冠垂直投影区加行间面积计算小区面积。露地蔬菜小区面积不低于 20 平方米，设施蔬菜小区面积不低于 15 平方米，至少 5 行或 3 畦。

（四）样品采集与化验。试验结束后，应按照相关技术规范采集每个试验小区土壤及植株样品，送具备资质的机构检测土壤有机质、全氮、全磷、全钾、碱解氮（或硝态氮和铵态氮）、有效磷、速效钾、pH、阳离子交换量、容重等指标。

（五）收获与计产。应正确反映试验结果。每个小区单打、单收、单计产或取代表性样方测产。分次收获的作物，应分次收获、计产，最后累加。室内考种样本应按要求采取，并系好标签，记录小区号、处理名称、取样日期、采样人等。需要采集分析植株样品的应按相关标准要求执行。

（六）数据分析。试验结果统计学检验应根据试验设计选择。两个处理的配对设计，应进行 T 检验。多于两个处理的完全随机区组设计，试验结果统计学检验应根据试验设计选择执行 T 检验、F 检验、新复极差检验、LSR 检验、SSR 检验、LSD 检验或 PLSD 检验等。

（七）报告撰写。试验报告采用科技论文格式撰写。报告内容包括试验来源和目的、试验时间和地点、试验材料与方法、试验结果与分析、试验结论、试验执行单位盖章、试验主持人签字。其中，试验材料与方法包括供试土壤、供试肥料、供试作物、试验设计、试验条件、管理措施等；试验结果与分析包括试验结果统计学检验和有机肥替代化肥情况评估。

附件 5

绿色种养循环农业试点效果监测方案

一、监测目的

监测绿色种养循环、粪肥施用在增产增收、提质增效、化肥减量、地力培肥等方面的作用，为科学评价试点实施效果、探索绿色种养循环模式提供数据支撑。

二、监测范围

绿色种养循环农业试点县。

三、监测点布设

（一）监测点数量

每种作物、每种技术模式至少布设 3 个监测点，每个县监测点数 20 个以上。

（二）地块选择

综合考虑土壤类型、耕作制度、地力水平、环境状况、管理水平等因素，将监测点设在有代表性的地块上，确保监测点稳定性和监测数据的连续性。

（三）小区设置

1. 处理设置。 每个监测点分别设置常规施肥与绿色种养循环技术模式 2 个处理。各处理除施肥外其他农事操作应相同。

2. 小区面积。 大田作物小区面积不低于 20 平方米。果树试验小区面积应不少于 6 棵同树龄植株，以供试植株栽培规格为基础，每个处理实际株数的树冠垂直投影区加行间面积计算小区面积。露地蔬菜和设施蔬菜的小区面积应分别不低于 20 平方米和 15 平方米，至少 5 行或者 3 畦。

（四）监测周期

大田作物监测周期为整个生育期。果树监测周期为当年收获后到第二年收获。蔬菜监测周期为蔬菜整个生育期。茶叶监测周期为秋茶收完成后到第二年秋茶采收完成。

四、监测内容

（一）前期调查

包括土壤理化性状（土壤有机质含量、全氮、碱解氮、全磷、有效磷、全钾、速效钾、pH、土壤阳离子交换量、土壤容重等）和肥料施用情况（有机肥的种类、肥源、养分含量、施用量、施用方式、施肥时期；化肥的种类、养分含量、施用量、施用方式、施用时期等）。

（二）监测记录

包括作物种类、收获期、灌排配套、自然和人为因素等基本情况，病虫害发生及防治、自然灾害及应对等田间管理情况，各种处理的肥料品种、养分含量、施肥时期、施肥次数、施用方式等施肥情况。

(三) 计产和测试

包括计产 (各小区单独收获计产, 多次收获的果树应分次计产)、土样分析测试 (有机质、全氮、全磷、全钾、碱解氮 (或硝态氮和铵态氮)、有效磷、速效钾、pH、土壤阳离子交换量、容重等) 和品质分析测试。品质分析指标根据实际情况确定。

五、结果分析

包括化肥施用减少量、有机肥增施量、消纳畜禽粪便量和有机肥替代化肥比例、土壤理化性状变化、农作物产量、投入与效益分析等。

附录三

农业农村部种植业管理司

农农（肥水）〔2023〕9号

关于深入推进 2023 年绿色种养循环农业试点的通知

有关省、直辖市农业农村（农牧）厅（局、委），北大荒农垦集团有限公司：

为全面贯彻党的二十大和中央农村工作会议精神，落实中央一号文件部署，按照《农业农村部 财政部关于做好 2023 年粮油生产保障等项目实施工作的通知》（农计财发〔2023〕4号）要求，2023 年中央财政通过农业经营主体能力提升资金继续支持绿色种养循环试点工作。现将有关事项通知如下。

一、明确政策目标

坚持"花钱买机制"原则，总结推广试点成功经验、典型做法、成熟模式，通过财政补贴奖励支持，培育壮大一批粪肥还田社会化服务组织，更高水平推行养殖场户、服务组织和种植主体紧密衔接、利益共享、成本共担的绿色种养循环发展模式，实打实推进构建市场运作为主、政府引导为辅、社会资本参与的粪肥还田长效机制，有效实现以生产主体种养小循环为基础带动县域内畜禽粪肥就近就地基本还田的种养循环利用，2023 年有机肥施用面积占比增加 5 个百分点以上，助力全方位夯实粮食安全根基，巩固提高种植业绿色高质量发展水平。

二、优化组织实施

（一）**优化实施范围**。2023 年，在河北、黑龙江、上海、江苏、山东、河南、安徽、江西、湖北、湖南、广东、四川、云南、甘肃等 14 个省份和北大荒农垦集团继续推进试点的基础上，新增山西、辽宁、吉林、青海 4 个省份纳入试点范围，整县开展粪肥就地消纳、就近还田补奖试点。2023 年新增省份实施方案制定、试点县申报遴选、支持方式等要求，参照《农业农村部办公厅财政部办公厅关于开展绿色种养循环农业试点工作的通知》（农办农〔2021〕10 号）执行。

（二）**压实各方责任**。落实"部门指导、省负总责、县抓落实"的责任机制，省级农业农村部门要加强项目管理，强化考核监督，进一步提高管理效能，统筹推进试点工作。试点县人民政府作为项目实施主体，落实落细部省县三级实施方案任务，压紧压实种植、养殖和粪肥还田社会化服务主体等各方责任，充分调动各方收集、处理、施用粪肥积极性，保质保量完成好年度各项任务。试点县要严格按照有关项目资金管理办法要求，规范资金使用，不得擅自整合、违规挪用项目资金。

（三）**优化补奖内容**。试点县主要对粪肥还田收集处理、施用服务等重点环节予以补奖，不得用于补助养殖主体畜禽粪污处理设施建设和运营。支持对象主要是提供粪污收集处理服务的企业（不包括养殖企业）、合作社等主体以及提供粪肥还田服务的主体。相关省份要充分考虑养殖主体、种植主体和专业化服务主体发展需求，开展试点典型模式经济分析，探索粮食作物、经济作物分类精准补贴模式；要结合实际综合考虑粪污类型、运输距离、施用方式、还田数量等因素合理测算各环节补贴标准，依据专业化服务主体在不同环节的服务量予以补奖，补贴比例不超过本地区粪肥收集处理施用总成本的 30％。对提供全环节服务的专业化服务主体，可依据还田面积按亩均标准打包奖补。补奖资金对商品有机肥使用补贴不超过项目补贴总额的 10％。

三、细化工作要求

（一）**完善实施方案。**新增试点省要及时制定省级实施方案，组织开展试点县遴选，指导有关县细化实化县级实施方案，明确实施方式、补助对象、补助标准和监管措施等，抓好工作落实。继续开展试点的省份及有关县，可以根据生产实际和项目实施情况，优化年度实施方案。新增和优化的省、县两级实施方案报农业农村部种植业管理司、计划财务司备案。

（二）**加快资金执行。**各地要充分考虑农时季节和粪肥还田特点，简化项目审批流程，确保上年度任务清零的基础上，加快完成年度任务。加强社会化服务组织日常管理，建立考核制度，根据考核结果进行调整，无需每年遴选；优化资金支付方式，探索通过预付款、分期支付等方式，加快项目资金执行。

（三）**加强质量监管。**应用"物联网＋"等信息化手段，上线试运行绿色种养循环粪肥还田追溯系统，探索开展粪肥收集、处理和施用全过程监管，提高试点工作管理效率。要加强粪肥质量监管，健全粪肥还田台账，严格执行相关标准规程，确保还田粪肥质量达标，杜绝二次污染。要将享受商品有机肥补贴的生产企业纳入省级肥料质量监督抽查范围，有条件的地区要做到抽查全覆盖，拒绝抽查的生产企业取消项目参与资格。

（四）**强化技术支撑。**加强技术集成创新和总结提炼，分作物分粪肥种类集成一批务实管用的轻简化机械化技术模式，提升粪肥还田定量化、科学化水平。立足区域特点，以当地主要种植作物为主线，坚持有机无机配合施用原则，因地制宜推广"固体粪肥＋N""液体粪肥＋N"等技术模式。做好粪肥还田试验与效果监测，及时收集汇总数据，形成年度粪肥还田试验与监测总结报告。

（五）**加强培训指导。**紧抓粪肥还田关键时期，编印挂图、明白纸等技术资料，线上线下结合开展形式多样、丰富实用的技术培训，提升农户粪肥科学施用技术水平。充分发挥专家作用，开展分区包片对口指导（专家包片分工见附件1），采取科技讲座、进村入户、直播答疑等形式，通过面对面、手把手的现场培训和示范演练，着力推广农户一看就懂、一学就会、一用就见效的实用技术。

（六）**搞好总结宣传。**各地要系统梳理试点启动以来的工作成效，重点对粪肥还田技术模式、组织运行机制、经济社会生态效益等进行提炼，形成 3 年总结报告。打造一批有"看头"的示范样板，组织媒体深入试点县实地采访，开展粪肥科学施用、种养循环发展等系列宣传，提炼一批有"说头"的典型案例，讲好农业绿色发展故事。

四、强化过程管理

（一）**过程监测。**要组织开展省内工作调研，试点县开展定期调度，每季度提交活动开展、粪肥处理、还田应用等文档和图片资料作为证明材料，省级集中收集，作为省级评估依据。

（二）**成效评估**。当年实施结束后，按照绿色种养循环农业试点县年度评估评分表（附件2），省级农业农村部门组织县级自查、市级核查、省级评估。评估结果连同年度总结及时上报，未及时提交材料和组织评估的省份，减少全省下一年度资金分配。

（三）**部级评估**。年终，部级结合省级成效评估，开展试点县项目实施情况年度评估，重点就组织管理、试点实施、资金使用、实施效果、支撑保障等方面进行全面评估复核。年度评估结果作为下年度项目安排的重要依据。

新增和优化的省、县两级实施方案，请于6月20日前报送。试点3年总结、年度总结、评分表、省级评估结果（附证明材料）、粪肥还田试验与监测总结报告等材料，请于12月31日前报送。

附件：1. 绿色种养循环农业试点专家包片指导分工
　　　2. 2023年绿色种养循环农业试点年度评估评分表

附件 1

绿色种养循环农业试点专家包片指导分工

区域	姓名	职务/职称	工作单位
全国	沈其荣	院士、教授	南京农业大学资源与环境科学学院
	徐明岗	研究员	山西农业大学资源与环境学院
	陈新平	教授	西南大学资源与环境学院
	李 季	教授	中国农业大学资源与环境学院
华北、黄淮海	杨增玲	教授	中国农业大学工学院
	贾小红	推广研究员	北京市耕地建设保护中心
	李 虎	研究员	中国农科院农业资源与农业区划研究所
	张克强	研究员	农业农村部环境保护科研监测所
东北、西北	沈玉君	研究员	农业农村部规划设计研究院农村能源与环保研究所
	丁永祯	研究员	农业农村部环境保护科研监测所
	姜佰文	教授	东北农业大学资源与环境学院
	侯 勇	副教授	中国农业大学资源与环境学院
西南、华南	李国学	教授	中国农业大学资源与环境学院
	邹国元	研究员	北京市农林科学院植物营养与资源研究所
	汪 洪	研究员	中国农科院农业资源与农业区划研究所
	王建东	研究员	中国农科院农业环境与可持续发展研究所
长江中下游	张瑞福	教授	南京农业大学资源与环境科学学院
	张晴雯	研究员	中国农科院农业环境与可持续发展研究所
	朱 恩	推广研究员	上海市农业技术推广服务中心
	殷广德	推广研究员	江苏省耕地质量与农业环境保护站
	盛 婧	研究员	江苏省农业科学院农业资源与环境研究所

附件 2

2023 年绿色种养循环农业试点县年度评估评分表

填表单位：

一级指标	分值	二级指标	分值	评估内容和评分标准	得分
组织管理	5	1. 加强组织领导	3	成立试点领导小组，且在项目执行、工作推动中作用发挥充分、组织保障有力，得 3 分。工作落实不到位、项目执行缓慢不得分。	
		2. 强化技术支撑	2	邀请部、省两级专家组成员参与，或成立县级专家指导组，积极开展技术把关指导，支撑作用发挥充分，得 2 分，否则酌情扣分。	
试点实施	30	1. 优化实施方案	3	根据实际情况制定（优化）实施方案、规范工作流程、合理测算补贴标准、及时上报备案，得 3 分。制定（优化）实施方案未按时上报不得分。	
		2. 强化主体管理	2	组织落实项目承担主体，建立考核制度，得 2 分，否则不得分。	
		3. 开展试验监测	2	按要求落实粪肥还田试验和效果监测任务，得 2 分。每有 1 个试验点或监测点落实不到位，扣 1 分，扣完为止。	
			2	按时通过试验监测数据采集系统填报数据，并提交试验报告和效果监测报告，得 2 分，否则不得分。	
			2	试验和监测报告内容完整、数据详实、图文并茂，得 2 分。每有 1 个报告不符合要求，扣 1 分，扣完为止。	
		4. 强化技术指导	3	专家指导组分片包干，在关键农时开展技术指导，得 3 分，否则酌情扣分。	
		5. 粪肥还田监管	5	对粪肥收集、积造、施用过程及粪肥质量进行全程监管，通过信息化手段做到粪肥还田全程可追溯得 5 分，否则酌情扣分。出现粪肥质量问题不得分。	
		6. 开展调研指导	3	开展定期调研，及时查找试点过程中存在的困难问题，并推动解决，得 3 分，未开展调研指导不得分。	
			3	调研中未发现重大问题，得 3 分，否则不得分。	
			3	开展过程监测，并向省级提交自评结果，得 3 分，否则不得分。	
		7. 建立健全档案	2	建立档案，方案、文件、数据、影像等资料齐全，得 2 分。未建立档案不得分，档案不齐全扣 1 分。	
资金使用	30	1. 资金到位	3	试点资金足额及时到位，得 3 分。未足额及时到位不得分。	
		2. 资金使用	3	试点资金专款专用，得 3 分。否则不得分。	
		3. 执行进度	24	试点资金执行完成，得 24 分。未执行完成，根据进度按比例扣分。	

（续）

一级指标	分值	二级指标	分值	评估内容和评分标准	得分
实施效果	25	1. 实施效果分析	10	总结提炼粪肥还田技术模式、组织运行机制、经济社会生态效益，提交试点实施以来总结报告（2 年或 3 年），内容丰富、数据详实、效果显著，得 10 分，否则酌情扣分。	
		2. 整县推进情况	3	综合县域畜禽粪污产生量、种植业粪肥消纳能力，整县推进粪肥还田，2023 年有机肥施用面积占比增加 5 个百分点以上，得 3 分，否则不得分。	
		3. 技术模式创新	6	针对不同粪种、不同作物，集成创新绿色种养循环技术模式 3 套以上，形成图文并茂的文字材料，得 6 分。每少 1 套扣 3 分，扣完为止。	
		4. 运行机制探索	6	探索建立可复制可推广的绿色种养循环机制，并形成文字材料，得 6 分，否则酌情扣分。	
支撑保障	10	1. 宣传报道	4	在中央或省级媒体宣传报道得 4 分，在市县级媒体宣传报道得 3 分，未宣传不得分。	
		2. 进展调度	4	按要求每季度及时上报试点工作进展，内容完整详实，得 4 分，否则酌情扣分。	
		3. 试点总结	2	按时报送试点年度总结得 2 分，未按时报送扣 1 分，未报送不得分。	
扣分项及一票否决		1. 出现资金整合或挪用		出现试点资金被挪用或整合的，资金使用项不得分。	
		2. 出现弄虚作假行为		在考核中发现有弄虚作假行为的，一次性扣 20 分。	
		3. 出现重大违法违规行为		存在重大违法违规行为并造成恶劣影响的，实行一票否决，总体评价为零	
合计			100		

附录四

2022 年主要农作物沼液施用技术指导意见

全国农业技术推广服务中心
绿色种养循环农业试点专家指导组

沼液是以畜禽粪便等农业有机废弃物为主要原料，通过沼气工程充分厌氧发酵产生，经无害化、稳定化处理后形成的液体。沼液富含有机成分和各种营养元素，能有效促进作物生长、提升土壤肥力。但沼液中也含有盐分、重金属等有毒有害物质，不合理施用可能带来环境风险。科学施用沼液是加快粪肥还田、促进化肥减量、实现绿色种养循环的重要措施。

一、性质特点

经充分厌氧发酵的沼液为棕褐色或黑色，水分含量 96％～99％，总固体物含量小于 4％，pH6.0～9.0。受原料、发酵条件、储存时间等因素影响，沼液养分变异较大，有机质含量一般为 0.19％～4.77％，氮磷钾（N、P_2O_5、K_2O）总养分为 0.7％～2％，养分比例约为 1∶0.3∶0.9，其中 70％以上的氮素为铵态氮（沼液性质及养分含量见附表 3）。沼液还含有钙、铜、铁、锌、锰等中、微量元素以及氨基酸、纤维素、生长素等物质，是一种较好的有机肥源。

二、施用原则

（一）因地制宜，按需施用。根据不同作物生长发育规律和需肥特点，结合不同区域土壤养分状况及沼液肥效反应，综合考虑区域气候和农业生产条件，分类提出施用建议，因地制宜合理施用沼液。

（二）部分替代，配合施用。坚持有机无机相结合原则，沼液与化肥或其他有机肥配合施用，部分替代化肥，在满足作物养分需求的同时减少化肥用量。注重养分均衡，协调大量、中量和微量元素比例。

（三）严格管控，安全施用。严格控制沼液质量，沼液中重金属含量、盐分及卫生学指标应符合有关要求（附表 2）。严格控制施用浓度，沼液作追肥时应适当稀释，避免烧苗。控制施用总量和单次施用量，及时开展效果监测，评估沼液施用带来的环境风险。

三、施用建议

沼液养分含量变异较大，推荐用量按照沼液含氮量 1 500 毫克/升计算，各地可根据实际情况适当调整。

（一）水稻

1. 推荐用量

东北单季稻区：包括内蒙古东部、辽宁、吉林及黑龙江。目标产量 550～750 千克/亩，推荐沼液用量 2～4 米³/亩。

南方稻区：包括西南、长江中下游及华南水稻种植区。单季稻目标产量 500～750 千克/亩，推荐沼液用量 3～5 米³/亩。双季稻单季目标产量 450～650 千克/亩，推荐沼液用量 2～4 米³/亩。

2. 施用方法

沼液作基肥时，在水稻栽插前一周采用随水灌溉的方式，结合整地泡田施用。雨季选择无降雨天气进行，防止沼液溢出稻田。沼液应均匀施用，避免局部铵态氮浓度过高影响水稻秧苗生长。沼液作追肥时，应注意施用时期和施用量，防止贪青晚熟或倒伏。沼液冬闲施用时，可在前茬水稻收获后分次灌施，总施用量不超过 5 米³/亩，后茬水稻氮肥用量酌情减少。

（二）小麦

1. 推荐用量

东北麦区：包括内蒙古东部地区、辽宁、吉林及黑龙江。目标产量 250～500 千克/亩，推荐沼液用量 2～3 米³/亩。

华北及黄淮麦区：包括北京、天津、河北、内蒙古中部阴山丘陵区、山西、江苏和安徽淮北地区、山东、河南及陕西关中。目标产量 250～700 千克/亩，推荐沼液用量 2～4 米³/亩。

西北麦区：包括内蒙古河套地区、陕西陕北和渭北、甘肃、青海东部、宁夏及新疆。目标产量 250～600 千克/亩，推荐沼液用量 2～5 米³/亩。

西南麦区：包括重庆、四川、贵州、云南、陕西陕南及甘肃陇南。目标产量 200～550 千克/亩，推荐沼液用量 1～3 米³/亩。沼液主要作追肥施用，分别在小麦 4 叶期、返青起身和拔节期分 3 次随水施用。

长江中下游麦区：包括上海、江苏和安徽淮河以南、浙江、湖北、湖南及河南南部。目标产量 250～600 千克/亩，推荐沼液用量 1～3 米³/亩。本区域主要为稻茬麦，连阴雨天气多，土壤含水量高，沼液不宜作基肥施用。

2. 施用方法

沼液主要作基肥施用，也可以作追肥。基肥与追肥比例 2∶1 左右。沼液作基肥时，在播种前一次性施用，推荐采用沼液专用施肥机注入式施肥，也可开沟灌施或地表喷洒，施后立即覆土或翻耕。沼液作追肥时，在起身期到拔节期，采用管灌或喷灌等方式结合灌水施入。

（三）玉米

1. 推荐用量

东北春玉米区：包括河北东北部、内蒙古东部、辽宁、吉林、黑龙江。目标产量 450～900 千克/亩，推荐沼液用量 2～4 米³/亩。

西北春玉米区：包括河北西北部、内蒙古中西部、山西、陕西、甘肃、青海、宁夏和新疆。目标产量 450～1 000 千克/亩，推荐沼液用量 4～7 米³/亩。

黄淮海夏玉米区：包括山西中部和南部、江苏北部、安徽北部、山东、河南及陕西关中。目标产量 400～800 千克/亩，推荐沼液用量 2～3 米³/亩。

南方玉米区：包括长江中下游、西南及华南玉米种植区。目标产量 300～600 千克/亩，推荐沼液用量 2～4 米³/亩。

2. 施用方法

沼液主要作追肥施用，基肥与追肥比例 1∶2 左右，有水肥一体化条件时，可适当加大追肥比例。沼液作基肥时，在玉米播种前一周施用，推荐采用沼液专用施肥机注入式施肥，也可开沟施后覆土或拖管式洒施后翻耕，减少养分损失和臭气外溢。作追肥时，宜在玉米大喇叭口期施用。茬口紧张的地区（如黄淮海夏玉米区）沼液可只作追肥施用。在追施困难的覆膜栽培地区，沼液可只作基肥施用或配套膜下滴灌追施。

（四）蔬菜

1. 推荐用量

甘蓝：目标产量 5 500 千克/亩以上，推荐沼液用量 3～4 米³/亩；目标产量 4 500～5 500 千克/亩，推荐沼液用量 2～3 米³/亩；目标产量 4 500 千克/亩以下，推荐沼液用量 1～2 米³/亩。

萝卜：目标产量 4 000 千克/亩以上，推荐沼液用量 2～3 米³/亩；目标产量 1 000～4 000 千克/亩，推荐沼液用量 1～2 米³/亩。

大白菜：目标产量 6 000～10 000 千克/亩，推荐沼液用量 3～5 米³/亩；目标产量 3 500～6 000 千克/亩，推荐沼液用量 2～3 米³/亩。

莴苣：目标产量 3 500 千克/亩以上，推荐沼液用量 2～3 米³/亩；目标产量 1 500～3 500 千克/亩，推荐沼液用量 1～2 米³/亩。

番茄：目标产量 6 000～10 000 千克/亩，推荐沼液用量 4～5 米³/亩；目标产量 4 000～6 000 千克/亩，推荐沼液用量 3～4 米³/亩。

黄瓜：目标产量 11 000～16 000 千克/亩，推荐沼液用量 6～8 米³/亩；目标产量 4 000～11 000 千克/亩，推荐沼液用量 4～6 米³/亩。

2. 施用方法

沼液主要作基肥施用，在种植前一周翻耕时采用条（穴）施或开沟一次性施入后覆土 5～10 厘米。有水肥一体化条件时，可适当加大追肥比例。设施内气温较高时，沼液施用后应注意通风。

（五）苹果

1. 推荐用量

渤海湾产区：包括河北、辽宁、山东。目标产量 3 000～5 000 千克/亩，推荐沼液用量 5～8 米³/亩；目标产量 1 000～3 000 千克/亩，推荐沼液用量 3～5 米³/亩。

黄土高原产区：包括山西、河南、陕西及甘肃。目标产量 2 000～4 000 千克/亩，推荐沼液用量 4～7 米³/亩；目标产量 500～2 000 千克/亩，推荐沼液用量 2～4 米³/亩。

云贵川高原产区：包括四川、贵州、云南。目标产量 2 000～4 000 千克/亩，推荐沼液用量 5～8 米³/亩；目标产量 500～2 000 千克/亩，推荐沼液用量 3～5 米³/亩。

2. 施用方法

30%沼液作基肥在果实采收后施用，70%沼液作追肥，采用水肥一体化或沟施方式施用。

（六）柑橘

1. 推荐用量

目标产量 3 000 千克/亩以上，推荐沼液用量 5～7 米³/亩；目标产量 1 000～3 000 千克/亩，推荐沼液用量 3～5 米³/亩；目标产量 1 000 千克/亩以下，推荐沼液用量 2～3 米³/亩。

2. 施用方法

20％～30％的沼液在秋冬季施用，早熟品种在采收后，中熟品种在采收前后，不晚于 11 月下旬，晚熟或越冬品种在果实转色期或套袋前后，一般为 9 月下旬。40％～60％的沼液于 2 月下旬至 3 月下旬施用。20％～30％的沼液于 6 月至 8 月果实膨大期分次施用。主要采用条沟方式，施肥位置与柑橘树树干之间距离 1 米，施肥深度 20～40 厘米。

（七）茶叶

1. 推荐用量

大宗绿茶、黑茶产区：干茶产量 200 千克/亩以下，推荐沼液用量 4～6 米³/亩；干茶产量 200 千克/亩以上，推荐沼液用量 6～8 米³/亩。

名优绿茶产区：推荐沼液用量不高于 4 米³/亩。

红茶产区：推荐沼液用量 3～5 米³/亩。

乌龙茶产区：干茶产量 200 千克/亩以下，推荐沼液用量 3～5 米³/亩；干茶产量 200 千克/亩以上，推荐沼液用量 5～7 米³/亩。

2. 施用方法

沼液作秋肥时，在 10～11 月采用地面灌溉方式分 2 次施用于茶树行间。有水肥一体化条件的地区，推荐采用喷灌或滴灌的方式施用。采摘春茶的茶园，于春季茶树萌动前 10～15 天至采摘前 10～15 天追施沼液。采摘夏茶的茶园，5 月前后至采摘前 10～15 天追施沼液。采摘秋茶的茶园，6 月下旬至采摘前 10～15 天追施沼液。

四、注意事项

1. 沼液应经陈化处理，满足无害化要求，有条件的地区可对沼液酸化处理，减少养分损失。及时监测沼液养分、重金属、盐分含量及卫生学指标（沼液检测方法见附表 5），确保沼液安全施用。

2. 在水源保护地、坡度大等地方禁止施用沼液。在排水不畅地块应严格控制沼液用量，注意开排水沟排水冲盐防渍。

3. 沼液避免与草木灰、石灰等碱性肥料混合施用。

4. 沼液稀释比例一般为 1∶（2～5），电导率控制在 3 毫西/厘米以下。

5. 采用水肥一体化施用时，沼液可通过化学絮凝或电絮凝去除沼液中大部分悬浮物，采用三级过滤措施和曝气、反冲洗等技术，喷滴灌设施应安装筛网式、叠片式过滤器或组合使用，过滤精度一般应达到 120 目以上。采取清水—施肥—清水的灌溉步骤，避免堵塞滴头。

6. 设置试验和监测点、开展田间试验示范，对长期施用沼液的地块进行跟踪监测，分析作物生长情况，土壤养分、重金属及盐分含量变化，对可能出现的盐分积累、盐渍化等问题提出治理措施。

附录五

全国农业技术推广服务中心

农技土肥水函〔2022〕335 号

全国农技中心关于做好绿色种养循环农业试验与监测工作的通知

有关省、直辖市土肥（耕肥、耕环、耕保、农技）站（总站、处、中心），天津市农业发展服务中心，北大荒农垦集团有限公司、中国融通集团：

绿色种养循环农业试点工作启动以来，各地按照农财两部要求，积极开展粪肥还田试验和效果监测，为粪肥科学施用提供了有力的数据支撑。为进一步规范相关工作，提升数据质量，现将有关事项通知如下：

一、规范试验与监测工作

试验与监测是绿色种养循环农业试点工作的重要内容，其成果是构建粪肥科学施用体系，指导粪肥合理还田，促进畜禽粪污资源化利用的重要基础。各地要切实提高思想认识，严格按照有关文件要求做好相关工作。确保试验点和效果监测点数量，每县田间试验不低于3 项，监测点不少于 20 个。试验点和效果监测点应长期定位，无特殊情况不得随意调整。在一年两季或多季种植地区，应连续开展试验与监测，确保工作连续性和完整性。试验点和监测点安排专人管理维护，防止人畜破坏。充分发挥各级绿色种养循环农业试点专家指导组专业优势，指导或承担试验与监测工作，保质保量完成任务。

二、做好数据采集和管理

按照《绿色种养循环农业试点试验方案》和《绿色种养循环农业试点效果监测方案》要求，及时做好土壤、植株样品的采集处理、分析化验和保存管理，避免缺项漏项。试点县认真采集数据，并填报《绿色种养循环农业试验监测结果汇总表》，省级土肥部门做好数据审核汇总，对异常数据及时反馈、查明原因、进行修正，确保数据的可靠性、准确性。加强试验与监测数据管理，切实保障数据安全。

三、加强数据分析和应用

对试验与监测数据进行深入分析，归纳总结不同粪肥品种、不同替代比例以及不同施用模式对作物产量、品质、效益及土壤养分含量、理化性状、生态环境等的影响，形成数据详实、图文并茂的总结报告（格式见附件）。充分利用试验与监测结果，进一步优化有机无机养分配比、粪肥还田数量及施用方式，集成创新适宜不同区域、不同作物的粪肥还田技术模式，为推进绿色种养循环提供技术支撑。

2021 年绿色种养循环农业省级试验与监测总结报告、县级试验监测结果汇总表、试验和监测报告请于 10 月 30 日前以省为单位发送全国农技中心肥料技术处。2022 年省级试验与监测总结报告、县级试验监测结果汇总表、试验和监测报告请于 12 月 31 日前发送全国农技中心肥料技术处。

附件：绿色种养循环农业试验与监测总结报告（格式）

附件

绿色种养循环农业试验与监测总结报告
（格式）

一、农业生产基本情况

主要包括区域种植、养殖业等生产、分布概况；畜禽粪污、农作物秸秆、沼渣沼液等有机肥资源状况；肥料施用情况，包括主要农作物有机肥、化肥施肥结构、用量、施肥方式等。

二、工作开展情况

主要包括试验与监测工作的组织；点位的布设，试验与监测设计；田间管理过程；病虫害发生和防治、重大天气及灾害等。

三、试验结果分析

采用图、表等方式，分析不同粪肥品种、不同替代比例对作物产量、品质、效益及土壤养分含量、理化性状、生态环境等的影响，总结有机无机配合施用的最佳技术模式。

四、监测结果分析

采用图、表等方式，分析绿色种养循环农业试点实施对化肥减量增效、增施有机肥、畜禽粪污消纳、土壤肥力提升、农民增产提质增收等作用。

五、存在问题和建议

附　表

附表一

粪肥还田参考标准汇总

序号	标准名称
1	《畜禽粪便堆肥技术规范》NY/T 3442—2019
2	《农用沼液》GB/T 40750—2021
3	《沼肥》NY/T 2596—2014
4	《有机无机复混肥料》GB/T 18877—2020
5	《有机肥料》NY/T 525—2021
6	《生物有机肥》NY 884—2012
7	《肥料中有毒有害物质的限量要求》GB 38400—2019
8	《畜禽粪便无害化处理技术规范》GB/T 36195—2018
9	《粪便无害化卫生要求》GB/T 7959—2012
10	《畜禽粪便无害化处理技术规范》NY/T 1168—2006
11	《畜禽粪便还田技术规范》GB/T 25246—2010
12	《肥料合理使用准则 有机肥料》NY/T 1868—2021
13	《畜禽粪水还田技术规程》NY/T 4046—2021
14	《沼肥施用技术规范》NY/T 2065—2011
15	《沼肥施用技术规范 设施蔬菜》NY/T 4297—2023

附表二

粪肥限量指标汇总

项目	堆肥	沼液	沼渣	商品有机肥
总砷（以 As 计），毫克/千克	≤15	≤10	≤15	≤15
总镉（以 Cd 计），毫克/千克	≤3	≤10	≤3	≤3
总铅（以 Pb 计），毫克/千克	≤50	≤50	≤50	≤50
总铬（以 Cr 计），毫克/千克	≤150	≤50	≤150	≤150
总汞（以 Hg 计），毫克/千克	≤2	≤5	≤2	≤2
粪大肠菌群数，个/克（毫升）	≤100			
蛔虫卵死亡率，%	≥95			

来源：《畜禽粪便堆肥技术规范》NY/T 3442—2019；《沼肥》NY/T 2596—2014；《有机肥料》NY/T 525—2021。

附表三

沼液性质及养分含量

沼液类型	pH	有机质（％）	总氮（毫克/升）	总磷（毫克/升）	总钾（毫克/升）
鸡粪沼液	6.50～8.40（平均值7.71）	0.23～3.25（平均值0.91）	984.00～6 300.00（平均值3 475.41）	34.20～3 600.00（平均值808.00）	141.00～3 911.40（平均值1 656.77）
奶牛粪沼液	7.23～8.72（平均值7.84）	0.15～4.20（平均值1.58）	102.28～4 600.00（平均值1 220.69）	12.49～7 300.00（平均值514.70）	670.50～6 100.00（平均值2 599.23）
猪粪沼液	6.25～9.00（平均值7.62）	0.19～6.85（平均值1.20）	90.00～10 109.00（平均值1 445.65）	8.55～8 030.00（平均值460.61）	36.00～10 485.00（平均值1 282.26）

来源：《沼液农田利用理论与实践》(邹国元 等，2021)。

附表四

堆肥指标检测方法汇总

项目	检测方法
水分含量	《复混肥料中游离水含量的测定 真空烘箱法》GB/T 8576
有机质	《畜禽粪便堆肥技术规范》NY/T 3342 附录 C
总养分	《有机-无机复混肥料的测定方法》GB/T 17767
pH	《水溶肥料 水不溶物含量和 pH 的测定》NY/T 1973
种子发芽指数	《畜禽粪便堆肥技术规范》NY/T 3342 附录 D
粪大肠菌群数	《肥料中粪大肠菌群的测定》GB/T 19524.1
蛔虫卵死亡率	《肥料中蛔虫卵死亡率的测定》GB/T 19524.2
砷、镉、铬、铅、汞	《肥料中砷、镉、铬、铅、汞含量的测定》GB/T 23349

附表五

沼液指标检测方法汇总

项目	检测方法
水不溶物	《水溶肥料 水不溶物含量和 pH 的测定》NY/T 1973
pH	《水溶肥料 水不溶物含量和 pH 的测定》NY/T 1973
有机质	《有机肥料》NY/T 525
总氮	《有机-无机复混肥料的测定方法 第 1 部分：总氮含量》GB/T 17767.1
总磷	《有机-无机复混肥料的测定方法 第 2 部分：总磷含量》GB/T 17767.2
总钾	《有机-无机复混肥料的测定方法 第 3 部分：总钾含量》GB/T 17767.3
砷、镉、铅、铬、汞	《肥料汞、砷、镉、铅、铬含量的测定》NY/T 1978
总盐浓度	《瓶装饮用纯净水》GB/T 17323
粪大肠菌群数	《肥料中粪大肠菌群的测定》GB/T 19524.1
蛔虫卵死亡率	《肥料中蛔虫卵死亡率的测定》GB/T 19524.2

附表六

沼渣指标检测方法汇总

项目	检测方法
水分含量	《复混肥料中游离水含量的测定 真空烘箱法》GB/T 8576
pH	《水溶肥料 水不溶物含量和 pH 的测定》NY/T 1973
有机质	《畜禽粪便堆肥技术规范》NY/T 3442
总养分	《有机-无机复混肥料的测定方法》GB/T 17767
砷、镉、铅、铬、汞	《肥料中砷、镉、铬、铅、汞含量的测定》GB/T 23349
粪大肠菌群数	《肥料中粪大肠菌群的测定》GB/T 19524.1
蛔虫卵死亡率	《肥料中蛔虫卵死亡率的测定》GB/T 19524.2

附表七

商品有机肥指标检测方法汇总

项目	检测方法
水分含量	《复混肥料中游离水含量的测定 真空烘箱法》GB/T8576
有机质	《有机肥料》NY/T 525 附录 C
总养分	《有机-无机复混肥料的测定方法》GB/T 17767
pH	《有机肥料》NY/T 525 附录 E
水不溶物	《水溶肥料 水不溶物含量和 pH 的测定》NY/T 1973
粪大肠菌群数	《肥料中粪大肠菌群的测定》GB/T 19524.1
蛔虫卵死亡率	《肥料中蛔虫卵死亡率的测定》GB/T 19524.2
种子发芽指数	《有机肥料》NY/T 525 附录 F
机械杂质质量分数	《有机肥料》NY/T 525 附录 G
重金属	《肥料汞、砷、镉、铅、铬含量的测定》NY/T 1978
氯离子质量分数	《复合肥料》GB/T 15063
杂草种子活性	NY/T 525 附录 H

图书在版编目（CIP）数据

绿色种养循环农业技术指南／全国农业技术推广服
务中心编著．—北京：中国农业出版社，2023.12
ISBN 978-7-109-31268-5

Ⅰ.①绿… Ⅱ.①全… Ⅲ.①生态农业－农业技术
Ⅳ.①S-0

中国国家版本馆 CIP 数据核字（2023）第 200085 号

LVSE ZHONGYANG XUNHUAN NONGYE JISHU ZHINAN

中国农业出版社出版
地址：北京市朝阳区麦子店街 18 号楼
邮编：100125
责任编辑：魏兆猛
版式设计：书雅文化　责任校对：张雯婷
印刷：中农印务有限公司
版次：2023 年 12 月第 1 版
印次：2023 年 12 月北京第 1 次印刷
发行：新华书店北京发行所
开本：787mm×1092mm　1/16
印张：14.25
字数：355 千字
定价：80.00 元